气象探测设备高质量发展丛书

S波段 双线偏振多普勒天气雷达 测试与标校

李力　聂成　陈星　周云祥　李中华　编著

WUHAN UNIVERSITY PRESS
武汉大学出版社

图书在版编目(CIP)数据

S 波段双线偏振多普勒天气雷达测试与标校 / 李力等编著 .
武汉 : 武汉大学出版社, 2025.8. -- 气象探测设备高质量发展丛书. -- ISBN 978-7-307-25201-1

Ⅰ. TN958

中国国家版本馆 CIP 数据核字第 20256R1E98 号

责任编辑:王 荣　　责任校对:汪欣怡　　版式设计:马 佳

出版发行:**武汉大学出版社**　(430072 武昌 珞珈山)
(电子邮箱:cbs22@ whu.edu.cn 网址:www.wdp.com.cn)
印刷:湖北金海印务有限公司
开本:787×1092 1/16　印张:14.25　字数:270 千字　插页:1
版次:2025 年 8 月第 1 版　2025 年 8 月第 1 次印刷
ISBN 978-7-307-25201-1　定价:55. 00 元

前　　言

当前，S 波段多普勒天气雷达作为气象现代化建设的重要组成部分，是监测台风、暴雨等大范围降水天气及雹云、龙卷等强对流天气系统的有效工具，在短时临近预报、防灾减灾等工作中发挥着不可替代的作用。

近 30 年来，我国天气雷达技术快速发展，S 波段多普勒天气雷达网的探测、预警能力显著提升。经历了新一代天气雷达大修及技术升级、技术标准统一、双偏振升级 3 个阶段后，全国天气雷达网投入业务运行的 S 波段双线偏振多普勒天气雷达数量已达 153 部，绝大多数为 CINRAD/SAD 型号。随着投入业务运行的雷达种类和数量不断增加，加强各类雷达产品科学评估和质量控制，成为雷达业务运行中的重要环节。雷达资料应用的广度和深度不断拓展，特别是精细化天气预报、智能网格预报、数值预报等业务及服务对雷达资料的准确性、一致性和可靠性提出了更高的要求。天气雷达运行维护已从保障设备正常运行转变到保障设备稳定和数据可靠的新阶段。

气象部门着力加强雷达研制、建设、标校、运行和应用各阶段的质量管理，特别是在统一雷达设备技术标准、完善雷达维护标校规范等方面做了大量工作，通过提高设备可靠性，力争从雷达观测前端控制数据质量。标校是天气雷达定量测量的基础，决定了回波强度准确性和组网产品一致性。气象部门高度重视天气雷达标校，制定《天气雷达气象观测业务管理规定》，规范全国组网天气雷达标校工作。但在实际标校过程中，雷达保障人员缺少科学、系统、标准、完整的技术书籍和实操指南，迫切需要一本包含 S 波段双线偏振多普勒天气雷达测试与标校技术，能够规范标校流程、指导标校实践，提高雷达保障人员测试与标校能力，且可操作性强的操作手册。

本书依据《S 波段双线偏振多普勒天气雷达测试大纲（技术升级）》（气测函〔2022〕55 号）、《S 波段双线偏振多普勒天气雷达测试大纲（试行）》（气测函〔2023〕73 号）要求，对雷达天线伺服系统、发射系统、接收系统、整机系统的测试与标校项目、方法、操作步骤等内容进行了准确、翔实的阐述。按照雷达信号流程，由面到点、由浅入深地介绍了 S 波段双线偏振多普勒天气雷达标校原理及技术。

全书共包括 8 章，主要内容涵盖 S 波段双线偏振多普勒天气雷达概述，测试标校原理与项目，天线伺服系统、发射系统、接收系统、整机系统测试与标校，雷达系统参数调整和常用测试仪表设置等。第 1 章简要介绍雷达系统及其组成、系统性能与双线偏振雷达数据产品。第 2 章介绍基本测试原理、雷达标校原理、雷达测试系统和测试标校项目。第 3 章先介绍天线伺服系统测试标校内容与技术指标要求，再详细讲述天线座水平度、天线控制精度、天线扫描速度、天线波束指向、天线波束宽度、第一旁瓣电平、远端旁瓣电平、交叉极化隔离度测试方法与步骤，以及调整或标校方法。第 4 章先介绍发射系统测试标校内容与技术指标要求，再详细讲述发射机输出射频脉冲包络、输出峰值功率、人工线电压、输出射频脉冲信号频率与频谱特性、极限改善因子与杂噪比测试方法与步骤，以及调整或标校方法。此外，还具体说明了功率计校准与设置，射频测试电缆损耗标定，信号源、频谱仪设置步骤。第 5 章先介绍接收系统测试标校内容与技术指标要求，再详细讲述频率源输出功率、噪声系数、线性动态范围、最小可测功率、中频信号带宽测试方法与步骤，及相关标校方法。第 6 章先介绍整机系统测试标校内容与技术指标要求，再详细讲述系统相位噪声、系统极限改善因子、地物对消能力、实际地物对消能力、回波强度、径向速度、双通道一致性、收发支路损耗、在线自动标校能力、太阳法强度、无人机金属球反射率因子测试方法与步骤，以及调整或标校方法。第 7 章主要介绍接收系统测试通道损耗标校，CW、RFD、KD 标定误差调整，发射机机内输出功率和天线功率调整，反射率标定恢复正常回波，CW ZDR 标定步骤。第 8 章主要介绍合像水平仪、示波器、频谱仪、信号源基本功能与使用方法。

本书主要由李力撰写，其中第 3 章由李力、周云祥执笔，第 4 章由李力、聂成、陈星执笔，其余各章由李力执笔。李中华参与研讨并完成第 1、2、8 章校阅，山西省大气探测技术保障中心周峰协助完成部分重要公式的推证校核。多年来，作者通过与同事、雷达厂家技术人员在工作实践中的深入研讨，以及在测试、标校过程中与全国各省同行的密切交流，积累了丰富经验，这些经验为撰写本书提供了重要启发和帮助。

全书由中国气象局气象探测中心潘新民、武汉大学遥感信息工程学院李四维、中国气象局武汉暴雨研究所肖艳姣、湖北省气象工程技术中心陈石定、安徽省大气探测技术保障中心董德保审阅，提出许多指导性修改意见，进一步提高了书稿质量；还得到湖北省气象局领导和湖北省气象雷达运行维护技术保障团队，以及雷达设备生产商华云敏视达雷达(北京)有限公司、南京恩瑞特实业有限公司的协助与支持，在此表示衷心感谢。

限于作者水平，书中难免有疏漏与不妥之处，恳请读者批评指正。

李　力

2025 年 7 月于湖北省气象局

目　　录

第 1 章　S 波段双线偏振多普勒天气雷达概述

S 波段天气雷达广泛布设于我国大部分地区，在气象监测预警方面发挥着重要作用，是中国气象探测业务领域的核心设备。S 波段天气雷达的电磁波穿透力强、抗干扰能力优异，可以穿透云层和降水区域(伴随衰减)，并通过接收水凝物粒子的散射信号来探测天气目标；其在复杂环境中也能稳定工作。S 波段天气雷达的工作频率通常为 2.7~3.0GHz，电磁波波长范围为 7.5~15cm。

1.1　雷达系统简介

S 波段双线偏振多普勒天气雷达使用全相参脉冲多普勒体制，除具备常规天气雷达探测降水回波的位置、强度等功能外，还以多普勒效应为基础，通过测定接收信号与发射信号之间高频频率(相位)的差异，计算出雷达电磁波波束在有效照射体积内降水粒子群相对于雷达的平均径向运动速度和速度谱宽，反演出大气风场、气流垂直速度分布及湍流状况等变化特征。目前，全国天气雷达网布设的机械扫描速调管体制 S 波段双线偏振多普勒天气雷达以 CINRAD/SAD 型号为主。

S 波段双线偏振多普勒天气雷达相比传统 X 波段雷达，具有监测准确度更高、探测范围更大的特点。它不但能够快速监测雷达站周围 24km 高度以下、460km 范围内的云、雨等天气目标的位置、分布、强度，适合探测大范围强降水天气，如台风、暴雨、飑线、冰雹等，还能够精准测量 230km 范围内天气目标的径向速度、速度谱宽及双线偏振参数，实现对雹云、龙卷等中小尺度强天气现象的有效监测和识别。这些特点使 S 波段双线偏振多普勒天气雷达在台风、雷暴、冰雹、下击暴流、龙卷等灾害性天气的信息获取和预警方面表现出色，从而被广泛应用于天气预测预报、过程降雨量估测、森林灭火保障、农业生产等诸多领域。

双线偏振多普勒天气雷达同时发射和接收水平与垂直极化的电磁波，通过分析信号偏振特性来获取目标物的形态、构成和特性等信息。双线偏振多普勒天气雷达不仅能获取单偏振雷达的全部探测信息，还能测量差分反射率、相关系数等偏振参数，从而更精确地估测降水、识别降水类型(如雨、雪、冰雹)并分析云和降水的微物理特征。其在定量降水估测、强对流天气监测(如冰雹、龙卷)等领域相比单偏振雷达具有显著优势。

S 波段双线偏振多普勒天气雷达属于两坐标一次全相参脉冲多普勒天气雷达，通过发射电磁波，接收从气象目标后向散射返回的电磁波来探测气象目标，能够同时测定空中气象目标的两个坐标(距离、方位或者距离、仰角)，是一种具有发射相位相参信号(两个信号相位之间存在稳定关系)的雷达系统。相参性雷达系统的发射信号、本振电压、相参振荡电压和定时器触发脉冲均由同一基准信号发出，信号之间保持着稳定的相位关系，这种雷达系统也称为全相参雷达；而非相参雷达的发射信号和本振信号相位不具有一致性，接收机混频信号与发射信号各自单独产生。全相参雷达相较于非相参雷达，频率更稳定，中频全相参或本振锁相相参在接收系统信号处理期间持续存在，能更好地进行接收信号的相位判断，更加便于获取多普勒信息。S 波段双线偏振多普勒天气雷达采用主振放大式发射机，通过主控振荡器提供连续波信号作为基准信号，使用频率源提供射频脉冲信号(射频发射脉冲通过脉冲调制器控制射频功率放大器形成)。重复周期相邻射频发射脉冲之间具有稳定的相位关系，即发射信号具有相位相参性。雷达本振信号、相参振荡信号及协调整机工作的各种定时触发脉冲，均由同一基准信号提供，这些信号之间，以及它们与发射脉冲信号之间均保持相位相参性。因此，S 波段双线偏振多普勒天气雷达是名副其实的全相参雷达。

多普勒效应是指发射源和接收物之间有相对运动时，后者接收到的信号频率会发生变化。若目标物与雷达之间存在相对运动，当目标物速度增大时，接收的回波信号频率偏移量会相应增大；反之，当目标物速度减小时，接收的回波信号频率偏移量会相应减小。增减变化的频率偏移量被称为多普勒频偏(频移)或者多普勒频率 f_d。

多普勒雷达理论基础是电磁波的多普勒效应。脉冲多普勒天气雷达探测气象目标时，发射脉冲的载波频率为 f_o，接收到的回波脉冲信号频率为 $f_o \pm f_d$。其中，多普勒频率 f_d 与目标相对于雷达的径向运动速度 V_r 及雷达发射脉冲波长 λ 有关。在雷达电磁波波束有效照射体积内，目标粒子的径向速度通常不同，回波信号的频谱较复杂。为了能够同时测定目标物的速度和距离，实际应用的多普勒天气雷达不是发射连续波信号，而是发射由多个频率构成的高频脉冲载波信号。多普勒天气雷达普遍采用矩形发射脉冲，而且要求载波脉冲具有相参性，即各种脉冲之间具有稳定的相位关系。

1.2 雷达系统组成

S 波段双线偏振多普勒天气雷达综合应用了先进的电子、计算机和通信技术，采用了高增益、低旁瓣的天线，频率稳定度较高的全相干发射与接收系统，主振放大式速调管发射机，宽动态范围接收系统，相干信号处理器，以及多路传感器构成的雷达参数监测和运行控制等装置，是集目标探测和信息采集、处理、分发与存储等多种功能于一体的智能天气雷达。

S 波段双线偏振多普勒天气雷达系统主要由三个子系统组成：数据采集子系统（Radar Data Acquisition，RDA）、产品生成子系统（Radar Product Generator，RPG）和用户终端子系统（Principal User Processor，PUP）。

S 波段双线偏振多普勒天气雷达主要的硬件设备属于数据采集子系统。RDA 包括天线罩、天线、馈线、天线座、伺服分系统、发射机、接收机、信号处理器、监控分系统等。RDA 中还设计了雷达运行控制平台（Radar Control Window，RCW）。RCW 由计算机、接口装置、控制软件等构成，用于雷达运行、数据采集、参数监控及误差检测、自动标校等控制功能[1]。

产品生成子系统：对采集的雷达观测数据进行分析、识别处理，能够实时生成、分发和显示多种气象预警预报产品；其由计算机及通信接口等部分组成。

用户终端子系统：对生成的产品进行图形、图像显示；其由计算机及通信接口等部分组成。

S 波段双线偏振多普勒天气雷达系统框图如图 1-1 所示。

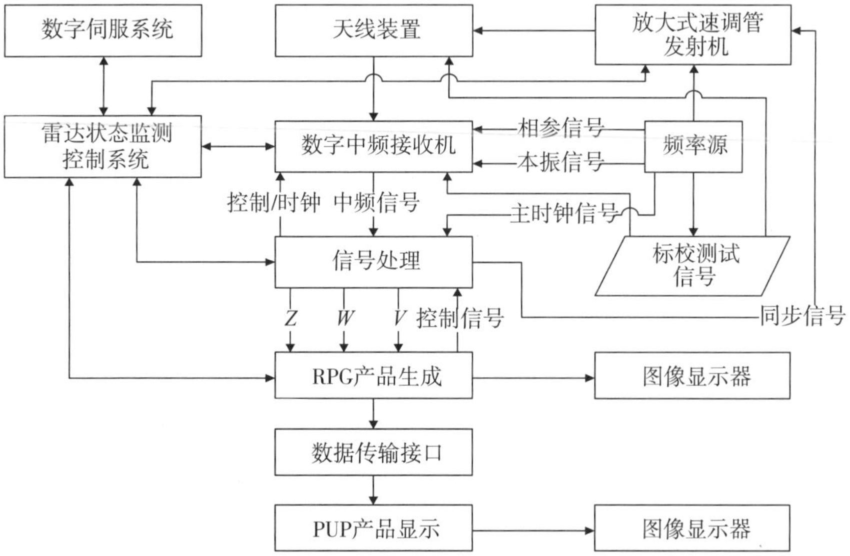

图 1-1　S 波段双线偏振多普勒天气雷达系统框图

图 1-1 中，接收机的频率源输出射频激励信号，并输入发射机，经固态功率放大

器前置放大，通过脉冲形成器整形后输入速调管功率放大器。固态调制器为速调管提供阴极调制脉冲，以控制雷达发射脉冲的宽度与重复频率。速调管功率放大器输出峰值功率≥650kW 的发射脉冲，经过雷达馈线到达天线(天线罩对天线具有保护作用，射频损耗较小)，然后向空间定向辐射能量。天线定向辐射电磁波遇到云、雨等降水粒子后，发生后向散射，进而形成气象目标的射频回波信号，再被天线接收。

天线将接收的射频回波信号通过雷达馈线输入接收机，经过射频放大和变频之后成为中频回波信号，再输入高性能数字中频接收机，然后将输出的 I/Q 正交信号输入信号处理分系统[2]。

信号处理器对来自接收机的 I/Q 正交信号进行平方律检波、地物对消滤波等处理，得到反射率的估测值(强度)；通过脉冲对处理(Pulse Pair Processing，PPP)或快速傅里叶变换(Fast Fourier Transform，FFT)处理，得到散射粒子群的平均径向速度 V 和速度谱宽 W。这些强度、径向速度和速度谱宽等信息经过 RPG 数据处理后，通过网络传输至 PUP 进行气象产品显示。

数据采集单元(Data Acquisition Unit，DAU)监测与控制雷达整机的性能参数、故障信息。DAU 自动检测、搜集雷达分系统的性能参数和故障信息，通过串口(网络)发送 RDA。RDA 对各分系统发出操作控制和参数设置指令，经串口(网络)传输至监控分系统，由监控分系统处理后转发至对应的分系统，完成相应的控制操作和参数设置。操作人员在 RDA 终端上能够实时监视雷达的工作状态、性能参数和故障情况。

数字伺服分系统收到 RDA(经监控分系统)的控制指令后，计算处理相应指令，输出电机驱动信号，完成对天线方位、俯仰的扫描控制；同时，将实时的天线方位角、俯仰角、速度信息送往信号处理分系统，将故障信息经监控分系统送往 RDA。

电源分系统采用分散配置的供电方式向雷达整机各分系统提供电力供应。

通常天气雷达系统的主要硬件设备安装在雷达机房及天线罩内，RPG 和 PUP 子系统设置在当地气象台。S 波段双线偏振多普勒天气雷达将配电机柜、接收机柜、RDA 机柜、发射机机柜、波导充气单元、天馈线与电缆桥架等设备安装在雷达主机房内。其中，DAU 数字板、DAU 模拟板、下光纤板、RDA 计算机、伺服控制系统集中设置于 RDA 机柜。主机房还配备不间断电源(Uninterruptible Power Supply，UPS)、稳压电源等附属设备。

1.2.1 发射机

发射机主要由高频放大链路、全固态调制器和速调管附属电路组成。其中，高频放大链路是发射机的核心部分。高频激励器、高频脉冲形成器、可变衰减器、速调管放大器、电弧/反射保护组件共同构成了高频放大链路。高频激励器放大高频输入信号，放大后的高频信号进入高频脉冲形成器。高频脉冲形成器对高频信号进行脉冲调制，控制高频脉冲的前沿和后沿使信号频谱宽度满足技术指标，形成波形符合要求的高频脉冲信号。调节可变衰减器的衰减量，使输入速调管的高频脉冲峰值功率达到指标要求(高频脉冲信号经过速调管放大器和电弧/反射保护组件后，发射机输出功率不应小于 650kW)。电弧/反射保护组件用于监测速调管输出的高频电弧，还接收来自馈线系统的高频反射检波包络，当发现高频电弧时，立即向监控电路发出报警信息，同时切断高压供电。

CINRAD/SAD 型天气雷达发射机的组成框图如图 1-2 所示。

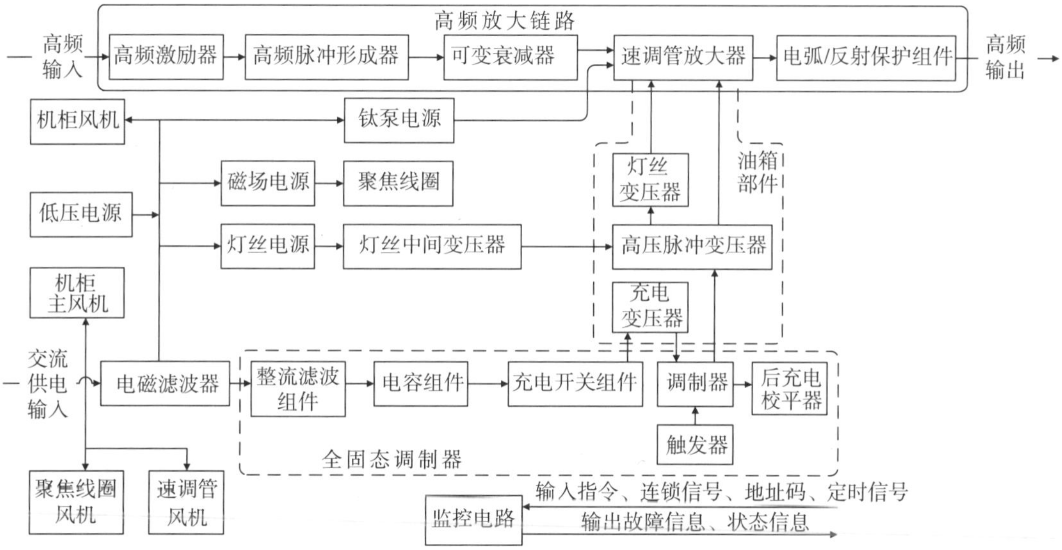

图 1-2　CINRAD/SAD 型天气雷达发射机的组成框图

整流滤波组件、充电开关组件、调制器、触发器提供满足速调管工作要求的束脉冲。整流滤波组件将三相 380V 交流电转换为 510V 直流电。充电开关组件在 510V 直流电经过回扫充电电路后，通过油箱内的充电变压器将调制器人工线充电至约 4600V 高压，完成充电功能。触发器主要用于产生调制器脉冲开关管(放电管)的触发脉冲，执行放电功能。一次充电、放电过程形成一个束脉冲。调制器由充电二极管、放电二极管、可控硅、双脉冲形成网络(人工线)等部件组成，在充放电时序控制下，进行人工线充电与放电。

为了避免出现电晕、击穿、爬电等现象，同时结合散热需求，高压脉冲变压器、灯丝变压器、调制器的充电变压器被放置在油箱中。速调管的灯丝与阴极引出环、绝缘瓷环被插入油箱，浸泡于油液中；油箱内的脉冲变压器、灯丝变压器、充电变压器、油温传感器、旁路电容、速调管插座等部件也都被浸泡在变压器油中，以改善绝缘和散热效果。

监控电路具有发射机的本地控制、远程控制、连锁控制、故障显示、电量与时间计量监控，收集雷达的内置测试设备信息，接收 RDA 控制指令、外部故障连锁信号、地址码与同步信号，向 RDA 传输发射机故障和状态信息，向发射机各部分发送同步信号的功能。

S 波段双线偏振多普勒天气雷达通过聚焦线圈生成聚焦磁场。速调管内部构件有时会释放微量气体，在受到电子轰击或温度升高时，释放的气体量增加。使用钛泵抽取这些微量气体，以保持速调管内部的高真空状态。

1.2.2 接收机

接收机由接收机保护器、无源限幅器、低噪声放大器、接收通道、频率源、接收机接口、测试信号源等组成。CINRAD/SAD 型天气雷达接收机的组成框图如图 1-3 所示。

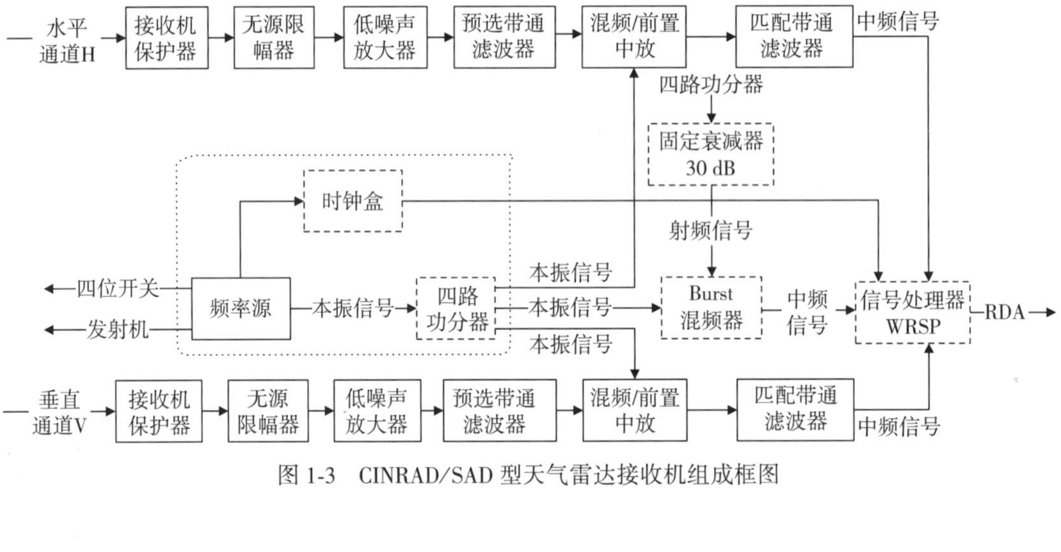

图 1-3 CINRAD/SAD 型天气雷达接收机组成框图

S 波段双线偏振多普勒天气雷达系统的频率源提供五种稳定频率信号：主时钟信号、射频激励信号、射频测试信号、本振信号和中频相干信号。此外，频率源还含有故障监测电路，用于对主时钟信号、射频激励信号、射频测试信号、本振信号、中频相干信号进行采样与监控。若信号超出阈值，则产生一个对应的故障代码，故障代码经频率源 J5 端口发送至监控功能组，从而生成 RDA 告警信号。

接收机分为回波信号通道和测试信号通道。回波信号通道由天线馈源、俯仰旋转关节、方位旋转关节、环形器、接收机保护器、无源限幅器、低噪声放大器、预选带通滤波器、混频/前置中放、匹配带通滤波器、信号处理器等部件组成。接收机回波通道信号流程如图 1-4 所示。

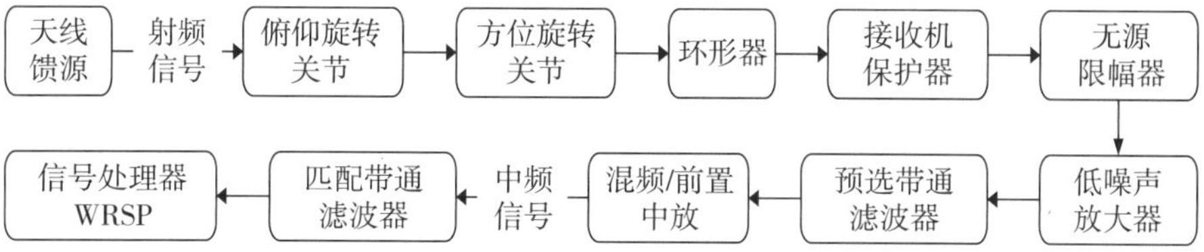

图 1-4　接收机回波通道信号流程图

测试信号通道由四位开关、RF 数控衰减器、二路功分器、接收机保护器、无源限幅器、低噪声放大器、预选带通滤波器、混频/前置中放、匹配带通滤波器、信号处理器等部件组成[3]。接收机测试通道信号流程如图 1-5 所示。

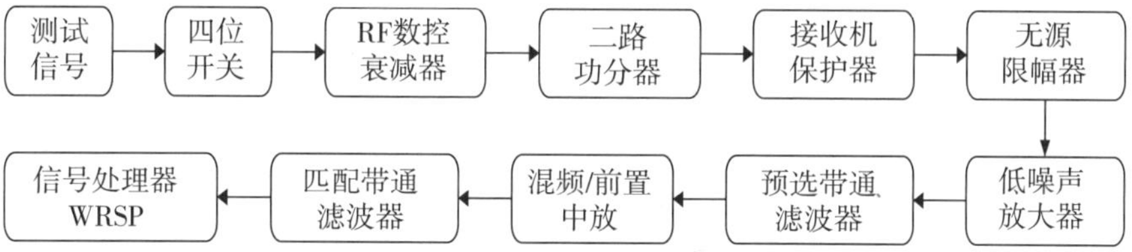

图 1-5　接收机测试通道信号流程图

1.2.3　信号处理器

S 波段双线偏振多普勒天气雷达信号处理部分由 WRSP 型信号处理器和信号处理软件组成。水平与垂直双通道接收的回波脉冲经信号处理后，通过宽带通信传输至 RPG 子系统，不仅可以得到 Z、V、W 三种单偏振基本参量，还能够生成 Z_{dr}、φ_{dp}、K_{dp}、CC、L_{dr} 等双线偏振参量及多种气象应用产品。

1.2.4　监控分系统

监控分系统以数据采集单元(DAU)为核心，配合 RDA 计算机及软件系统对雷达进行监测与控制。RCW 软件能够监测来自发射机、接收机及天线伺服的状态信号，雷达数据采集系统可操作性测试(Radar Data Acquisition System Operability Test，RDASOT)

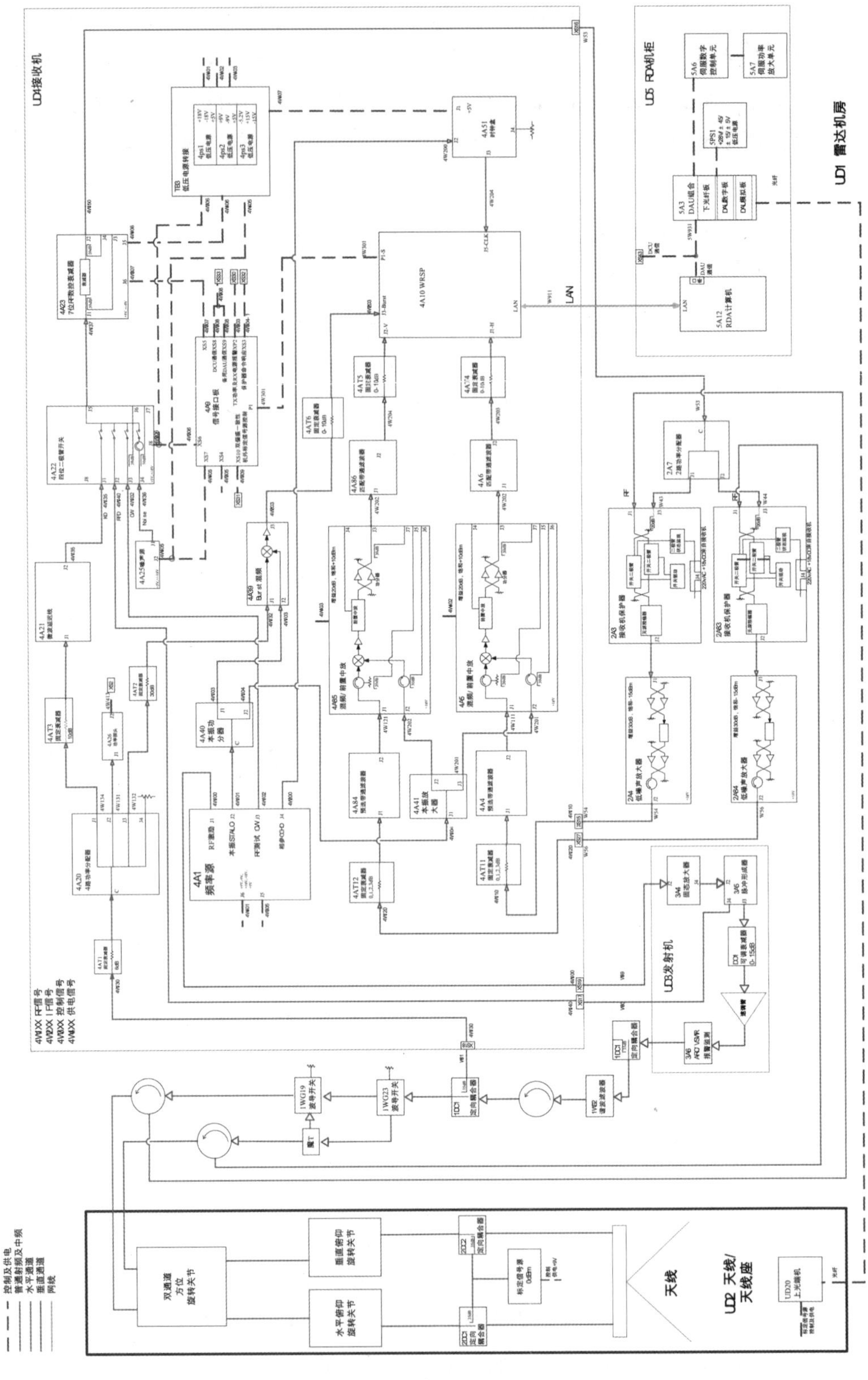

图1-6 CINRAD/SAD型天气雷达系统信号流程图

软件可以发送发射机高压开(关)、波导开关转换、天线操作等控制命令。

1.2.5　伺服分系统

伺服分系统由天线、数据同步机构、汇流环、减速箱、电机、伺服控制器及附属设备等部件组成。

1.2.6　天馈线分系统

天线为雷达的室外部分，固定在天线座上，经过馈线与雷达发射机、接收机连接。雷达天线由抛物反射面和焦点馈源组成。抛物反射面为背架支撑式，焦点馈源通过支杆固定于反射面中心。天馈线分系统采用波导馈线以适应发射支路的高功率，并使用空压机对波导内部充气，保持波导内部干燥。CINRAD/SAD 型天气雷达系统的信号流程如图 1-6 所示。

1.3　雷达系统性能

S 波段双线偏振多普勒天气雷达的主要作用是有效监测并及时预警台风、暴雨、飑线、冰雹、龙卷等灾害性天气过程，监测台风、暴雨等大范围强降水天气有效距离不低于 400km，监测和识别雹云、龙卷气旋等小尺度强天气现象有效距离不低于 150km。

S 波段双线偏振多普勒天气雷达系统设计应具备较强的探测能力，减少电磁波因降水影响造成的衰减。系统探测能力由发射功率、天线增益、接收机灵敏度等性能参数综合决定，距离雷达 200km 处的最小反射率因子不大于 7dBZ；具有良好的角分辨率和距离分辨率，能识别距离雷达 150km 处雹云内尺度为 2～3km 的核区，或判别尺度约 10km 的龙卷气旋；具有低脉冲重复频率的远距离监测模式，避免出现二次回波现象，干扰强天气监测。

S 波段双线偏振多普勒天气雷达具有稳定的发射、接收系统。为满足探测半径 200km 覆盖范围的降水量分布及区域降水量精确估测需求，接收机具有 95dB 以上的宽动态范围；具有监测及标校雷达系统主要性能参数的功能，良好的地物消除处理装置，对降水回波强度实现精确估测；具有较强的数据处理能力，及时处理回波数据，提供大范围降水量分布信息；获取降水区域风场信息距离不小于 200km，监测和识别造成风害的强天气距离不小于 150km，径向风速测试范围不小于±48m/s；采用速度退模糊技术，扩大径向风速测试的不模糊区间(选择合适的脉冲重复频率及速度退模糊方法，满足测距范围和测速区间的双重要求)。在湿润季节尤其风暴临近时，系统使用低仰角扫描能探测超过 80km 范围的晴空回波，获取环境风场分布信息，进行速度方位显示(Velocity Azimuth Display，VAD)观测，能获取 3~4km 的垂直风廓线结构。

1.4 双线偏振产品举例

双线偏振基本产品除了含有单偏振的回波强度 (Z)、径向速度 (V) 和谱宽 (W)，还包括相关系数(CC)、差分反射率 (Z_{dr})、差分传播相移 (Φ_{dp})、差分传播相移率 (K_{dp}) 等双线偏振雷达数据产品。

1.4.1 相关系数

相关系数(CC)用来衡量单个脉冲采样体内水平和垂直极化脉冲返回信号变化的相似度。脉冲变化一致性好，CC 值较高；脉冲变化一致性差，CC 值较低。CC 值的范围为 0~1.05(无量纲)。

在通常情况下，双线偏振产品 CC 并不单独使用，需要结合反射率、径向速度等产品叠加使用，用于区分气象回波与非气象回波，以及识别空间天气类型。气象回波 CC 值较高，非气象回波 CC 值较低，取决于探测空间内部的一致性和差异性。如雨和雪等均匀分布的气象粒子，内部一致性较好，CC 值大多高于 0.97；鸟和昆虫等形状变化复杂，返回的 CC 值多数低于 0.8；湿雪、冰雹等具有复杂形状和混合相位的回波 CC 值介于 0.8 与 0.97，个别大冰雹 CC 值甚至低于 0.8。

1.4.2 差分反射率

差分反射率 (Z_{dr}) 用于衡量单个脉冲空间内水平和垂直极化脉冲返回信号之比。用反射率 dBZ 表示时，差分反射率是水平和垂直通道反射率之差，Z_{dr} 值范围为-7.9~7.9dB。大部分气象目标散射产生的 Z_{dr} 值高于-2dB，从而导致 Z_{dr} 产品标尺的显示值从-2dB 开始。Z_{dr} 提供雷达回波粒子中值形状信息，能较好地估计雨滴中值尺寸并检测冰雹。

虽然差分反射率能够体现粒子形状，但受制于粒子颗粒大小及仪器本身探测能力限制，仍存在一定的使用局限性。主要体现为受大粒子、粒子密度、米散射、低信噪比(SNR)、退偏振等因素影响，差分反射率会产生较大偏差。在同样的粒子条件下，通常表现为粒子增大，Z_{dr} 值也相应增大；粒子密度增大，Z_{dr} 值也相应增高；冰雹直径大于 2cm 时，米散射效应引起 Z_{dr} 值变为负数；在低信噪比、低相关系数区域，Z_{dr} 值错误率显著变高；部分脉冲信号在反射回雷达时，极化方向改变到相反的接收通道中，这些因素都会影响 Z_{dr} 产品应用。

1.4.3　差分传播相移

差分传播相移（ϕ_{dp}）是雷达电磁波在水平和垂直偏振方向上的传播相位差累积值。ϕ_{dp} 随距离的变化率为差分传播相移率（K_{dp}）。ϕ_{dp} 用于分辨降水粒子形状、相态（雨滴、冰雹、冰晶等）及液态水含量，识别非球形粒子极敏感。

通过 ϕ_{dp} 和 K_{dp} 可反演降水路径上的衰减效应，校正反射率因子的测量误差，提高定量降水估计精度。结合反射率因子、差分反射率等参数能够区分雨、雪、霰、冰雹等不同类型的降水粒子。K_{dp} 与降水强度正相关，在暴雨或冰雹等强对流天气中，K_{dp} 提供的降水强度指示比反射率因子更加直接。双线偏振雷达结合 ϕ_{dp} 比单偏振雷达量化降水粒子特性更精准，在冰雹识别和暴雨监测应用中尤为明显。ϕ_{dp} 低信噪比现象显著，订正算法复杂，对数据处理要求较高，使用时需要结合多种参数（相关系数等）进行联合分析。

1.4.4　差分传播相移率

差分传播相移率（K_{dp}）定义为水平和垂直通道差分传播相移的距离导数。水平和垂直极化脉冲在媒介（雪、冰雹等）中传输，两种脉冲的衰减（传播变慢）导致信号相位变化（频移）。由于形状和密度不同，在水平和垂直方向上大部分目标相位偏移不同，从而引起差分相移。正差分相移表示水平相移大于垂直相移。随着距离的增加，水平方向排列目标产生越来越大的正差分相移，垂直方向排列目标产生越来越小的负差分相移。圆形目标差分相移接近零，与距离增加无关。差分相移与粒子密集程度有关，粒子数量越多，差分相移越大。一个脉冲采样体中，水平方向目标越多，产生的正差分相移越大。

K_{dp} 产品主要用来显示探测到的强降雨（单纯强降雨、强降雨、混合冰雹、冷/暖降雨过程）区域。双线偏振雷达探测强降雨时，距离库内差分相移信息较准确，差分传播相移率产品可用性较高。受制于距离库内无差别的差分信息识别算法与雷达设备性能限制，CC 值小于 0.9 时，距离库内差分相移信息正确率降低，差分传播相移率准确率也随之降低，软件无法显示有效信息。K_{dp} 产品低信噪比现象明显，容易出现非均匀波束填充现象。

第2章　测试标校原理与项目

2.1　基本测试原理

2.1.1　强度测试原理

S波段双线偏振多普勒天气雷达作为降水测量系统的重要组成部分，必须具备较高的探测精度。回波强度探测精度直接影响雷达气象预警预报产品的准确性，天气雷达回波强度的理论值基于雷达气象方程计算，不考虑电磁波受大气衰减和充塞系数影响时，雷达气象方程如式(2.1)[4]所示。

$$P_r = \frac{\pi^3}{1024\ln 2} \times \left|\frac{m^2-1}{m^2+1}\right|^2 \times \frac{P_t \tau c \varphi \theta G^2}{\lambda^2 R^2} \times Z \tag{2.1}$$

式中：P_r 为回波接收功率(天线)(单位：mW)；$\left|\frac{m^2-1}{m^2+1}\right|^2 = 0.93$；$P_t$ 为发射峰值功率(天线)(单位：kW)；τ 为脉冲宽度(单位：μs)；c 是光速，约 3×10^8 m/s；φ 和 θ 分别为天线波束的水平宽度与垂直宽度(单位：°)；G 为天线增益(单位：dB)；λ 为雷达发射(接收)电磁波的波长(单位：cm)；R 为雷达与目标之间的距离(单位：km)；Z 为反射率因子(单位：mm^6/m^3)，反射率因子计算方法如式(2.2)所示。

$$Z = CR^2P_r \tag{2.2}$$

在式(2.2)中，C 代表雷达常数，单位为 $mm^6/(m^3 \cdot km^2 \cdot mW)$，其计算方法如式(2.3)所示。

$$C = \frac{1024 \times \ln 2 \times \lambda^2}{\pi^3 \times \left|\frac{m^2-1}{m^2+1}\right|^2 P_t \tau c \varphi \theta G^2} \approx \frac{2.69 \times 10^{16} \lambda^2}{P_t \tau c \varphi \theta G^2} \tag{2.3}$$

在实际应用中，常用dBZ表示回波强度的大小。雷达发射功率值是指速调管输出的测试值，测试信号(模拟回波信号)从接收机前端(保护器天线端)输入。此外，还有大气对电磁波的双程衰减 L_{at}。使用 dBP_r 表示 $10\lg P_r$(单位：dBm)，所有系统损耗采用 dB 绝对值，式(2.2)可以转换成式(2.4)所示。

$$dBZ = 10\lg C + 20\lg R + dBP_r + L_\Sigma + RL_{at} \tag{2.4}$$

式(2.4)中，L_Σ 为系统总损耗（$L_\Sigma = L_t + L_r + L_o + L_p$）；$L_t$ 为发射机速调管输出端到天线馈源之间的发射支路馈线损耗；L_r 为天线馈源到接收机前端之间的接收支路馈线损耗；L_o 为接收机匹配滤波器损耗；L_p 为天线罩的双程损耗。

2.1.2　速度测试原理

1. 多普勒频率和径向速度

假设多普勒天气雷达中心频率为 f_o，探测目标到雷达距离为 R，雷达电磁波波束从发射到返回天线所经过的距离为 $2R$，对应的相位变化为 $2\pi \times \frac{2R}{\lambda} = \frac{4\pi R}{\lambda}$。如果目标物没有径向运动或者固定不动(雷达与目标物之间的径向距离 R 不变，相继回波信号的脉冲相位不变)，φ_0 表示发射信号在天线处的初相位，则接收信号在天线处的相位 φ 计算方法如式(2.5)所示。

$$\varphi = \varphi_0 + \frac{4\pi R}{\lambda} \tag{2.5}$$

在相继脉冲的时间间隔(脉冲重复周期) T 内，目标物沿径向(朝向雷达或远离雷达方向)变化了距离 ΔR，相应的相位变化 $\Delta\varphi = \frac{4\pi\Delta R}{\lambda}$，相位随时间变化率(角频率) $\omega = \frac{\Delta\varphi}{T} = \frac{4\pi V_r}{\lambda}$。目标物相对雷达波束轴线方向的运动速度分量 V_r 称为径向速度(多普勒速度)，$V_r = \frac{\Delta R}{T}$。

角频率 ω 与多普勒频率(多普勒频移) f_d 之间的关系如式(2.6)所示：

$$\omega = 2\pi f_d \tag{2.6}$$

由此得出，多普勒频率 f_d、径向速度 V_r 和电磁波波长 λ 的关系如式(2.7)所示：

$$f_d = \frac{2V_r}{\lambda} \tag{2.7}$$

2. 径向速度计算方法(相位差)

S 波段双线偏振多普勒天气雷达不是直接测出多普勒频移，而是通过测试相继返回的脉冲对间相位之差，利用脉冲对处理(PPP)技术确定目标物的径向速度。S 波段双线偏振多普勒天气雷达是全相参雷达，每个发射脉冲的相位已知、频率为常数，将回波信号与机内参考信号作比较以确定回波信号的相位，且任何脉冲与另一脉冲的相位差均可计算。

回波信号相位变化直接与目标物的运动情况相关联。每个发射脉冲的初相位 φ_0 相同，假设第一个脉冲遇到目标物时，目标物到雷达的距离为 R，此回波信号到达天线的相位 φ_1 的计算方法如式(2.8)所示：

$$\varphi_1 = \varphi_0 + 2\pi \frac{2R}{\lambda} \tag{2.8}$$

当第二个脉冲遇到同一目标物时，目标物到雷达的距离为 $R + \Delta R$，该回波信号到达天线的相位 φ_2 的计算方法如下：

$$\varphi_2 = \varphi_0 + 2\pi \frac{2(R + \Delta R)}{\lambda} \tag{2.9}$$

式中：ΔR 为目标物沿雷达波束轴线方向的变化距离(相继脉冲的时间间隔 T 内)。相继返回的两个脉冲间相位之差 $\Delta\varphi$ 计算方法如式(2.10)所示：

$$\Delta\varphi = \varphi_2 - \varphi_1 = 2\pi \frac{2\Delta R}{\lambda} = 4\pi \frac{\Delta R}{\lambda} \tag{2.10}$$

因此，目标物的径向速度计算方法如式(2.11)所示：

$$V_r = \frac{\Delta R}{T} = \frac{\lambda \Delta\varphi}{4\pi T} = \frac{\lambda \Delta\varphi \times \mathrm{PRF}}{4\pi} \tag{2.11}$$

式中：PRF 代表脉冲重复频率(Pulse Repetition Frequency，PRF)，T 为脉冲重复周期(脉冲时间间隔)。此外，也可使用快速傅里叶变换技术获得多普勒频率的相位谱计算径向速度。

3. 最大不模糊距离和最大不模糊速度

最大不模糊距离是指一个发射脉冲在下一个脉冲发射前能够到达目标物并返回雷达的最远探测距离。最大不模糊距离 R_{max} 的计算方法如下：

$$R_{max} = \frac{c}{2\mathrm{PRF}} \tag{2.12}$$

式中：c 为光速。由式(2.12)可见，最大不模糊距离 R_{max} 与脉冲重复频率 PRF 成反比、与脉冲重复周期 T 成正比。

当雷达能够测量的两个相继脉冲间最大相移为 180°时，与 180°脉冲相移对应的目标物径向速度值称为最大不模糊速度。如果目标物的真实相移超过 180°，测量的速度值将小于最大不模糊速度，导致速度测量出现模糊。结合式(2.11)可以得出，最大不

模糊速度 V_{max} 计算方法如下：

$$V_{max} = \frac{\lambda \times PRF}{4} \tag{2.13}$$

由式(2.13)可见，最大不模糊速度 V_{max} 受雷达波长 λ 和脉冲重复频率 PRF 的影响。通过式(2.12)和式(2.13)得出 V_{max} 与 R_{max} 之间的关系如式(2.14)所示。

$$V_{max} \times R_{max} = \frac{\lambda c}{8} \tag{2.14}$$

从上式可见，V_{max} 与 R_{max} 成反比。如果测速范围增大，测距范围必然减小；如果测距范围增大，测速范围只能减小。由于最大不模糊速度 V_{max} 和最大不模糊距离 R_{max} 都与脉冲重复频率 PRF 有关，没有唯一的 PRF 能使 V_{max} 与 R_{max} 都能达到最大，所以多普勒天气雷达需要使用变化的 PRF。

4. 速度退模糊方法

双脉冲重复频率法可在保持最大不模糊距离不变的情况下，扩展多普勒雷达测速区间。双脉冲重复频率法交替发射两种脉冲重复频率，以一种脉冲重复频率 PRF_1 采集一定数量的脉冲样本，另一种脉冲重复频率 PRF_2 采集同样数量的脉冲样本，如此反复直至完成一次雷达扫描，通过测定两个脉冲重复频率的速度差，计算出目标物的真实速度，扩大不模糊速度的测量范围。测量原理如下：

$$V_{max}^{*} = \pm \frac{\lambda \times PRF_1}{4}\left(\frac{PRF_1}{PRF_2} - 1\right)^{-1} = \pm \frac{\lambda \times PRF_1}{4(k-1)} \tag{2.15}$$

式(2.15)中，$\frac{PRF_1}{PRF_2}=k$，$PRF_1>PRF_2$，不模糊速度 V_{max}^{*} 扩展大小取决于脉冲重复频率 PRF_1 和 PRF_2 的比值 k。若两个脉冲重复频率 PRF_1 和 PRF_2 分别为 900Hz 和 600Hz，即 $\frac{PRF_1}{PRF_2}=\frac{3}{2}$，雷达波长为 10.42cm，原来 900Hz 脉冲重复频率对应的最大不模糊速度为 23.45m/s，3∶2 变频后的最大不模糊速度为 46.9m/s，速度测试范围扩展了 2 倍，速度模糊程度明显减少。经过双脉冲重复频率处理，能够有效增加速度测量范围，随着双脉冲重复频率的比值 k 减小，不模糊速度 V_{max}^{*} 扩展增大，但测速误差也会随之变大。

2.2　雷达标校原理

S 波段双线偏振多普勒天气雷达采用频率稳定度极高的脉冲全相干发射/接收系

统，不仅能探测回波强度，还能利用全相参多普勒特性探测回波的径向速度及速度谱宽。通过标校 S 波段双线偏振多普勒天气雷达，可使回波强度测量误差处于±1.0dB 范围，径向速度和速度谱宽测量误差处于±1.0m/s 范围。在保证雷达探测目标空间位置精度的同时，还具备良好的杂波抑制能力，确保探测数据准确、可靠。S 波段双线偏振多普勒天气雷达标校操作主要包含以下五项。

(1)因天线参数无法现场测试，为避免错误修改雷达系统相关适配数据而导致回波强度测量产生偏差，需要定期检查适配数据中天线增益、天线波束宽度、天线罩损耗等不易变化的天线参数是否正确。

(2)定期使用机外仪表和机内信号离线测试影响雷达探测性能的系统参数(天线定位精度、天线波束指向、收发支路损耗、输出射频脉冲包络、输出峰值功率、输出射频频谱、输入端与输出端极限改善因子、噪声系数、线性动态范围、回波强度、径向速度、实际地物对消等)，并使用机外仪表测试值校正机内信号(仪表)对相关参数(输出峰值功率、噪声系数、回波强度等)的测试值。

(3)在线测试动态变化的雷达参数(输出峰值功率、天线功率、RF 功率计调零、相位噪声、杂波抑制、噪声系数、噪声电平等)，实时标校回波强度。

(4)在线校正回波强度测量误差。通过在线实测发射机输出功率(含天线发射功率)和接收机增益，计算在线标定信号测试误差，实现在线自动校正回波强度测量误差。

(5)在线测试并实时显示径向速度及速度谱宽的测量误差。

2.2.1 在线标校原理

S 波段双线偏振多普勒天气雷达在线标校包括基于雷达气象方程的回波强度标校和基于径向速度测试原理的回波径向速度标校。在线标校主要内容分为参数测试、回波强度标校、回波强度在线标校和径向速度测试标校。

S 波段双线偏振多普勒天气雷达参数测试包含以下三种类型。

(1)雷达气象方程涉及的性能参数测试(λ、P_t、τ、G、θ、φ)。

(2)影响径向速度和速度谱宽精度的雷达参数测试(相位噪声、极限改善因子、地物杂波抑制等)。

(3)影响雷达性能和探测目标位置精度的雷达参数测试(天线座水平度、天线控制精度、天线波束指向等)。

S 波段双线偏振多普勒天气雷达回波强度标校关键在于以下三个方面。

(1)雷达性能参数测试及调整。

（2）连续波（Continuous Wave，CW）测试通道参数测试及调整。

（3）线性通道增益测试目标常数基准值调整、回波强度测试误差在线校正基准误差调整。

从雷达气象方程可知，除定期测试检查外，参数 λ、τ、G、θ、φ 变化较小、相对稳定。回波强度标校关键在于确定回波接收功率和发射功率在线测试校正，通过理论值计算修正回波强度测试误差。回波接收功率一般无法直接测试，但可利用高精度信号源模拟回波信号，从接收机前端注入，完成回波强度测试，确定回波接收功率。

S 波段双线偏振多普勒天气雷达回波强度在线标校方法如下：将 44km 处大、中、小三种固定功率射频激励测试信号（脉冲信号），以及 5～145km 范围随距离循环步进（步进量 1km）的固定功率 CW 测试信号从接收机前端输入，通过这四种测试信号实测值与期望值差值的平均值实时校正回波强度的测试值，在定量观测范围内保证高、中、低三种回波强度的测试精度。

每两个体扫间隙（高仰角转向低仰角期间），RDA 均能自动完成测试标校，并修正基数据。测试标校内容包括：天线和发射机平均发射功率电平测试；测试信号从馈线接收支路损耗测试点注入，标校接收系统主通道；检查平均径向速度和频谱宽度处理性能。

径向速度在线测试标校采用移相（移频）的方法。通过控制测试通道开关和信号源频率（相位），在两个体扫间隙将测试信号输入接收机前端，从终端采集测试信号径向速度的实测值，并与理论值进行比较，检查速度测试误差。

气象雷达方程涉及的雷达参数都要经过准确测试及标校（发射功率、接收机增益在线自动测试，其他参数定期使用机外仪表测试），保证回波强度的测量精度，较好地实现定量估测降水等功能。

2.2.2　离线标校原理

离线标校是指使用机外仪表或机内标校系统测试性能参数，评估雷达性能是否符合技术要求。通过校正机内信号测试结果，准确修正雷达气象方程相关参数，提高回波强度测试精度，保障探测数据的可靠性。离线标校内容主要包括以下 5 个方面。

（1）定期核查相对稳定的雷达参数，如天馈线参数（天线增益、天线波束宽度、收发支路损耗、天线罩损耗等）。

（2）使用机外仪表测试与标校雷达性能参数，如输出射频脉冲包络、输出峰值功率、输出射频频谱、输入端和输出端极限改善因子、噪声系数、灵敏度、线性动态范围、回波强度、径向速度、收发支路损耗、天线座水平度等参数。

（3）检查实际地物对消能力、天线定位精度、天线波束指向等系统性能。

(4)使用机内仪表测试与标校雷达性能参数，如输出峰值功率、线性动态范围、噪声电平、噪声系数、回波强度、径向速度、相位噪声、地物杂波抑制等参数。

(5)使用机外仪表测试值校正机内信号测试结果，如输出峰值功率、噪声系数、回波强度等参数。

2.3　雷达测试系统

S 波段双线偏振多普勒天气雷达测试与标校通过硬件测试系统、软件测试系统、机内/机外信号源及仪表配合完成。

2.3.1　硬件测试系统

CINRAD/SAD 型天气雷达使用测试通道进行标校。测试通道主要包括四位开关、RF 数控衰减器、RF 噪声源、四路功分器、微波延迟线等部件，如图 2-1 所示。

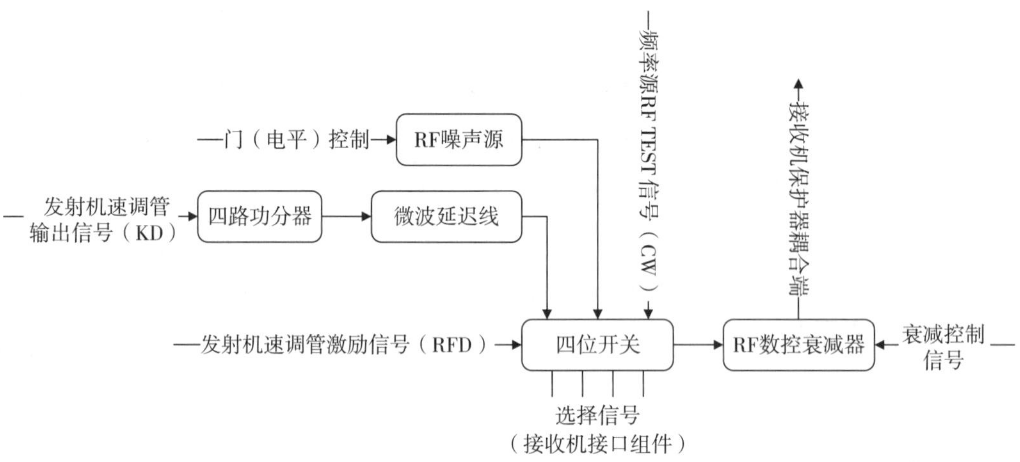

图 2-1　CINRAD/SAD 型天气雷达测试通道框图

由图 2-1 可知，四位开关和 RF 数控衰减器的控制信号来自接收机接口组件。接收机接口组件从信号处理器接收控制数据与时钟信号，控制数据包含输入 RF 测试源选择、衰减电平控制、信号流向及接收机各测试点故障隔离等功能命令；时钟信号用于接收机控制数据计时，有序产生命令、控制信号。接口组件接收的四种控制数据及功能如下：

(1)噪声源控制：控制是否激活 RF 噪声源。

(2)RF 测试信号选择：选择输入四位开关的 RF 测试信号(CW、RFD、KD、噪声源)之一。

(3) RF 信号衰减控制：控制 7 位 RF 数控衰减器的衰减量。

(4) 频率源控制：控制频率源输出 CW 或射频脉冲信号。

CINRAD/SAD 型天气雷达测试通道相关部件及功能如下：

1. 四位开关

四位开关用于选择四个 RF 测试信号之一。RF 测试信号的选择控制信号来自接收机接口组件。四个 RF 测试信号如下：

(1) 来自频率源的射频测试信号(RF TEST)，也被称为 CW 测试信号。

(2) 来自微波延迟线的发射机输出射频测试信号(Klystron Delay，KD)。

(3) 来自发射机脉冲驱动形成器的射频激励测试信号(RFD)。

(4) 来自 RF 噪声源的宽带噪声测试信号。

2. 数控衰减器

7 位 RF 数控衰减器的衰减量分别为 1.0dB、2.0dB、4.0dB、8.0dB、16.0dB、32.0dB、40.0dB，具体衰减量取决于硬件信号处理器的控制信号。

3. RF 噪声源

RF 噪声源将固态噪声二极管产生的宽带噪声测试信号输入四位开关，用于检查接收机灵敏度及噪声系数。噪声测试信号有无取决于信号处理器的控制信号。

4. 四路功分器

发射机输出高功率射频信号经波导传输线定向耦合器耦合输出，再经衰减器输入四路功分器，四路功分器将该信号等分成四路输出：一路经微波延迟线输入四位开关，用作 KD 测试信号；一路输入 RF 功率监视器，变换成直流信号用于监视发射机峰值功率；一路输入检测板，用于外部检查；最后一路输入吸收负载，作为备份接口。

5. RF 微波延迟线

RF 微波延迟线是石英晶体制成的体声波延迟线。在微波延迟线的输入端，通过换能器将微波信号变成声波，然后在石英晶体内以体声波形式向输出端传输，声波传播速度较低，一定距离内的传输时间和信号延迟都较长(延迟约 10μs)，直至输出端通过换能器再将声波变成微波信号。发射机速调管射频输出采样信号通过四路功分器、衰减器、定向耦合器等部件输入微波延迟线，经由微波延迟线输出至四位开关，输入接收机前端的采样信号已延迟 10μs，接收到的回波信号类似于点目标。

6. 接收机保护器

接收机保护器主要用于连接切换天馈线、测试通道和接收主通道。正常接收回波信号时，保护器切换使天馈线和主通道相连，与测试通道隔离；进行在线或离线测试标校时，保护器切换使测试通道和主通道相连，与天馈线隔离。

7. 耦合器和连接线缆

微波馈线中的耦合器包括发射机功率采样输出、射频信号检测输出等耦合器，组件端子间的连接电缆指信号连接电缆。耦合器和连接线缆的损耗值存储于适配数据，供雷达系统标校使用。

2.3.2 软件测试系统

CINRAD/SAD 型天气雷达测试相关软件包括 RCW 软件和 RDASOT 软件。RCW 软件控制雷达运行，具有在线标校与检测功能。RDASOT 软件是集成测试平台，可以设置雷达参数与测试信号，离线测试噪声系数、线性动态范围、相位噪声、灵敏度、天线控制、太阳法、回波强度等性能数据。

RDASOT 软件与 RCW 软件共用适配数据，正常运行与调试维修的参数变化保持同步，既可控制机内信号源进行机内标校与检测，也可控制外部高精度测试仪表对雷达系统开展机外标校。

RCW 软件通过自动检测发射机峰值功率、天线峰值功率、宽/窄噪声电平、CW 信号、KD 信号、RFD 信号、速度、谱宽、发射机温度、机房温度、天线罩温度等信息实现在线标校，在性能数据界面中可查看相关参数的理论值、实测值。RCW 软件能够根据标校结果自动补偿回波强度，提高回波强度测量的准确性。无论在线标校或是离线标校，当雷达性能数据偏移较大时，系统将无法自动补偿，可使用 RCW 软件修改适配数据中相应的项目进行参数(发射机工作频率、发射信号脉冲宽度等)校正。

2.4 测试标校项目

S 波段双线偏振多普勒天气雷达测试与标校内容涉及天线伺服系统、发射系统、接收系统、整机系统共 4 部分 39 项参数。其中，天线伺服系统测试与标校包括天线座水平度、天线控制精度、天线扫描速度、天线波束指向(太阳法)、天线波束宽度、第一旁瓣电平等项目；发射系统测试与标校包括发射机输出射频脉冲包络、发射机输出峰值功率、发射机输出射频脉冲信号频率与频谱特性、发射机极限改善因子与杂噪比等项目；接收系统测试与标校包括频率源输出功率、噪声系数、线性动态范围、最小可测功率等项目；整机系统测试与标校包括系统相位噪声、实际地物对消能力、回波强度、径向速度、速度谱宽、滤波前后功率比、收发支路损耗、无人机金属球反射率因子等项目。S 波段双线偏振多普勒天气雷达测试与标校项目汇总见表 2-1。

表 2-1　　**S 波段双线偏振多普勒天气雷达离线和在线测试与标校项目一览表**

序号	测试标校项目		离线		在线
			机外	机内	
1	发射系统	脉冲宽度	✓		
2		RF 功率计调零		✓	✓
3		发射机输出功率	✓	✓	✓
4		输入极限改善因子	✓		
5		输出极限改善因子	✓	✓	
6		发射机输出射频频谱	✓		
7	接收系统	噪声电平	✓	✓	✓
8		噪声系数	✓	✓	✓
9		最小可测功率	✓		
10		线性动态范围	✓	✓	
11		回波强度	✓	✓	✓
12		径向速度	✓	✓	✓
13		中频信号带宽	✓		
14	天线伺服系统	天线座水平度	✓		
15		天线控制精度		✓	
16		天线扫描速度		✓	
17		天线波束指向		✓	
18		天线波束宽度	✓		
19		第一旁瓣电平	✓		
20		远端旁瓣电平	✓		
21		交叉极化隔离度	✓		
22		天线发射功率	✓	✓	

续表

序号	测试标校项目		离线		在线
			机外	机内	
23	整机指标	实际地物对消能力		✓	
24		系统相位噪声		✓	✓
25		地物对消能力		✓	✓
26		回波强度	✓	✓	✓
27		径向速度	✓		✓
28		速度谱宽			✓
29		双通道一致性	✓	✓	✓
30		收发支路损耗	✓		
31		太阳法强度		✓	
32		无人机金属球反射率因子	✓		

第3章　天线伺服系统测试与标校

3.1　天线伺服系统测试标校内容与指标

S 波段双线偏振多普勒天气雷达天线伺服系统测试与标校包含天线座水平度、天线控制精度、天线扫描速度、天线波束指向、天线波束宽度、双极化波束宽度差异、第一旁瓣电平、远端旁瓣电平、交叉极化隔离度等项目。天线伺服系统测试标校的主要内容与技术指标要求如表 3-1 所示[5]。

表 3-1　　天线伺服系统测试标校主要内容与技术指标要求

序号	测试标校项目	技术指标要求	
1	天线座水平度	≤30″	
2	天线控制精度	-0. 1°≤方位角最大误差≤0. 1°	
		-0. 1°≤俯仰角最大误差≤0. 1°	
3	天线扫描速度	方位角≥36°/s	天线最人扫描速度误差≤5%
		俯仰角≥12°/s	
4	天线波束指向	-0. 2°≤方位角最大误差≤0. 2°	
		-0. 2°≤俯仰角最大误差≤0. 2°	
5	天线波束宽度	≤1. 0°	
6	双极化波束宽度差异	≤0. 1°(3dB 处)	
7	第一旁瓣电平	≤-27. 0dB	
8	远端旁瓣电平	≤-40. 0dB(±10°以外)	
9	交叉极化隔离度	≥35. 0dB	

3.2　天线座水平度

3.2.1　指标描述

雷达天线水平旋转主要依靠方位电机通过减速装置驱动方位齿轮轴承，由于天线反射体、俯仰舱、俯仰轴等部件的重量均较大，长时间运行会造成方位齿轮轴承磨损。此外，安装雷达天线的建筑物也会发生沉降。这些因素容易造成雷达天线座的水平度超过误差允许范围。天线座的水平度超出指标范围会使雷达天线在不同方位时，底座不在同一水平面上，影响探测数据的准确性，因此需要定期对雷达天线底座水平度进行测试与校准。

3.2.2 测试方法与步骤

注意事项：测量天线底座水平度之前，需要先在水平面上将合像水平仪指示气泡调整到水平区间以内。

使雷达天线位于方位 0°、仰角 0°处，将合像水平仪放置于天线转台顶部，如图 3-1所示。

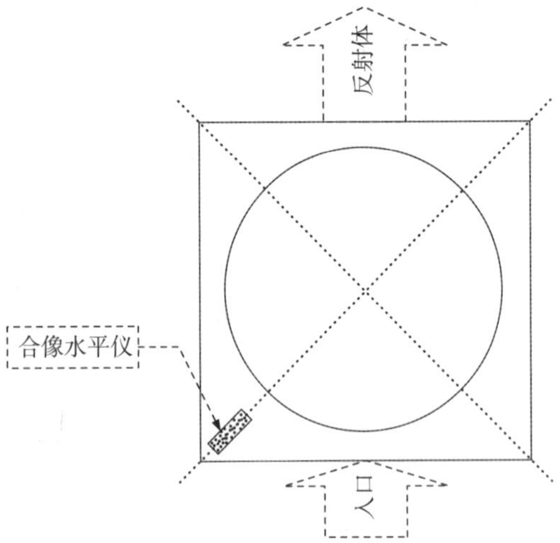

图 3-1　俯仰舱内合像水平仪摆放示意图

转动天线至 0°、45°、90°、135°、180°、225°、270°和 315°八个方位。在八个方位角 α 处调整合像水平仪达到水平状态，记录合像水平仪读数 M_α，计算天线转台的水平度。由于常见的合像水平仪测试分度值为 0.01mm/m(0.01/1000)，天线座在方位角 α 处水平度 $\theta_\alpha \approx 2.06M_\alpha$，为了消除合像水平仪自身仪器误差，将方位角相差 180°的两次测试数据差值计算平均值作为天线座真实水平度 $\Delta\theta$。

使用合像水平仪测试天线底座水平度的步骤如下：

(1)天线座粗调水平后，将水平仪按照图 3-1 所示放置于天线座俯仰舱内，水平仪刻度标尺朝向天线座轴心。

(2)选择起始测试方位，读取、记录水平仪测量数据(若起始方位为 0°，对应的水平仪测量结果实际是 45°方位，应记录为 45°方位的测试值，该摆放方式决定了实际记录的方位角度与天线反射体朝向相差 45°)。

(3)推动天线转动 45°继续测试，读取、记录对应的水平仪测量数据，然后按照同一方向依次转动 45°，直至八个方位角度全部测试完成。

(4)顺时针推动天线一周，再逆时针推动天线一周，分别记录合像水平仪在 0°、45°、90°、135°、180°、225°、270°、315°八个方位的读数。

(5)将同一直线上方位相差 180°的两个测试结果相减，并分别记录顺时针和逆时针测试结果的差值(0°与 180°、45°与 225°、90°与 270°、135°与 315°)，如图 3-2 所示。

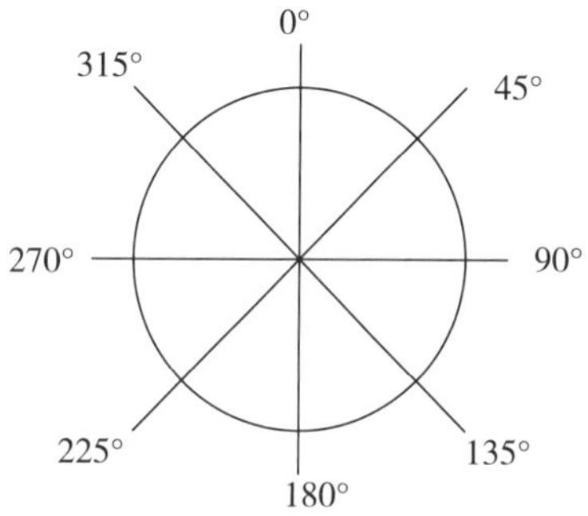

图 3-2　天线座水平度测试方位示意图

(6)计算两次测试结果差值的平均值作为天线座真实水平度 $\Delta\theta$，方法如式(3.1)所示，再取四组真实水平度（$1.03|M_0-M_{180}|$、$1.03|M_{45}-M_{225}|$、$1.03|M_{90}-M_{270}|$、$1.03|M_{135}-M_{315}|$）中的最大值作为天线座实际水平度。

$$\Delta\theta=\frac{|\theta_\alpha-\theta_{\alpha+180}|}{2}\approx 1.03|M_\alpha-M_{\alpha+180}| \tag{3.1}$$

3.2.3　调整方法

天线座底部法兰的六组螺栓固定于铁塔平台或天线座基环上，每个紧固螺栓旁配有一个调整螺栓。松动紧固螺栓后，使用调整螺栓调节天线座的水平度，如图 3-3 所示。

天线底座水平度调整的步骤如下：

(1)根据 3.2.2 小节测试结果，确定天线底座需抬高(降低)的方位及调整量。

(2)适当松动所有紧固螺栓，通过旋转需抬高(降低)方位的调整螺栓支撑起天线底座。

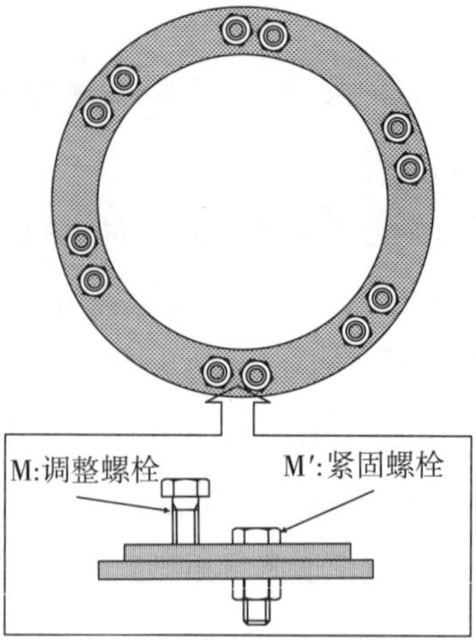

图 3-3　天线座底部安装示意图

(3)在被调整螺栓支撑起的天线底座下，插入(移除)厚度适当的紫铜片，再松开调整螺栓并拧紧紧固螺栓。

(4)按照 3.2.2 小节测试方法再次测量天线底座水平度。通过反复调整与测试，直至天线底座水平度符合指标要求为止。

(5)将全部紧固螺栓调整为紧固状态，使调整螺栓均处于未受力状态。

3.3　天线控制精度

3.3.1　指标描述

天线控制精度是指天线的定位误差，代表雷达通过伺服系统控制天线方位角度、俯仰角度到达软件预设位置的精度。

3.3.2　测试方法与步骤

注意事项：

(1)天线方位角度与俯仰角度的控制精度应分开逐项测试。

(2)方位(俯仰)控制精度应按照顺时针与逆时针的方向顺序分别测试。

(3)数字控制单元(Data Control Unit，DCU)模拟板的电位器应缓慢匀速调整，同时观察显示面板中对应的角度编码变化情况。

(4)调整 DCU 模拟板电位器时，需保证伺服系统供电稳定(功率放大单元三相电源指示灯为长亮状态)；如遇电力中断，应立即停止调整，待重新发送“定位”指令后再进行电位器调整。

使用 RDASOT 软件操控雷达天线分别转动至预设的方位位置(0°、30°、60°、90°、120°、150°、180°、210°、240°、270°、300°、330°)和俯仰位置(0°、5°、10°、15°、20°、25°、30°、35°、40°、45°、50°、55°)，在雷达天线停稳以后，通过 RDASOT 软件读取方位位置和俯仰位置的实测值，再与预设位置进行比较，计算天线控制精度。

使用 RDASOT 软件测试天线控制精度的步骤如下：

(1)打开 RDA 计算机桌面雷达控制台(Radar Control Console，RCC)软件，选择 RCC 软件的 RDASOT 模块，如图 3-4 所示。

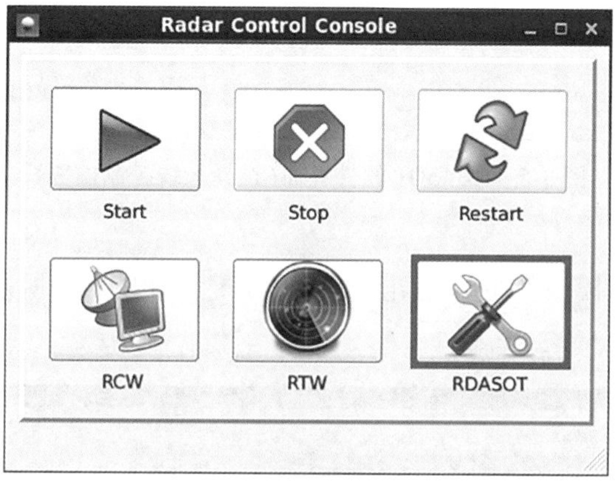

图 3-4　RCC 软件界面(选择 RDASOT 模块)

进入 RDASOT 软件界面，如图 3-5 所示。

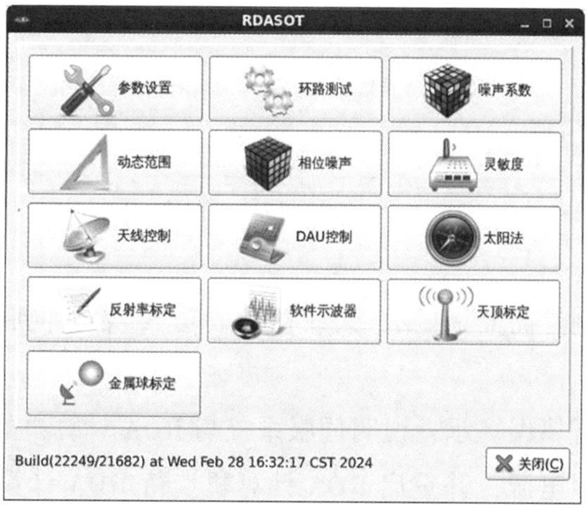

图 3-5　RDASOT 软件界面

（2）选择 RDASOT 软件的天线控制模块，如图 3-6 所示。

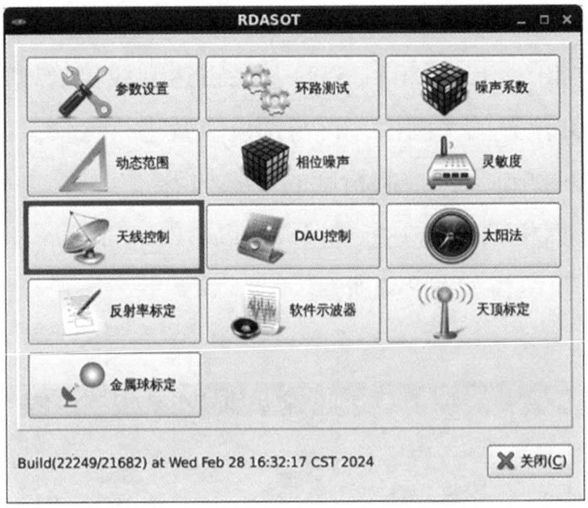

图 3-6　RDASOT 软件界面（选择天线控制模块）

（3）进入天线控制模块界面，点击"自检"按键，如图 3-7 所示。

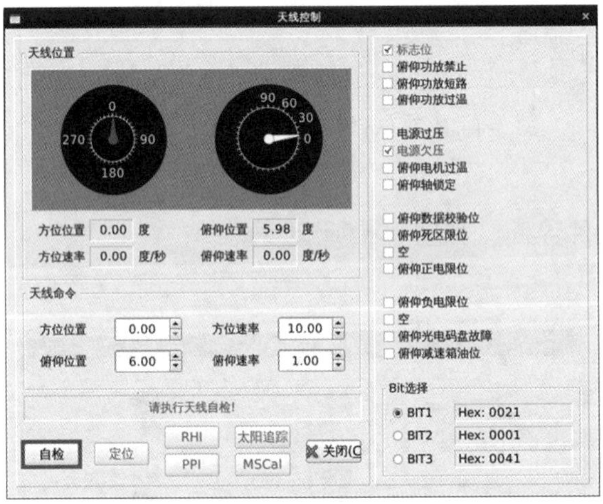

图 3-7　天线控制界面（自检前）

天线自检后，控制界面如果显示"天线自检成功"，表示伺服系统状态正常，如图 3-8 所示。

控制界面如果出现错误提示，说明伺服系统与 RDA 计算机的串口通信可能存在问题。这时需要关闭伺服电源，并重启 RDA 计算机。待 RDA 计算机重启后，打开伺服电源，再次开展自检。直至天线自检成功，才能继续进行后续测试。

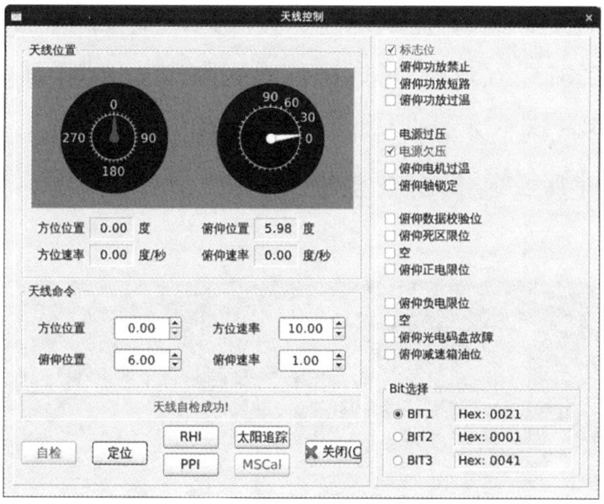

图 3-8　天线控制界面(自检成功)

(4)在天线控制界面中，天线命令的“方位(俯仰)位置”处，预设测试的方位(俯仰)角度。

(5)固定天线的俯仰角进行方位定位，点击“定位”按键，记录方位位置的实测值。方位控制精度测试从 0°~360°，设置角度每次增加 30°。

(6)固定天线的方位角进行俯仰定位，点击“定位”按键，记录俯仰位置的实测值。俯仰控制精度测试从 0°~55°，设置角度每次增加 5°。

(7)计算预设位置与实测值之间的误差，并记录方位位置和俯仰位置的最大定位误差。

3.3.3　标校方法

如果天线控制精度测试结果不符合技术指标要求，须进行天线控制精度标校。

天线控制精度标校的步骤如下：

(1)拉出伺服系统数字控制单元(DCU)，打开上部盖板。

(2)翻转 DCU 数字板(保持数字板全部线缆连接正常，做好绝缘防护)，为调整 DCU 模拟板留出操作空间。

(3)使用 RDASOT 软件发送“定位”指令，天线泊位(方位 0°、俯仰 6°位置)。待功率放大单元三相电源指示灯亮，然后调整 DCU 模拟板的电位器 RP3 控制方位偏差，如图 3-9 所示，使方位位置显示为 0.0°。

调整模拟板的电位器 RP11 控制俯仰偏差，如图 3-10 所示，使俯仰位置显示为 6.00°。

由于天线伺服系统存在 0.04°显示误差，完成天线定位后，方位位置与俯仰位置的显示值宜分别调整为 0.02°、6.02°。考虑定位时间限制，选择调整方位偏差或俯仰偏差中的一项，可能需要多次调整才能满足指标要求。调整完一项后，再继续调整另一项。

(4)恢复 DCU 数字版，装上 DCU 盖板并复位。

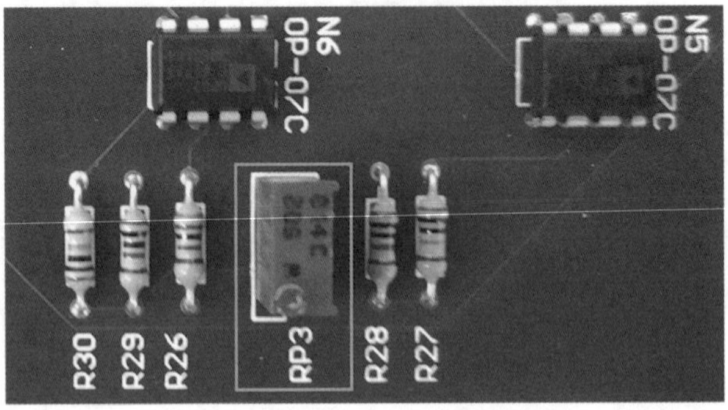

图 3-9　方位偏差控制电位器

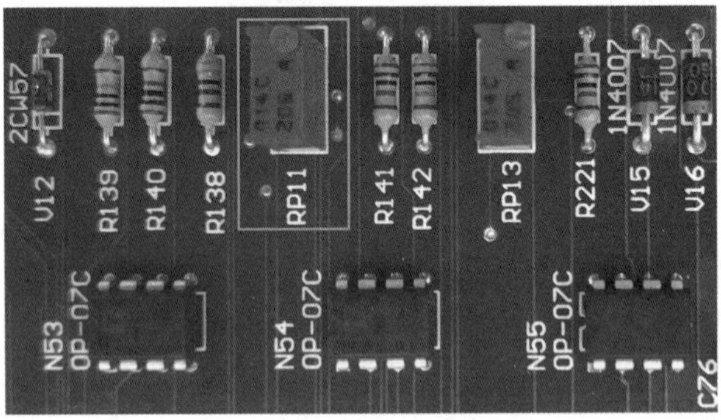

图 3-10　俯仰偏差控制电位器

3.4　天线扫描速度

3.4.1　指标描述

雷达控制软件通过操控伺服系统驱动电机调节天线方位和俯仰的扫描速度。在设置天线最大扫描速度时，控制软件将相应的控制指令发送至雷达系统的控制单元，从而调整天线的扫描速度。

天线扫描速度是指在单位时间内天线方位和俯仰扫描角度的最大值。天线最大扫描速度误差为天线扫描速度实测值和预设速度差值的绝对值与预设速度之比，代表雷达通过伺服系统控制天线方位速度、俯仰速度达到软件预设速度的精度。

3.4.2　测试方法与步骤

按照指标要求，在 RDASOT 软件天线控制模块中设置天线方位角和俯仰角最大扫描速度的阈值。通过 RDASOT 软件读取天线方位角和俯仰角扫描速度的实测最大值，并与预设速度进行比较，计算天线最大扫描速度的误差。

使用 RDASOT 软件测试天线扫描速度的步骤如下：

(1)按照 3.3.2 小节测试步骤中的第(1)至(3)步顺序操作，完成天线控制自检。

(2)在天线控制界面中，天线命令的“方位(俯仰)速率”处，预设测试的方位(俯仰)速度。

(3)固定天线的俯仰角进行方位扫描(Plan Position Indicator，PPI)，点击“PPI”按键，记录方位速率的实测值。

(4)固定天线的方位角进行俯仰扫描(Range-Height Indicator，RHI)，点击“RHI”按键，记录俯仰速率的实测值。

(5)通过实测值与预设速率的差值计算天线最大扫描速度误差。

3.5　天线波束指向(太阳法)

3.5.1　指标描述

雷达角度传感器输出的方位角和俯仰角为相对角度，须按照地理正北方位角 0°与地平面仰角 0°构成的坐标系进行修正，确定天线波束空间指向的准确性。

天线波束的空间指向精度测试采用太阳标校法(以下简称太阳法)。太阳法根据地球与太阳间的天体运动规律，将雷达天线馈源经纬度和北京时间相结合，计算太阳在空中的相对位置，得出太阳的方位角(从天线馈源正北方向为起始，太阳光入射方向为终止，顺时针方向测得的角度)和高度角(从天线馈源和太阳中心连线与地平面之间的夹角)。雷达使用这两个角度数据指引天线在太阳所处位置的特定范围内搜索太阳噪声信号，记录噪声信号发现时间和对应的天线位置，通过搜集指定区域的相关信息，计算天线波束指向与太阳实际位置之间的误差，并在伺服系统中进行标校。

3.5.2　测试方法与步骤

注意事项：

(1)为了保证结果数据准确，测试前须核对雷达的经纬度信息，校准雷达 RDA 计算机的时间。

(2)测试时，应保证太阳高度角的范围在 8°～50°之间，最佳太阳高度角为 15°～30°。

(3)测试宜选择在晴空无云的天气条件下进行。

(4)如果雷达站周围有较大面积水域，受到水汽折射的影响，可能造成上午和下午的太阳法测试数据偏差较大，这时可根据当地主要探测方向选定测试结果。

(5)如果同一时间段内多次测试结果偏差较大，需考虑机械传动、天线配重、天线水平等因素的影响。

(6)调整 DCU 数字板的拨码开关前，先记录拨码开关组合当前位置，以防误操作，并确认伺服供电处于关断状态。

太阳法通过雷达控制软件 RDASOT 计算天线方位位置与太阳实际方位角的差值，俯仰位置与太阳实际高度角的差值进行离线自动标校。经过多次测试之后，分别以天线方位、俯仰位置与太阳实际方位角、高度角的最大差值表示波束指向误差，并记录测试值。

RDASOT 软件的扫描策略是将天线从自检位置(方位 0°、俯仰 6°)转向此刻太阳位置，方位位置转到太阳方位角左偏 3°处，俯仰为太阳所在高度角。俯仰角度固定不变，天线进行方位扫描，记录信号处理时接收的太阳噪声功率，直到方位位置到达太阳方位角右偏 3°处。在此方位范围内，通过处理结果计算接收的太阳噪声功率最大值，记录最大功率值对应的方位位置。将天线再次转向太阳所在位置，俯仰位置转到太阳高度角下偏 3°处，方位固定为前述太阳噪声功率最大值处。天线进行俯仰扫描，记录太阳噪声功率，直到俯仰位置到达太阳高度角上偏 3°处。在此俯仰范围内，计算接收的太阳噪声功率最大值，并记录对应的俯仰位置。在扫描全部结束以后，天线回归自检位置。RDASOT 软件根据计算结果和扫描记录分析出雷达天线指向与太阳实际位置之间的偏差，然后通过伺服系统标校消除波束指向误差。

使用 RDASOT 软件测试天线波束空间指向精度的步骤如下：

(1)按照 3.2.2 小节操作步骤检查天线座水平度，保证水平度最大误差在 30″以内。

(2)调整 RDA 计算机时间，使其与北京时间的误差在 1s 以内。

(3)按照 3.3.2 小节测试步骤中的第(1)步操作，进入 RDASOT 软件界面，选择太阳法模块，如图 3-11 所示。

(4)设置雷达站经度、纬度等基础信息。在太阳法模块设置子界面中，点击“修改”按键，输入并保存雷达站的经纬度数据，设定天线方位扫描范围，如图 3-12 所示。

图 3-11　RDASOT 软件主界面(选择太阳法模块)

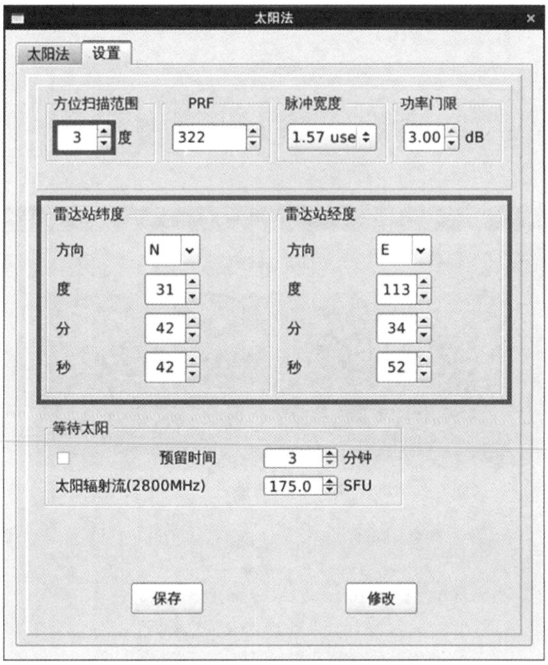

图 3-12　雷达基础信息设置

(5)在太阳法测试子界面中，点击“开始”按键进行测试，如图 3-13 所示。

(6)测试结束后，天线回到自检位置，太阳法测试子界面内的红色信息即为测试结果，如图 3-14 所示。

记录太阳法测试结果，如果测试结果不符合指标要求，须标校天线波束空间指向精度。

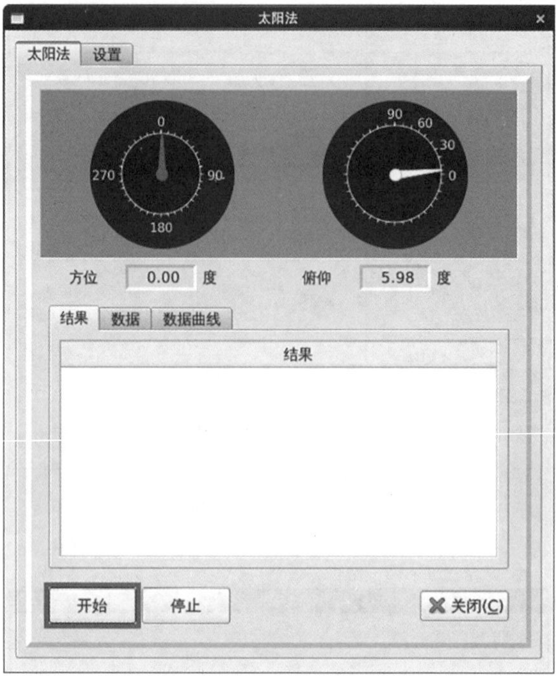

图 3-13　太阳法测试子界面

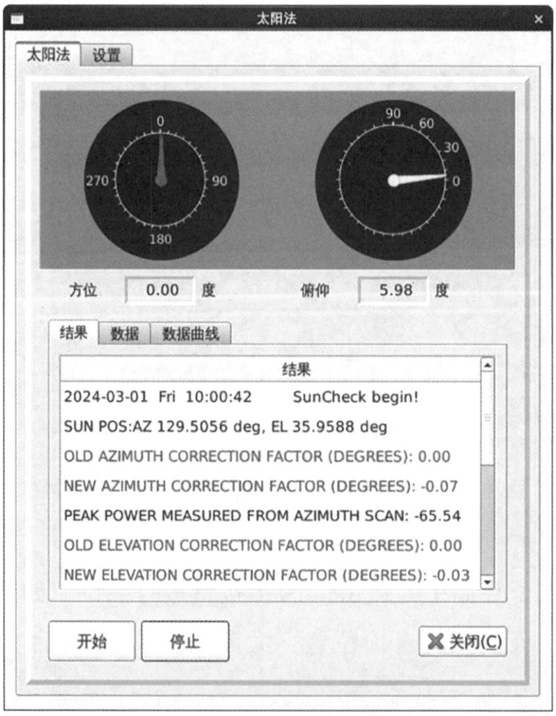

图 3-14　太阳法测试结果

3.5.3　标校方法

使用拨码开关组合控制天线方位、俯仰的角度显示，组合开关 SA1 和 SA2 控制方位显示，SA3 和 SA4 控制俯仰显示，如图 3-15 所示，每套开关含有 16 位拨码组合。为了匹配 14 位天线角码数据，需保持开关组合最后两位拨码为失效状态（SA2 的第 7、8 位，SA4 的第 7、8 位）。

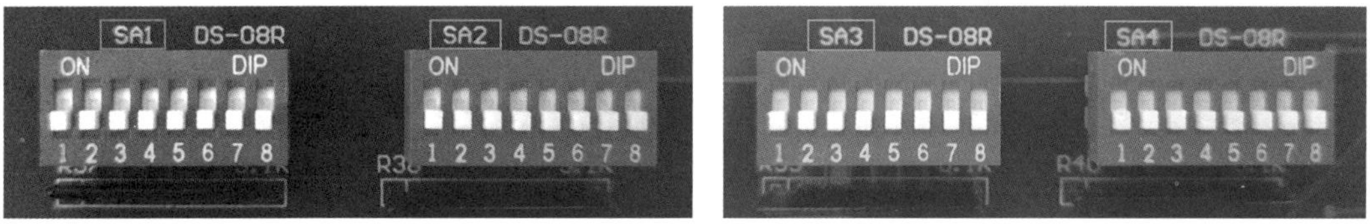

（a）方位显示控制　　（b）俯仰显示控制

图 3-15　方位与俯仰角度显示控制开关组合

图 3-15 中，开关组合 SA1 前 8 位与 SA2 前 6 位对应的 14 位天线方位角码数据分别为：180、90、45、22.5、11.25、5.6、2.8、1.4、0.7、0.4、0.2、0.08、0.04、0.02，如图 3-16 所示。开关组合 SA3 前 8 位与 SA4 前 6 位同样对应着 14 位天线俯仰角码数据。

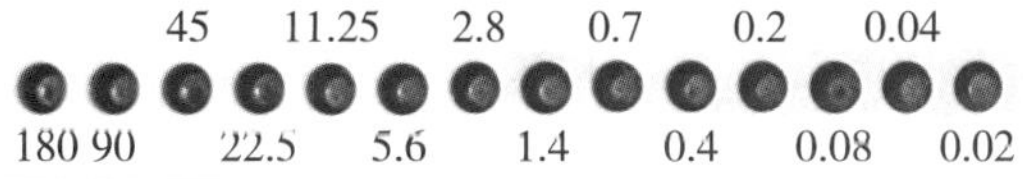

图 3-16　天线方位角码指示灯

按照 3.5.2 小节测试方法，如果方位、俯仰的测试结果不满足技术指标要求，须调整伺服系统 DCU 数字板的拨码开关组合 SA1～SA4。

使用拨码开关组合标校天线波束空间指向精度的步骤如下：

（1）拉出伺服系统数字控制单元（DCU），打开上部盖板。

（2）使用 RDASOT 软件发送“定位”指令，天线泊位（方位 0°、俯仰 6°位置）。

（3）按照 3.5.2 小节测得的误差值调整拨码开关。若误差值为正，需在当前开关组合状态下，调整拨码加上误差值（开关向上拨为增加角度）；若误差值为负，需在当前开关组合状态下，调整拨码减去误差值（开关向下拨为减小角度）。

（4）重复太阳法测试、标校，直至天线波束空间指向精度满足指标要求。

3.6 天线波束宽度

3.6.1 指标描述

在雷达天线方向(波瓣)图中，任一极化天线的 E 面(天线辐射电场矢量和最大辐射方向平面)或 H 面(天线辐射磁场矢量和最大辐射方向平面)方向图一般呈花瓣状。天线方向图通常有两个或多个瓣，辐射强度最大的瓣叫作主瓣，其余的瓣叫作副瓣(旁瓣)，与主瓣方向相反的旁瓣称为后瓣。主瓣内最大辐射方向的两侧，辐射强度降低 3dB(功率密度降低一半)的两点间夹角称为波瓣宽度(也称波束宽度、主瓣宽度、半功率角)。波瓣宽度越窄，天线能量辐射越集中，主瓣方向性提升，作用距离也越远。窄波瓣能够抑制主瓣以外的侧向干扰信号，提高抗干扰性能。

3.6.2 测试方法与步骤

注意事项：

(1)远端测试点与雷达站之间须无遮挡，直线距离应不小于 1.5km，最远距离不超过 35km。

(2)远端测试点海拔需在雷达天线俯仰扫描角度范围以内(通过雷达站与远端测试点之间直线距离、雷达站海拔及雷达天线俯仰最低扫描角度可算出满足要求的远端测试点最低海拔)。

(3)雷达天线朝远端测试点的方向无干扰信号源。

选择净空环境较好的天气，在远端测试点处架设标准喇叭天线，使用信号源向待测天线方向发送频率相同的连续波测试信号。微调待测天线和发射天线方位角度、俯仰角度、极化方向，使待测天线对应极化通道接收的能量值达到最大，此时，待测天线与发射天线处于正对状态，可以开展天线测试，如图 3-17 所示。通过 RDASOT 软件控制天线方位或俯仰运动方向，利用频谱仪接收连续波信号，记录并分析频谱仪测量数据，从而得出天线波束宽度测试结果。

使用信号源、频谱仪及 RDASOT 软件测试天线波束宽度的步骤如下：

(1)两组人员配合开展测试。A 组人员携带标准喇叭天线和机外信号源置于远端测试点，B 组人员携带频谱仪位于雷达站。

(2)A 组人员使用测试线缆连接信号源与标准喇叭天线。开启信号源，设置信号源输出信号频率为待测雷达中心频率，选择射频输出信号为连续波，将射频输出开关

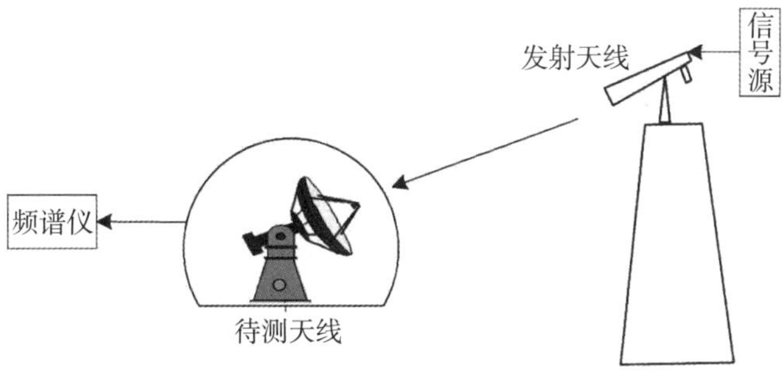

图 3-17　天线测试设备连接

置于 RF On 状态。调整标准喇叭天线为水平极化模式，并使喇叭对准雷达站方向。

(3)B 组人员通过雷达接收系统寻找远端测试点的发射信号，调整天线位置使接收信号功率达到最大。拆卸水平通道低噪声放大器输入端连接，将频谱仪与水平通道无源限幅器输出端相连，测量水平通道接收功率。控制天线 PPI 运行，观察频谱仪测量值，根据频谱仪测量值的变化情况确定发射点大致方位(频谱仪测量值越大，待测天线面对发射点方位越接近)，微调天线方位角度(步进 0.1°)，找到接收信号最大功率对应的方位角度。控制天线 RHI 运行，观察频谱仪测量值，根据频谱仪测量值的变化情况确定发射点大致俯仰，微调天线俯仰角度(步进 0.1°)，找到接收信号最大功率对应的俯仰角度，保持天线位置不变。A 组人员再次调整标准喇叭天线位置，如此反复调整，直到确认雷达系统接收信号功率为最大值。此时，雷达天线与标准喇叭天线收发极化方向一致且处于角度正对状态，记录天线方位及俯仰角度。

(4)使用 RDASOT 软件控制雷达天线方位位于偏离正对标准喇叭天线方位-2°，设定方位扫描速度为 0.1°/s。设置频谱仪频率为待测雷达中心频率，扫描带宽(Span)为 0Hz，分析带宽(RBW)为 1kHz，显示带宽(VBW)为 1Hz，扫描时间(Sweep Time)为 40s，天线水平极化方位波束宽度曲线如图 3-18 所示。

记录水平极化方位波束宽度曲线，通过频谱仪“Marker”功能读取峰值和 3dB 带宽扫描时间(频谱仪设置步骤详见 4.6.3 小节)。

(5)使用 RDASOT 软件控制雷达天线俯仰位于偏离正对标准喇叭天线俯仰-2°(若触发天线俯仰电限位报警，需要临时调整俯仰电限位报警阈值)，设定俯仰扫描速度为 0.1°/s。设置频谱仪频率为待测雷达中心频率，扫描带宽(Span)为 0Hz，分析带宽(RBW)为 1kHz，显示带宽(VBW)为 1Hz，扫描时间(Sweep Time)为 30s，天线水平极化俯仰波束宽度曲线如图 3-19 所示。

记录水平极化俯仰波束宽度曲线，通过频谱仪“Marker”功能读取峰值和 3dB 带宽扫描时间。

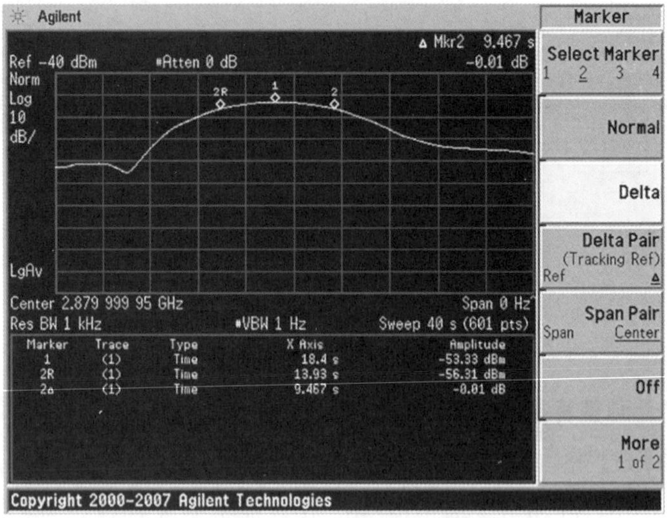

图 3-18 天线水平极化方位波束宽度曲线

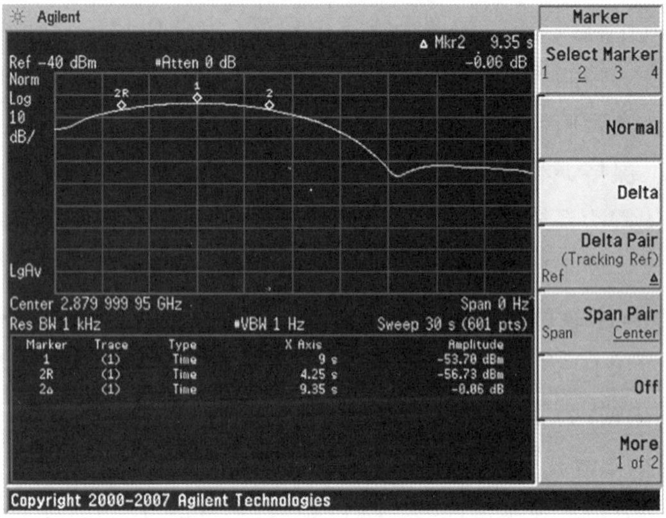

图 3-19 天线水平极化俯仰波束宽度曲线

(6)A 组人员调整标准喇叭天线为垂直极化发射模式。B 组人员拆卸垂直通道低噪声放大器输入端连接，使用测试线缆连接垂直通道无源限幅器输出端与频谱仪输入端口。

(7)使用 RDASOT 软件控制雷达天线方位位于偏离正对标准喇叭天线方位-2°，设定方位扫描速度为 0.1°/s。设置频谱仪频率为待测雷达中心频率，扫描带宽(Span)为 0Hz，分析带宽(RBW)为 1kHz，显示带宽(VBW)为 1Hz，扫描时间(Sweep Time)为 40s，天线垂直极化方位波束宽度曲线如图 3-20 所示。

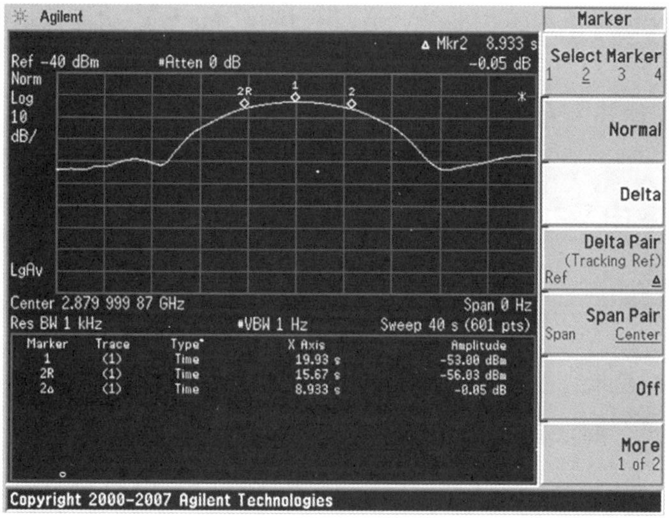

图 3-20　天线垂直极化方位波束宽度曲线

记录垂直极化方位波束宽度曲线，通过频谱仪“Marker”功能读取峰值和 3dB 带宽扫描时间。

(8)使用 RDASOT 软件控制雷达天线俯仰位于偏离正对标准喇叭天线俯仰-2°(若触发天线俯仰电限位报警，需要临时调整俯仰电限位报警阈值)，设定俯仰扫描速度为 0.1°/s。设置频谱仪频率为待测雷达中心频率，扫描带宽(Span)为 0Hz，分析带宽(RBW)为 1kHz，显示带宽(VBW)为 1Hz，扫描时间(Sweep Time)为 30s，天线垂直极化俯仰波束宽度曲线如图 3-21 所示。

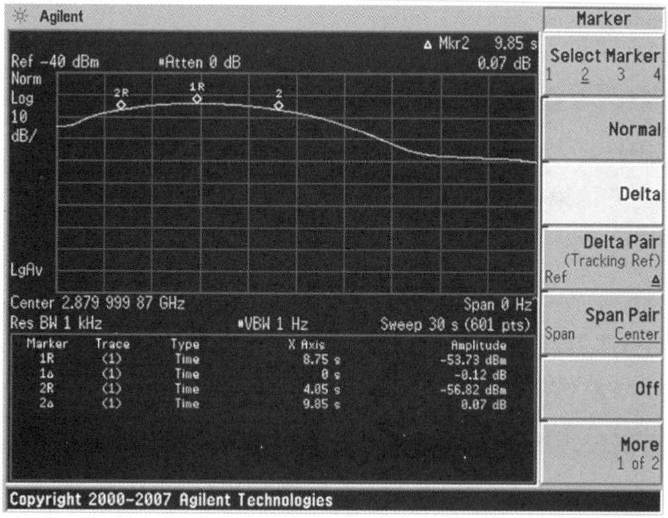

图 3-21　天线垂直极化俯仰波束宽度曲线

记录垂直极化俯仰波束宽度曲线，通过频谱仪“Marker”功能读取峰值和 3dB 带宽扫描时间。

(9)根据 3dB 时间差和扫描速度分别计算不同极化相应的天线波束宽度。

3.7 第一旁瓣电平

3.7.1 指标描述

第一旁瓣电平是指天线主瓣两侧第一个旁瓣的最大辐射强度与主瓣最大辐射强度之比，反映旁瓣较主瓣能量的相对强弱。

3.7.2 测试方法与步骤

选择净空环境较好的天气，在远端测试点处架设标准喇叭天线，使用信号源向待测天线方向发送频率相同的连续波测试信号。微调待测天线和发射天线方位角度、俯仰角度、极化方向，使待测天线对应极化通道接收的能量值达到最大，此时，待测天线与发射天线处于正对状态，可以开展天线测试，如图 3-17 所示。通过 RDASOT 软件控制天线方位或俯仰运动方向，利用频谱仪接收连续波信号，记录并分析频谱仪测量数据，从而得出第一旁瓣电平测试结果。

使用信号源、频谱仪及 RDASOT 软件测试第一旁瓣电平的步骤如下：

(1)按照 3.6.2 小节测试步骤中的第(1)至(3)步顺序操作，连接并设置测试设备，将雷达天线与标准喇叭天线调整为收发极化方向一致且处于角度正对状态，记录天线方位及俯仰角度。

(2)使用 RDASOT 软件控制雷达天线方位位于偏离正对标准喇叭天线方位-5°，设定方位扫描速度为 0.1°/s。设置频谱仪频率为待测雷达中心频率，扫描带宽(Span)为 0Hz，分析带宽(RBW)为 1kHz，显示带宽(VBW)为 1Hz，扫描时间(Sweep Time)为 80s，天线水平极化方位第一旁瓣曲线如图 3-22 所示。

记录水平极化方位第一旁瓣曲线，通过频谱仪“Marker”功能读取峰值及第一旁瓣电平值。

(3)使用 RDASOT 软件控制雷达天线俯仰位于偏离正对标准喇叭天线俯仰-2°(若触发天线俯仰电限位报警，需要临时调整俯仰电限位报警阈值)，设定俯仰扫描速度为 0.1°/s。设置频谱仪频率为待测雷达中心频率，扫描带宽(Span)为 0Hz，分析带宽(RBW)为 1kHz，显示带宽(VBW)为 1Hz，扫描时间(Sweep Time)为 50s，天线水平极化俯仰第一旁瓣曲线如图 3-23 所示。

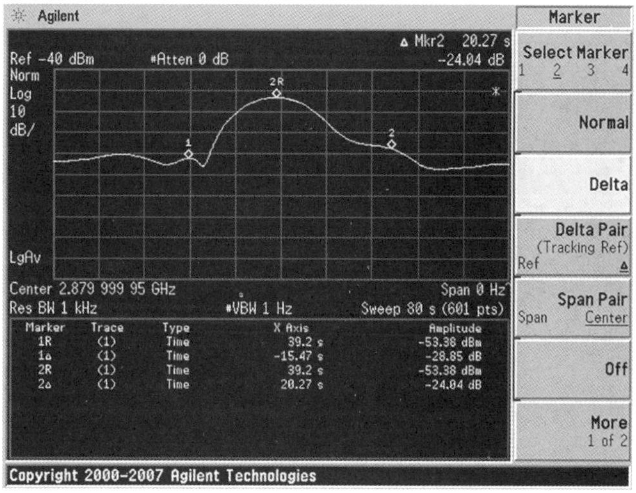

图 3-22　天线水平极化方位第一旁瓣曲线

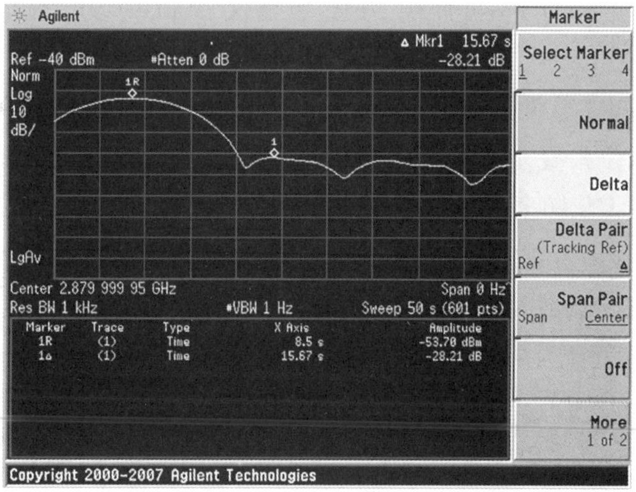

图 3-23　天线水平极化俯仰第一旁瓣曲线

记录水平极化俯仰第一旁瓣曲线，通过频谱仪“Marker”功能读取峰值及第一旁瓣电平值。

(4)A 组人员将调整标准喇叭天线为垂直极化发射模式。B组人员拆卸垂直通道低噪声放大器输入端连接，使用测试线缆连接垂直通道无源限幅器输出端与频谱仪输入端口。

(5)使用 RDASOT 软件控制雷达天线方位位于偏离正对标准喇叭天线方位-5°，设定方位扫描速度为 0. 1°/s。设置频谱仪频率为待测雷达中心频率，扫描带宽(Span)为 0Hz，分析带宽(RBW)为 1kHz，显示带宽(VBW)为 1Hz，扫描时间(Sweep Time)为 80s，天线垂直极化方位第一旁瓣曲线如图 3-24 所示。

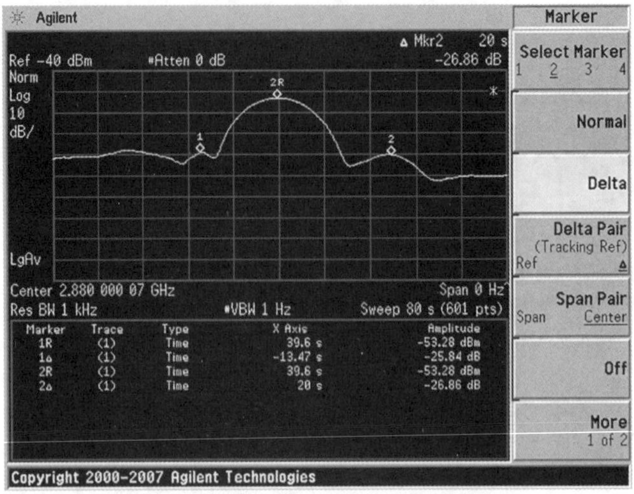

图 3-24　天线垂直极化方位第一旁瓣曲线

记录垂直极化方位第一旁瓣曲线，通过频谱仪“Marker”功能读取峰值及第一旁瓣电平值。

(6)使用 RDASOT 软件控制雷达天线俯仰位于偏离正对标准喇叭天线俯仰-2°(若触发天线俯仰电限位报警，需要临时调整俯仰电限位报警阈值)，设定俯仰扫描速度为 0. 1°/s。设置频谱仪频率为待测雷达中心频率，扫描带宽(Span)为 0Hz，分析带宽(RBW)为 1kHz，显示带宽(VBW)为 1Hz，扫描时间(Sweep Time)为 50s，天线垂直极化俯仰第一旁瓣曲线如图 3-25 所示。

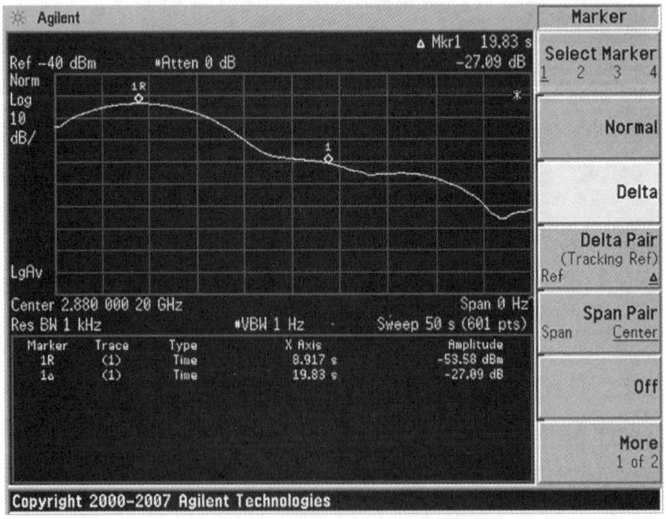

图 3-25　天线垂直极化俯仰第一旁瓣曲线

记录垂直极化俯仰第一旁瓣曲线，通过频谱仪“Marker”功能读取峰值及第一旁瓣电平值。

3.8　远端旁瓣电平

3.8.1　指标描述

远端旁瓣电平特指距离主瓣较远的旁瓣区域内最大电平值。在天线方向图中，远端旁瓣电平是远离主瓣的旁瓣最大值与主瓣最大值之比，反映天线对远离主瓣方向的干扰抑制能力。旁瓣电平越小，天线方向性越好，能有效降低旁瓣区域的杂波干扰或信号泄露。

3.8.2　测试方法与步骤

选择净空环境较好的天气，在远端测试点处架设标准喇叭天线，使用信号源向待测天线方向发送频率相同的连续波测试信号。微调待测天线和发射天线方位角度、俯仰角度、极化方向，使待测天线对应极化通道接收的能量值达到最大，此时，待测天线与发射天线处于正对状态，可以开展天线测试，如图 3-17 所示。通过 RDASOT 软件控制天线方位或俯仰运动方向，利用频谱仪接收连续波信号，记录并分析频谱仪测量数据，从而得出远端旁瓣电平测试结果。

使用信号源、频谱仪及 RDASOT 软件测试远端旁瓣电平的步骤如下：

(1)按照 3.6.2 小节测试步骤中的第(1)至(3)步顺序操作，连接并设置测试设备，将雷达天线与标准喇叭天线调整为收发极化方向一致且处于角度正对状态，记录天线方位及俯仰角度。

(2)使用 RDASOT 软件控制雷达天线方位位于偏离正对标准喇叭天线方位-20°，将方位扫描速度设定为 0.5°/s。设置频谱仪频率为待测雷达中心频率，扫描带宽(Span)为 0Hz，分析带宽(RBW)为 1kHz，显示带宽(VBW)为 1Hz，扫描时间(Sweep Time)为 80s，天线水平极化方位±10°旁瓣曲线如图 3-26 所示。

记录水平极化方位±10°旁瓣曲线，通过频谱仪“Marker”功能读取峰值和±10°旁瓣电平值。

(3)使用 RDASOT 软件控制雷达天线俯仰位于电子扫描最低角度，设定俯仰扫描速度为 0.5°/s。设置频谱仪频率为待测雷达中心频率，扫描带宽(Span)为 0Hz，分析带宽(RBW)为 1kHz，显示带宽(VBW)为 1Hz，扫描时间(Sweep Time)为 42s，天线水平极化俯仰±10°旁瓣曲线如图 3-27 所示。

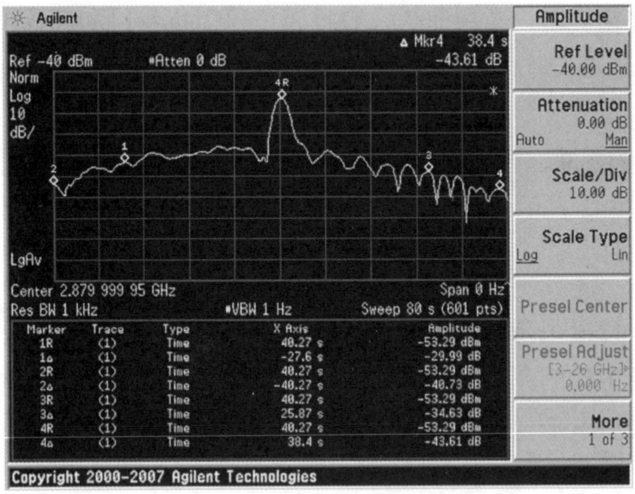

图 3-26　天线水平极化方位±10°旁瓣曲线

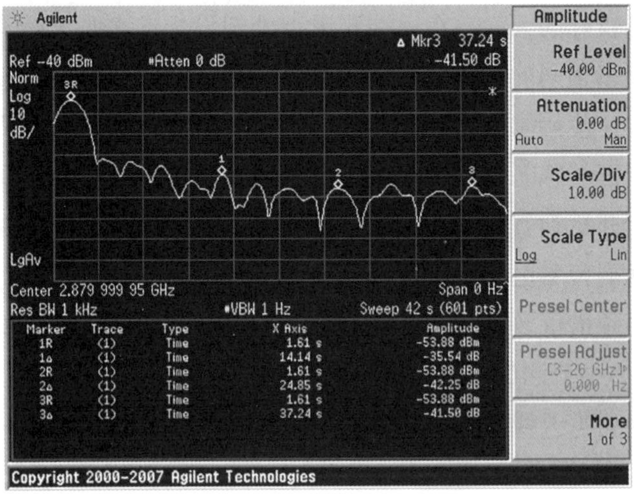

图 3-27　天线水平极化俯仰±10°旁瓣曲线

记录水平极化俯仰±10°旁瓣曲线，通过频谱仪“Marker”功能读取峰值和±10°旁瓣电平值。

(4) A 组人员将调整标准喇叭天线为垂直极化发射模式。B组人员拆卸垂直通道低噪声放大器输入端连接，使用测试线缆连接垂直通道无源限幅器输出端与频谱仪输入端口。

(5) 使用 RDASOT 软件控制雷达天线方位位于偏离正对标准喇叭天线方位-20°，将方位扫描速度设定为 0.5°/s。设置频谱仪频率为待测雷达中心频率，扫描带宽(Span)为 0Hz，分析带宽(RBW)为 1kHz，显示带宽(VBW)为 1Hz，扫描时间(Sweep Time)为 80s，天线垂直极化方位±10°旁瓣曲线如图 3-28 所示。

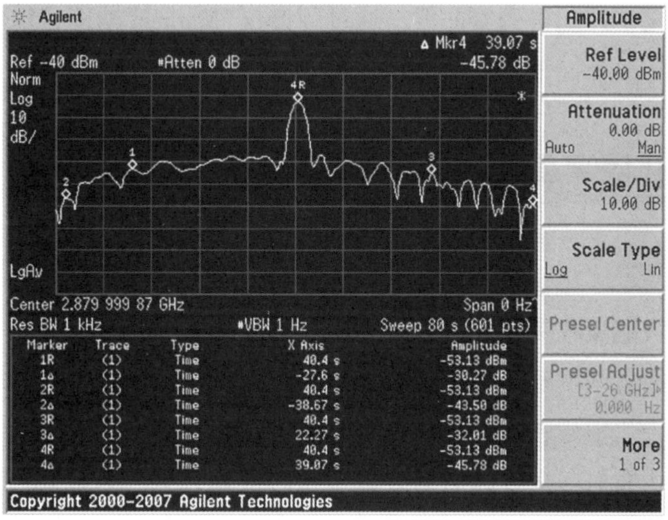

图 3-28　天线垂直极化方位±10°旁瓣曲线

记录垂直极化方位±10°旁瓣曲线，通过频谱仪“Marker”功能读取峰值和±10°旁瓣电平值。

(6)使用 RDASOT 软件控制雷达天线俯仰位于电子扫描最低角度，设定俯仰扫描速度为 0.5°/s。设置频谱仪频率为待测雷达中心频率，扫描带宽(Span)为 0Hz，分析带宽(RBW)为 1kHz，显示带宽(VBW)为 1Hz，扫描时间(Sweep Time)为 42s，天线垂直极化俯仰±10°旁瓣曲线如图 3-29 所示。

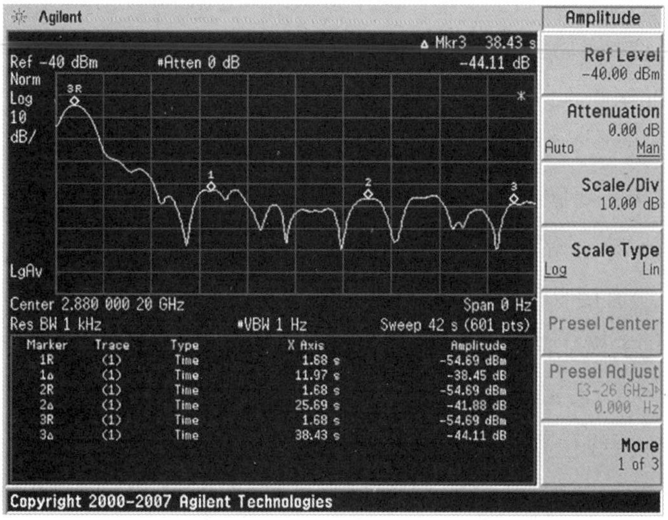

图 3-29　天线垂直极化俯仰±10°旁瓣曲线

记录垂直极化俯仰±10°旁瓣曲线，通过频谱仪“Marker”功能读取峰值和±10°旁瓣电平值。

3.9 交叉极化隔离度

3.9.1 指标描述

交叉极化接收能量幅度与主极化接收能量幅度的差值称为交叉极化隔离度。交叉极化隔离度用于衡量同一系统中正交极化(水平极化与垂直极化)端口间的信号泄露抑制能力，反映主极化信号能量泄露至交叉极化通道的程度。

如果雷达天线发射与接收的电场矢量是相同极化方式，该极化方式为主极化；如果雷达天线发送与接收的电场矢量是不同极化方式，则该极化方式为交叉极化。

3.9.2 测试方法与步骤

选择净空环境较好的天气，在远端测试点处架设标准喇叭天线，使用信号源向待测天线方向发送频率相同的连续波测试信号。微调待测天线和发射天线方位角度、俯仰角度、极化方向，使待测天线对应极化通道接收的能量值达到最大，此时，待测天线与发射天线处于正对状态，可以开展天线测试，如图 3-17 所示。通过 RDASOT 软件控制天线方位或俯仰运动方向，利用频谱仪接收连续波信号，记录并分析频谱仪测量数据，从而得出交叉极化隔离度测试结果。

使用信号源、频谱仪及 RDASOT 软件测试交叉极化隔离度的步骤如下：

(1)按照 3.6.2 小节测试步骤中的第(1)至(3)步顺序操作，连接并设置测试设备，将雷达天线与标准喇叭天线调整为收发极化方向一致且处于角度正对状态，记录天线方位及俯仰角度。

(2)使用测试电缆将频谱仪与水平通道无源限幅器输出端相连。设置频谱仪频率为待测雷达中心频率，扫描带宽(Span)为 500Hz，分析带宽(RBW)和显示带宽(VBW)为 4.7Hz，测量水平通道接收信号功率。天线水平极化主极化曲线如图 3-30 所示。

记录水平极化主极化曲线，通过频谱仪“Marker”功能读取峰值功率。

(3)将标准喇叭天线调整为垂直极化发射模式。通过 RDASOT 软件控制雷达天线位于正对标准喇叭天线位置，使用测试电缆将频谱仪与水平通道无源限幅器输出端相连。设置频谱仪频率为待测雷达中心频率，扫描带宽(Span)为 500Hz，分析带宽(RBW)和显示带宽(VBW)为 4.7Hz，测量水平通道接收信号功率。天线水平极化交叉极化曲线如图 3-31 所示。

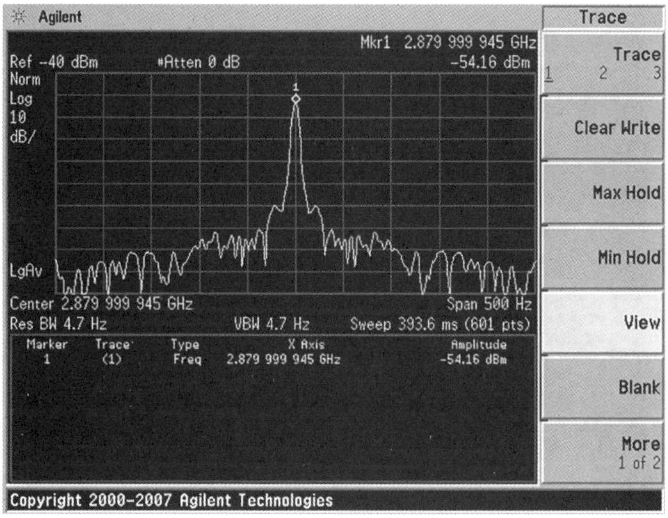

图 3-30　天线水平极化主极化曲线

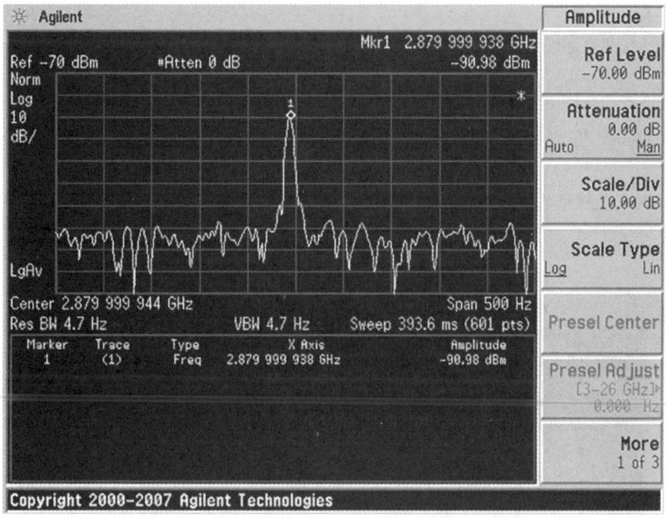

图 3-31　天线水平极化交叉极化曲线

记录水平极化交叉极化曲线，通过频谱仪“Marker”功能读取峰值功率。

(4)将标准喇叭天线保持为垂直极化发射模式。通过 RDASOT 软件控制雷达天线位于正对标准喇叭天线位置，使用测试电缆将频谱仪与垂直通道无源限幅器输出端相连。设置频谱仪频率为待测雷达中心频率，扫描带宽(Span)为 500Hz，分析带宽(RBW)和显示带宽(VBW)为 4.7Hz，测量垂直通道接收信号功率。天线垂直极化主极化曲线如图 3-32 所示。

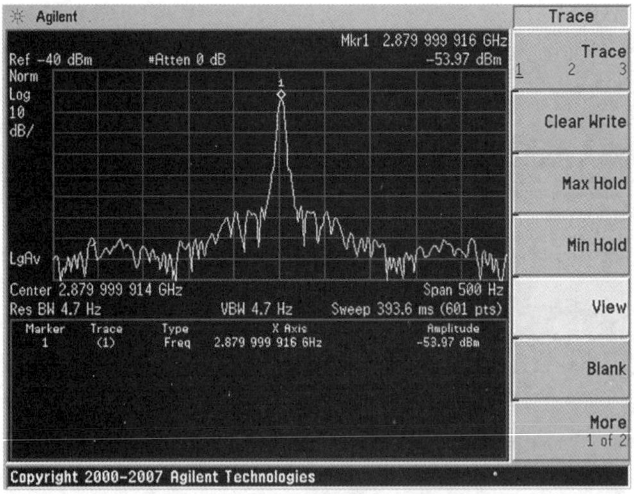

图 3-32　天线垂直极化主极化曲线

记录垂直极化主极化曲线，通过频谱仪“Marker”功能读取峰值功率。

(5)将标准喇叭天线调整为水平极化发射模式。通过 RDASOT 软件控制雷达天线位于正对标准喇叭天线位置，使用测试电缆将频谱仪与垂直通道无源限幅器输出端相连。设置频谱仪频率为待测雷达中心频率，扫描带宽(Span)为 500Hz，分析带宽(RBW)和显示带宽(VBW)为 4.7Hz，测量垂直通道接收信号功率。天线垂直极化交叉极化曲线如图 3-33 所示。

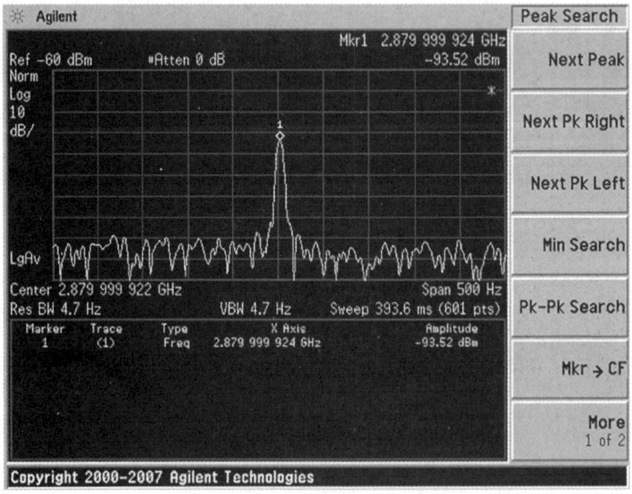

图 3-33　天线垂直极化交叉极化曲线

记录垂直极化交叉极化曲线，通过频谱仪“Marker”功能读取峰值功率。

第 4 章　发射系统测试与标校

4.1　发射系统测试标校内容与指标

S 波段双线偏振多普勒天气雷达发射系统测试与标校包含射频脉冲输出包络、人工线电压、射频脉冲频谱谱宽特性、发射机输出端极限改善因子等 9 个项目。发射系统测试标校的主要内容与技术指标要求如表 4-1 所示。

表 4-1　　发射系统测试标校主要内容与技术指标要求

序号	测试标校项目	技术指标要求
1	射频脉冲输出包络	窄脉冲宽度：1.57μs±0.10μs
		宽脉冲宽度：4.70μs±0.25μs
		脉冲上升时间：120~250ns
		脉冲下降时间：120~250ns
		包络顶降：≤5%
2	输出峰值功率平均值	≥650kW
3	输出峰值功率波动	-0.3~+0.3dB(机外)
		-0.4~+0.4dB(机内)
4	机内和机外输出峰值功率最大偏差	-0.2dB≤最大偏差≤0.2dB
5	人工线电压	4400~4700V
6	射频脉冲频谱谱宽特性	左频偏≥-22.95MHz (距中心频率频谱曲线衰减量-60dB 处)
		右频偏≤22.95MHz (距中心频率频谱曲线衰减量-60dB 处)
7	发射机输入端极限改善因子	≥58dB
8	发射机输出端极限改善因子	≥55dB
9	发射机输出端杂噪比	≤10dB

4.2 发射机输出射频脉冲包络

4.2.1 指标描述

脉冲重复频率 F（简称重频或 PRF）：1s 以内发射的射频脉冲个数，是脉冲重复周期的倒数。

脉冲重复周期 T（简称周期）：相继脉冲之间的时间间隔。

脉冲包络宽度 τ（简称脉冲宽度或脉宽）：脉冲包络前、后沿半功率点间的时间间隔。若包络的平顶幅度为 U_m，从脉冲前沿 $0.707U_m$ 到后沿 $0.707U_m$ 的时间间隔为脉冲宽度[6]。

上升时间 τ_r：从脉冲前沿 $0.1U_m$ 到前沿 $0.9U_m$ 的时间间隔为脉冲上升沿时间。

下降时间 τ_f：从脉冲后沿 $0.9U_m$ 到后沿 $0.1U_m$ 的时间间隔为脉冲下降沿时间。

包络顶降 δ：如脉冲包络的最大幅度为 U_{max}，那么 $\delta = \dfrac{U_{max} - U_m}{2U_m} \times 100\%$。

发射机输出射频脉冲包络图见图 4-1。

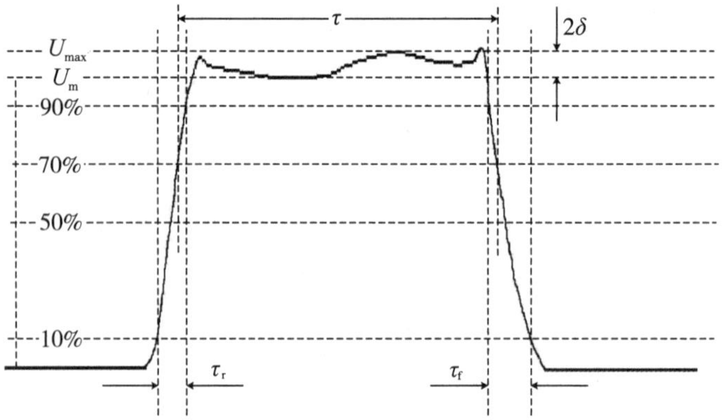

图 4-1　发射机输出射频脉冲包络图

4.2.2 测试方法与步骤

注意事项：

(1) 使用不同型号示波器的操作方法可能有差别，但是测试原理相同。

(2) 在进行宽、窄脉冲切换时，必须先切断高压，再进行切换操作，否则容易烧坏发射机触发器组件。

(3) 为避免大功率假负载长时间吸收发射功率而引起过热或者打火，须尽量避免发射机在测试状态下长时间开高压。

（4）平衡检波器能承受的最大功率为 10dBm，为保证平衡检波器的使用安全，必须使平衡检波器输入信号功率不超过 10dBm。在测试电缆与定向耦合器 1DC1 端口间连接 30dB 固定衰减器，测试电缆另一端连接 7～10dB 固定衰减器和平衡检波器，通过 BNC 测试电缆连接至示波器（Tektronix TDS 3012B 或同类型），如图 4-2 所示。

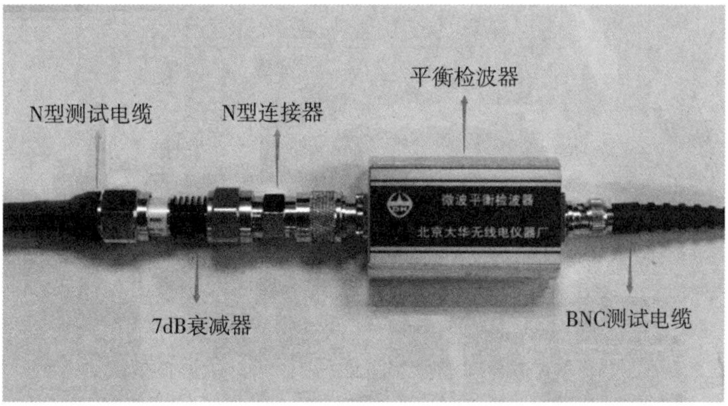

图 4-2　平衡检波器加衰减器接入测试链路

使用机外仪表测试发射机输出射频信号脉冲包络。雷达馈线中的定向耦合器将发射信号耦合输出，通过衰减器、测试电缆接入检波器和示波器（图 4-3）。设置示波器显示完整包络形状，参考图 4-1 读取发射脉冲包络的各项参数。对应不同脉宽、不同重复频率的脉冲信号需分别测试输出包络。

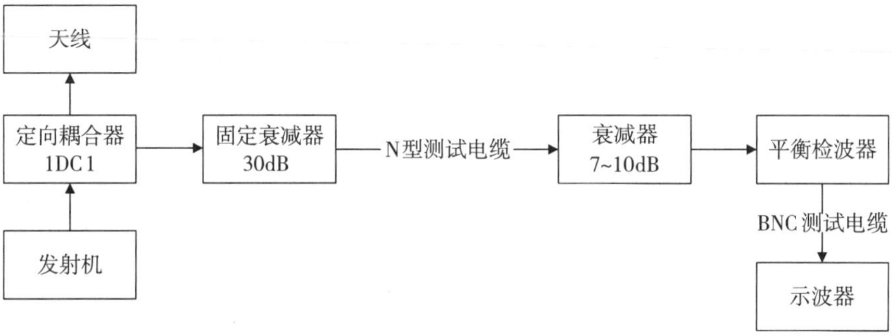

图 4-3　发射机输出脉冲包络测试框图

使用示波器测试发射机输出射频脉冲包络的步骤如下：

（1）按照图 4-2 的方式连接测试设备（进入检波器的信号峰值功率应不超过检波器输入额定功率）。

（2）按照 3.3.2 小节测试步骤中的第（1）步操作，进入 RDASOT 软件界面，选择软件示波器模块，如图 4-4 所示。

图 4-4　RDASOT 软件主界面(选择软件示波器模块)

(3)在软件示波器界面中，“四位开关”处选择速调管输出，“PRF”选择脉冲重复频率，“脉冲宽度”处切换宽、窄脉冲，如图 4-5 所示。测试信号设置完成后，点击“开始”按键。

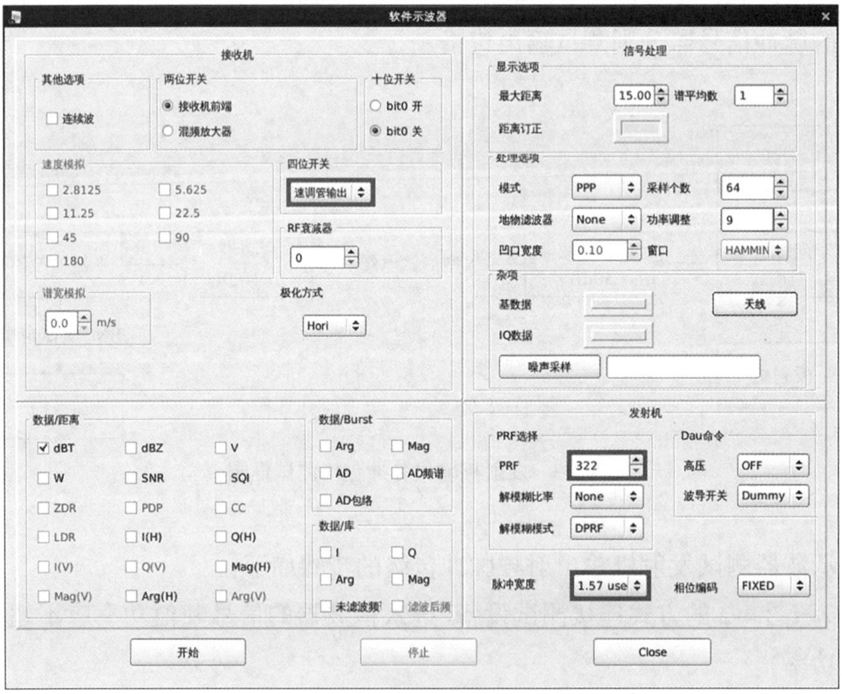

图 4-5　发射脉冲包络测试信号设置

(4)在发射机预热完成后，通过发射机控制面板操作区(图 4-6)的“本/遥”“自动/手动”按键，将发射机切换成“本控”“手动”模式。

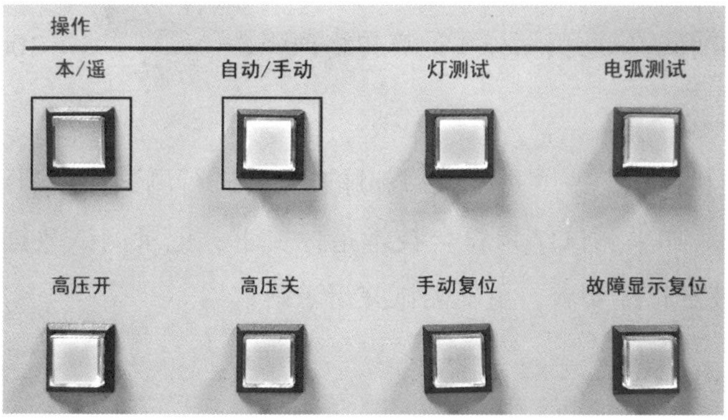

图 4-6　发射机控制面板

(5)雷达发射机控制面板的“准加”灯点亮后，手动按下“高压开”按键。

(6)设置示波器。点击操作面板采集区域的“Autoset”按键，设置输入匹配阻抗为 50Ω(在屏幕显示区域中，通过“MENU”按键将匹配阻抗选择为“50Ω”)；按下“MEASURE”按键，选择测试内容(上升时间、下降时间和正脉冲宽度)；调节示波器“水平扫描时间”和“垂直缩放比例”旋钮，使显示的脉冲包络图形适合读取，然后记录屏幕里的相关测试值，如图 4-7 所示。

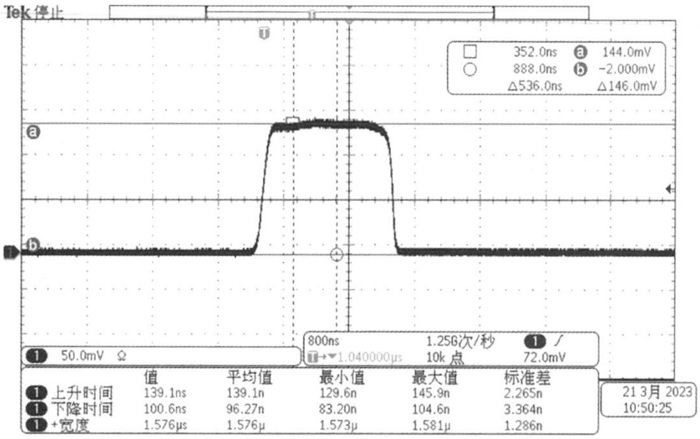

图 4-7　发射机射频脉冲包络

(7)测试包络顶降。按下“SELECT”键，通过旋转右侧旋钮将光标 1 置于包络顶部起伏处波形最高点；再次按下“SELECT”键，旋转右侧旋钮使光标 2 置于包络触发端，此时光标菜单显示的光标间电压差 ΔV 为包络最大幅度值 $U_{\max}$。继续旋转“SELECT”键右侧旋钮，将光标 2 置于包络顶部起伏处最低点，此时光标菜单显示的光标间电压差 ΔV 为包络平顶幅度值 U_{m}，根据公式计算包络顶降 $\delta = \frac{U_{\max} - U_{\mathrm{m}}}{2U_{\mathrm{m}}} \times 100\%$。示波器操作按键如图 4-8 所示。

(8)关闭发射机高压，改变重复频率和脉冲宽度进行测试(在高压开状态时，禁止切换宽、窄脉冲)。如果测试结果符合技术指标要求，记录测试数据；否则应调整脉冲宽度直至符合技术指标要求，重新测试并记录新数据。

4.2.3 标校方法

在宽/窄脉冲包络测试状态下，分别调整脉冲形成器面板上的宽/窄脉宽调整电位器，如图 4-9 所示，边调整边观察包络宽度的变化情况，直至符合指标要求。

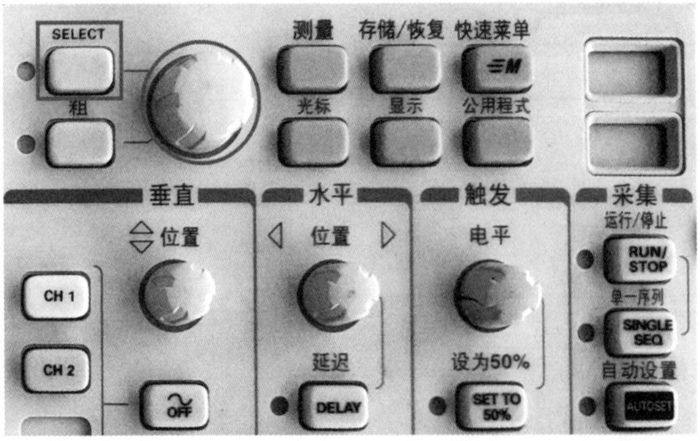

图 4-8 示波器操作面板

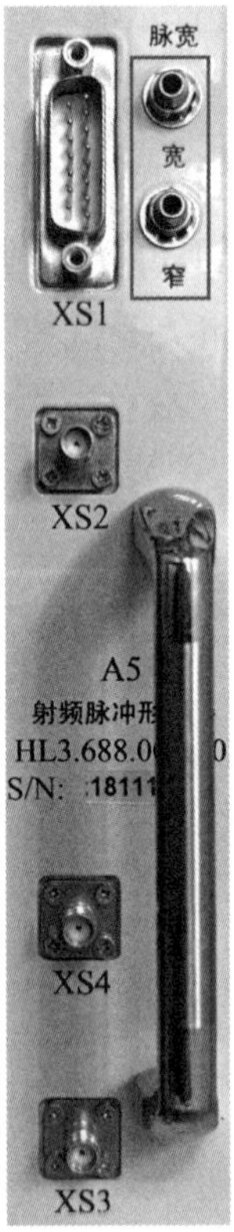

图 4-9 射频脉冲形成器面板

4.3　发射机输出峰值功率

4.3.1　指标描述

发射机输出峰值功率是指发射脉冲持续期间的输出信号功率；发射机输出平均功率是单位时间内的输出信号功率；峰值功率与平均功率之间换算关系如式(4.1)所示。

$$P_{t} = \frac{P_{av}}{F \times \tau} \tag{4.1}$$

式中：P_t 为发射机输出的峰值功率(单位：kW)；P_{av} 为功率计实测的平均功率(单位：W)；F 为发射脉冲的重复频率(单位：Hz)；τ 是发射脉冲包络宽度(单位：s)。

占空比 D 表示在一段连续工作时间内，脉冲占用的包络宽度 τ 与重复周期 T 的比值，如式(4.2)所示。

$$D = \frac{\tau}{T} = F \times \tau \tag{4.2}$$

例如：包络宽度为 1.57μs、重复频率为 322Hz 的发射脉冲信号，其占空比 $D = 1.57 \times 10^{-6} \times 322 \times 100\% \approx 0.051\% = 0.51‰$。

4.3.2　机内在线自动测试发射机峰值功率的步骤

RCW 软件可在线自动监控雷达发射机每个体扫的输出功率，并在日志文件 status.log 中记录相应数据。

使用 RCW 软件在线自动测试发射机机内峰值功率的步骤如下：

(1)打开 RDA 计算机桌面 RCC 软件，点击“Start”按键，如图 4-10 所示。

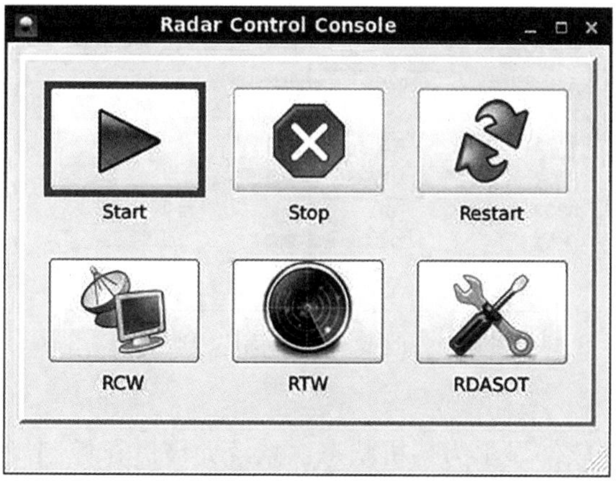

图 4-10　RCC 软件界面(点击“Start”)

(2)选择 RCC 软件的 RCW 模块，如图 4-11 所示。

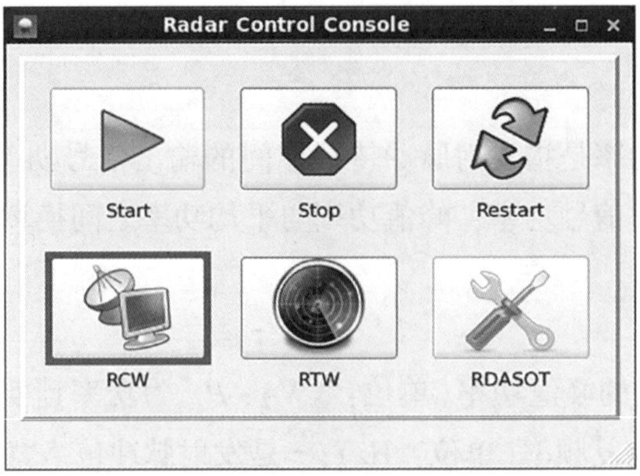

图 4-11　RCC 软件界面(选择 RCW 模块)

进入 RCW 软件界面，雷达开启自检模式，软件显示为重启状态，如图 4-12 所示。

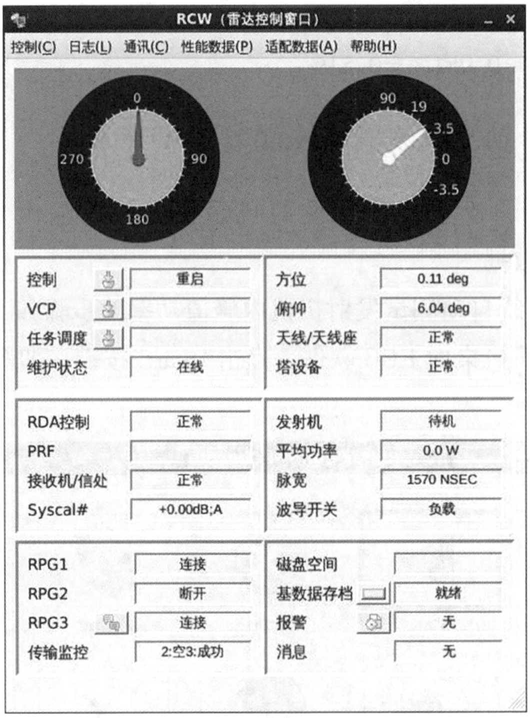

图 4-12　RCW 软件界面(重启状态)

雷达完成自检后，软件显示为待机状态，系统允许进行控制操作，如图 4-13 所示。

(3)选择“控制”菜单栏中的“运行”命令，软件显示为启动状态，如图 4-14 所示。

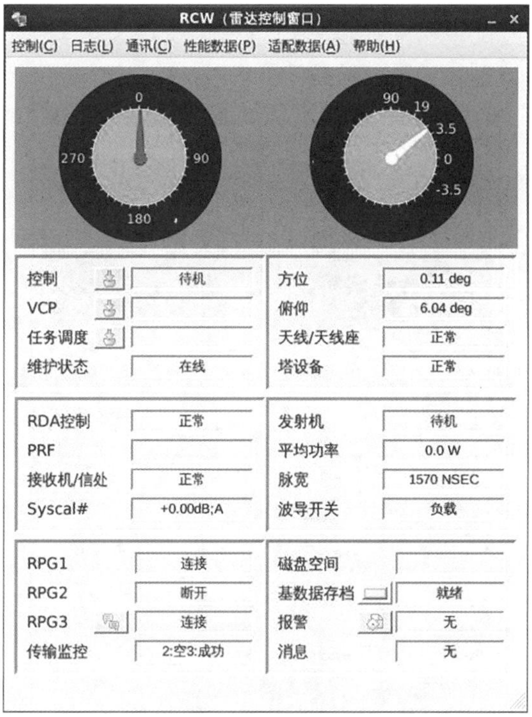

图 4-13　RCW 软件界面(待机状态)

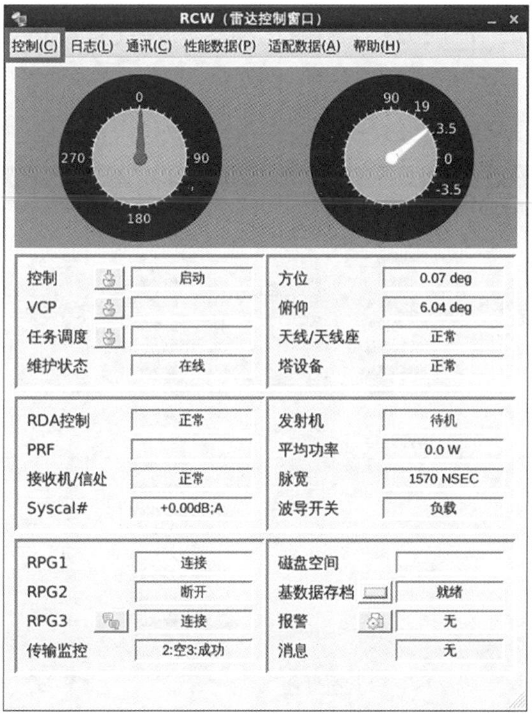

图 4-14　RCW 软件界面(启动状态)

雷达正常运行后，软件显示为运行状态，如图 4-15 所示。

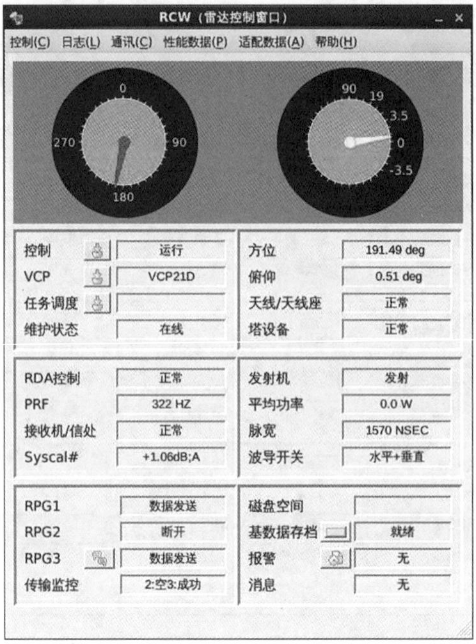

图 4-15　RCW 软件界面(运行状态)

(4)选择菜单栏中的“性能数据”功能选项，在线查看雷达各分系统实时的性能数据，如图 4-16 所示。

图 4-16　RCW 软件性能数据界面(标定 1)

(5)选择“性能数据列表”栏中“发射机 1”，查看发射机峰值功率，如图 4-17 所示。发射机机内测试数据应以机外测试结果为准，通过调整雷达适配数据，可使发射机的机内、机外功率保持一致(调整步骤详见第 7 章)。

图 4-17　发射机机内峰值功率

4.3.3　功率计校准步骤

功率计通电使用前，需要先进行校准。以 KEYSIGHT N1913A 型功率计为例，说明功率计校准方法与设置步骤。一般型号功率计最大测量功率为 20dBm，最小测量功率为−30dBm。

N1913A 型功率计校准的步骤如下：

(1)连接功率探头。在功率计处于断电状态时，首先将功率探头的专用连接电缆旋入 Channel“A”端口，见图 4-18 的 1 号区域，再将功率探头信号输入端连接至 POWER“REF”端口，见图 4-18 的 2 号区域。

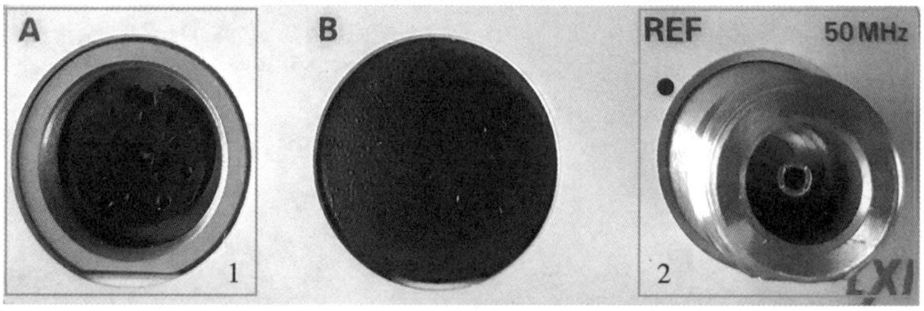

图 4-18　功率计端口

(2)设置通道频率为 50MHz。开启功率计后，点击面板上的“Channel”按键，如图 4-19 所示。

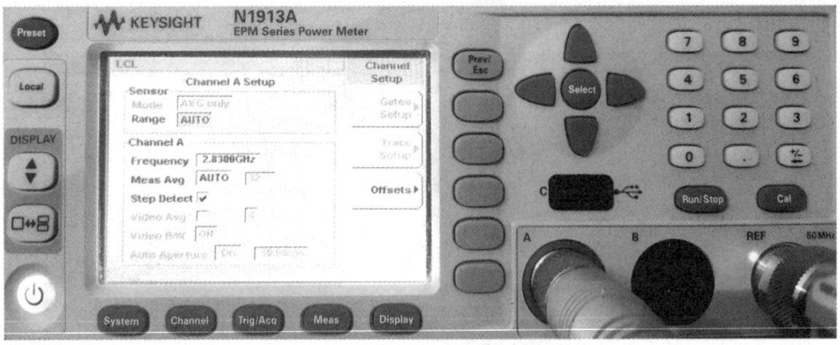

图 4-19　通道设置界面

使用方向键将屏幕中设置框移至通道 Channel A 的“Frequency”数值输入栏，如图 4-20 所示。

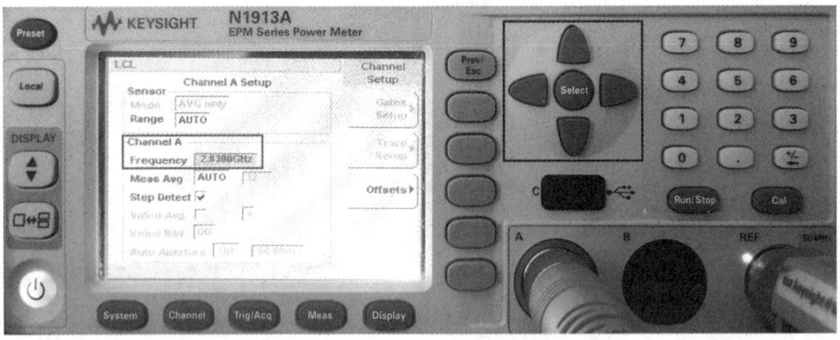

图 4-20　通道频率设置

点击“Select”按键，使用数字键盘输入数值 50，点击屏幕右侧按键，选择“MHz”为单位，如图 4-21 所示。

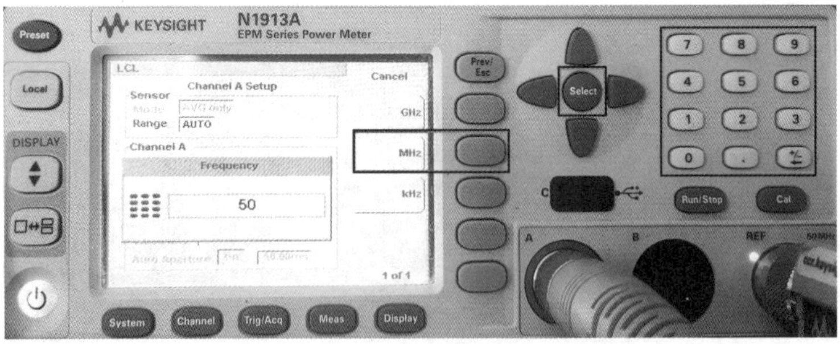

图 4-21　通道频率输入

此时，通道 Channel A 的频率“Frequency”被设置为 50MHz，如图 4-22 所示。

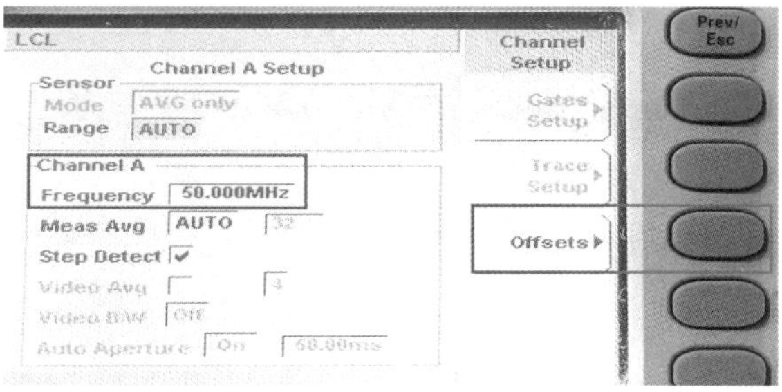

图 4-22　频率设置完成

(3)取消补偿值 Offsets。点击屏幕右侧按键，选择“Offsets”设置，如图 4-22 所示。进入通道 Channel A 的 Offset 设置界面，使用方向键和“Select”键关闭 Offset、Duty Cycle 的输入功能，如图 4-23 所示。

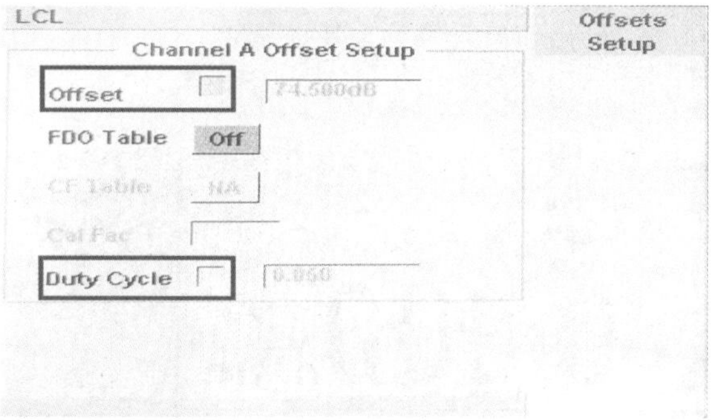

图 4-23　Offsets 设置界面

(4)校准功率计。点击“Cal”按键，使用屏幕右侧按键，将“Power Ref”选择为“On”状态，如图 4-24 所示。

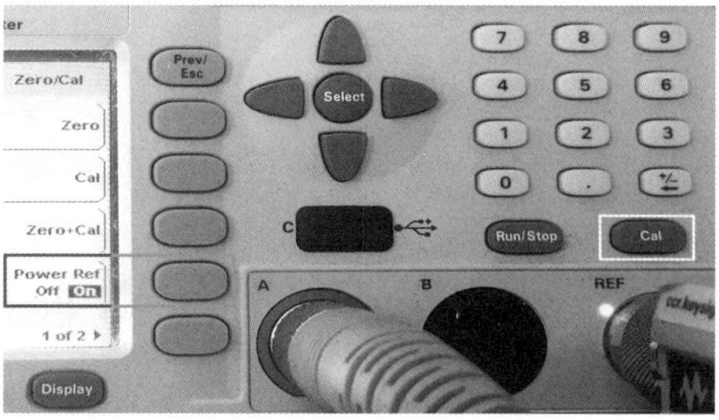

图 4-24　功率计校准设置

点击屏幕右侧按键，先选择调零“Zero”，再选择标校“Cal”，或者直接选择“Zero+Cal”功能进行校准，如图 4-25 所示。

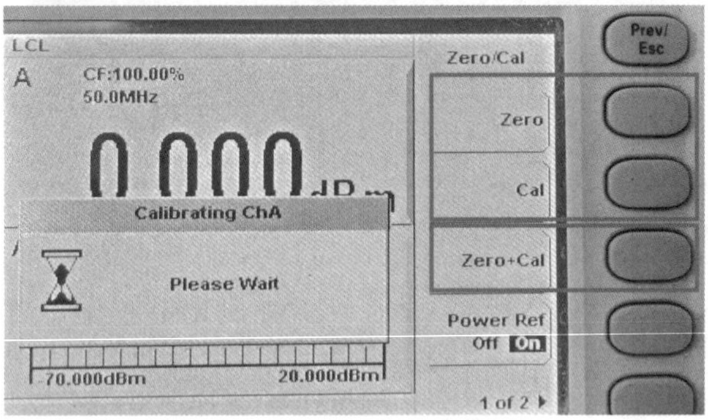

图 4-25　功率计调零与标校

功率计通过测量 POWER REF 端口输出 50MHz 信号的功率值是否为 0dBm(1mW)实现自动校准，如图 4-26 所示。

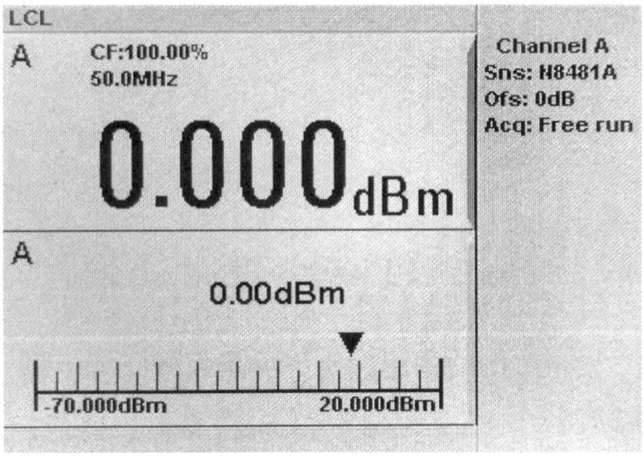

图 4-26　功率计校准完成

4.3.4　射频测试电缆损耗标定

测试雷达性能参数时需要使用射频测试电缆，但是电缆本身存在一定损耗，所以要先标定电缆损耗，才能准确测得雷达性能参数。电缆损耗测试的设备连接方式如图 4-27 所示。

图 4-27　电缆损耗测试设备连接图

射频测试电缆损耗标定的步骤如下：

（1）按照 4.3.3 小节校准步骤完成功率计预热、调零、标校。

（2）将信号发生器（信号源）输出信号频率设置为待测雷达中心频率，选择输出信号工作模式为连续波，设置输出信号功率为 0dBm，开启射频输出开关。

（3）按照图 4-27 所示的方式连接测试设备。信号源连接功率计（频谱分析仪），设置功率计（频谱分析仪）频率为待测雷达中心频率，记录功率计（频谱分析仪）测试值 test1。

（4）按照图 4-27 所示的方式连接测试设备。待测试射频电缆两端分别连接信号源、功率计（频谱分析仪），记录功率计（频谱分析仪）测试值 test2。

（5）射频测试电缆损耗 $L = |\text{test1} - \text{test2}|$。

4.3.5　信号源设置步骤

在测试射频电缆损耗时，信号源（Agilent E4428C 或同类型）设置步骤如下：

（1）设置信号源频率为待测雷达的中心频率。点击“Frequency”按键，使用数字键盘输入数值 2800，点击屏幕右侧按键，选择“MHz”为单位，将信号源输出信号频率设置为 2800MHz，如图 4-28 所示。

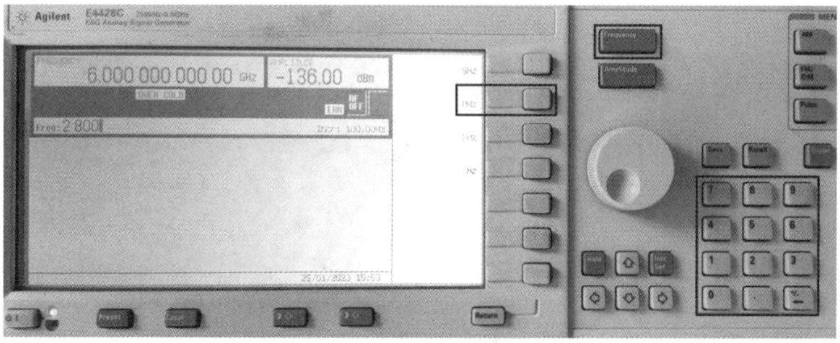

图 4-28　输出信号频率设置

（2）设置输出信号的工作模式。点击“Mod On/Off”按键，将输出信号工作模式选择为连续波（Mod Off），如图 4-29 所示。

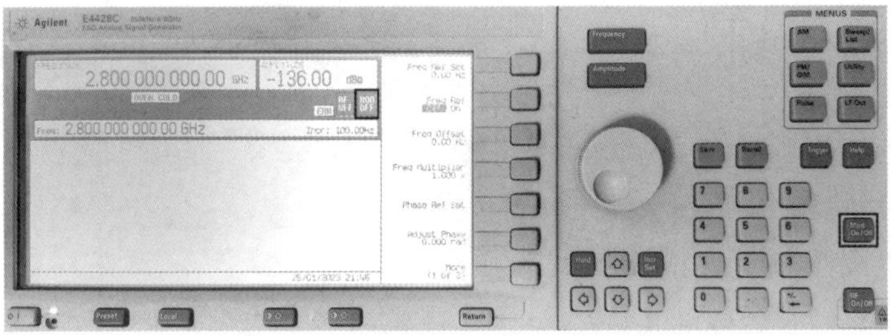

图 4-29　输出信号模式设置(连续波)

(3)设置输出信号的功率电平。点击“Amplitude”按键，通过数字键盘输入数值 0，点击屏幕右侧按键选择“dBm”为单位，将输出信号功率电平设置为 0dBm，如图 4-30 所示。

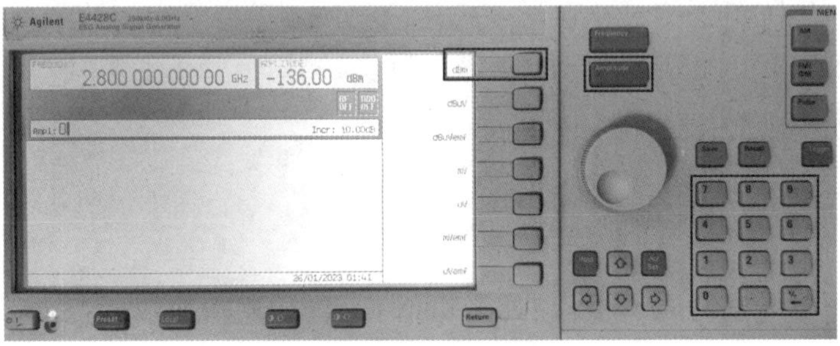

图 4-30　功率电平设置

(4)开启信号源的射频输出开关。点击“RF On/Off”按键，将射频输出开关选择为开启状态(RF On)，如图 4-31 所示。

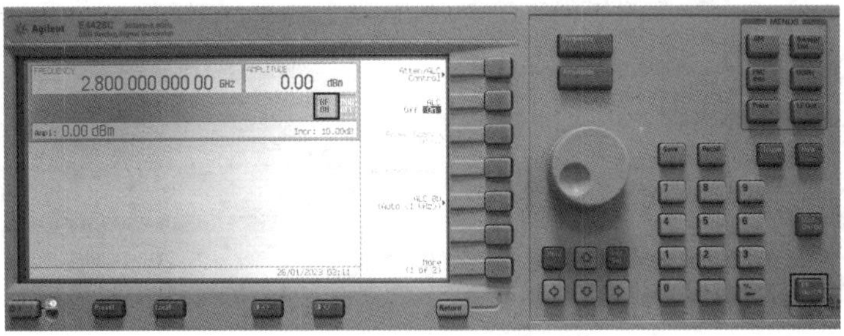

图 4-31　射频输出开关设置(开启)

4.3.6　功率计设置步骤

在测试雷达发射机输出峰值功率时，Agilent N1913A 型功率计设置的步骤如下：

(1)设置工作频率。参照 4.3.3 小节校准步骤中第(2)步操作，设置 Channel A 的 Frequency 为雷达实际中心频率。将 Channel A 的 Frequency 设置为示例雷达中心频率 2.8GHz，如图 4-32 所示。

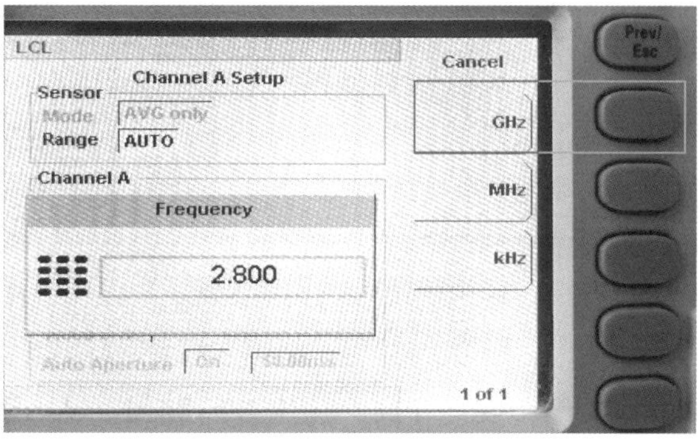

图 4-32　中心频率设置

(2)设置补偿值 Offset。补偿值 Offset 是从发射机定向耦合器至功率探头的所有衰减之和，所有衰减之和=定向耦合器耦合度(铭牌上对应频率的耦合值)+测试电缆损耗+30dB(固定衰减器)+7dB(固定衰减器)+其他衰减值(0.5dB)，即 $Offset=L_1+L_2+L_3+0.5$，单位为 dB。

其中，L_1 是 1DC1 定向耦合器耦合度，可从 1DC1 铭牌查询雷达中心频率对应的耦合值，如图 4-33 所示。L_2 是射频测试电缆损耗值，按照 4.3.4 小节标定步骤测试得到。L_3 是测试通道所有固定衰减器衰减值之和，射频测试电缆一般连接着 30dB 固定衰减器，由于发射机输出峰值功率 750kW≈89dBm，为了保证功率探头的输入信号功率不超过探头量程，还需要外加 7~10dB 固定衰减器。其他插入和支路损耗默认为 0.5dB。

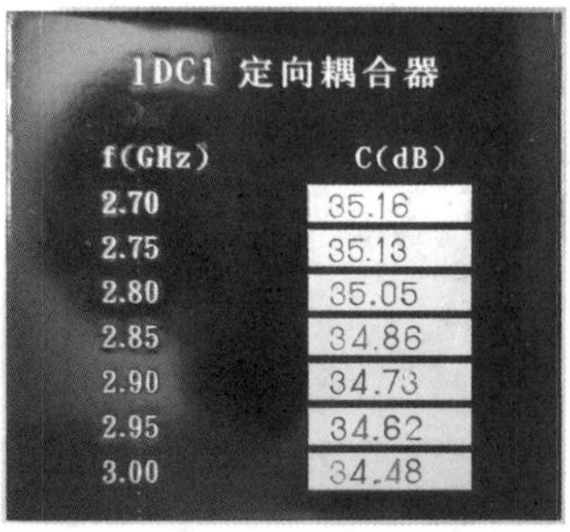

1DC1 定向耦合器

f(GHz)	C(dB)
2.70	35.16
2.75	35.13
2.80	35.05
2.85	34.86
2.90	34.73
2.95	34.62
3.00	34.48

图 4-33　定向耦合器耦合度表

中心频率设置完成后，点击屏幕右侧按键“Offsets”，如图 4-34 所示。

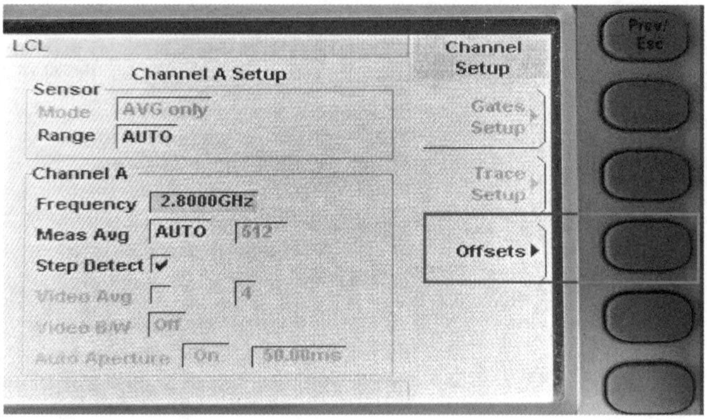

图 4-34　Offsets 功能按键

进入通道 Channel A 的 Offset 设置界面，使用方向键和“Select”键开启 Offset 输入功能，如图 4-35 所示。

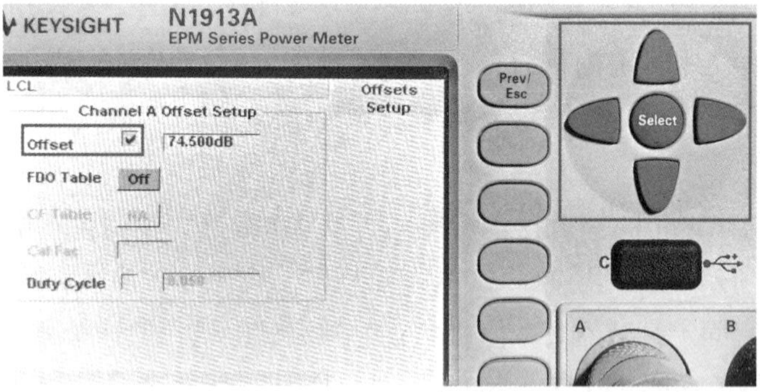

图 4-35　Offset 输入功能开启

使用方向键将屏幕中设置框移至 Offset 数值输入栏，如图 4-36 所示。

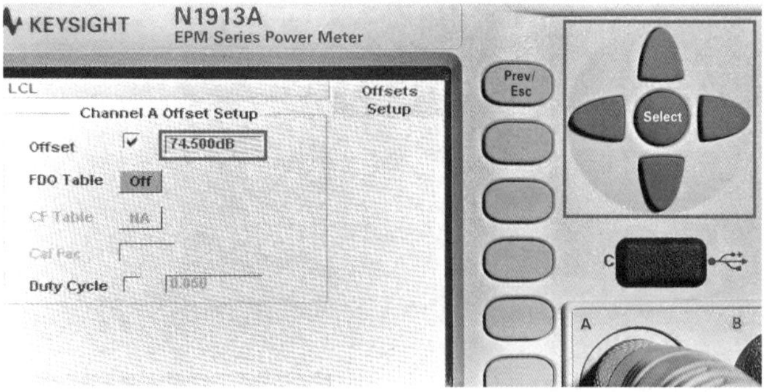

图 4-36　Offset 数值设置

点击“Select”按键，使用数字键盘输入实际补偿值，再点击屏幕右侧按键，选择 dB 为单位，如图 4-37 所示。此时，功率计补偿值 Offset 设置完成。

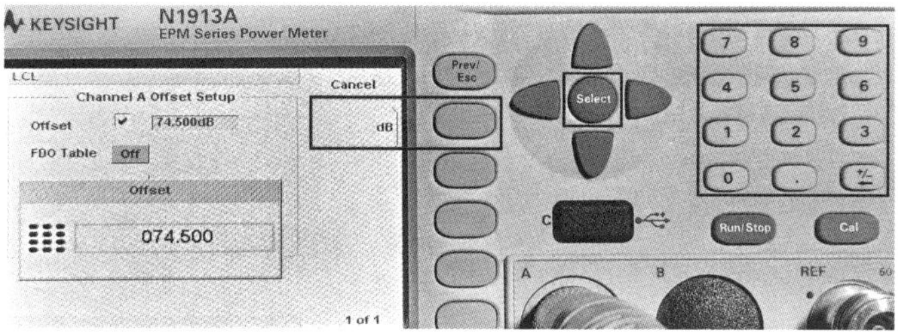

图 4-37　Offset 数值输入

(3)设置占空比 DutyCycle(D)。占空比计算公式为 $D = F \times \tau \times 10^{-6} \times 100\%$。其中，$F$ 是重复频率(单位：Hz)，τ 是脉冲宽度(单位：μs)。

补偿值 Offset 设置完成后，使用方向键和“Select”键开启 Duty Cycle 输入功能，如图 4-38 所示。

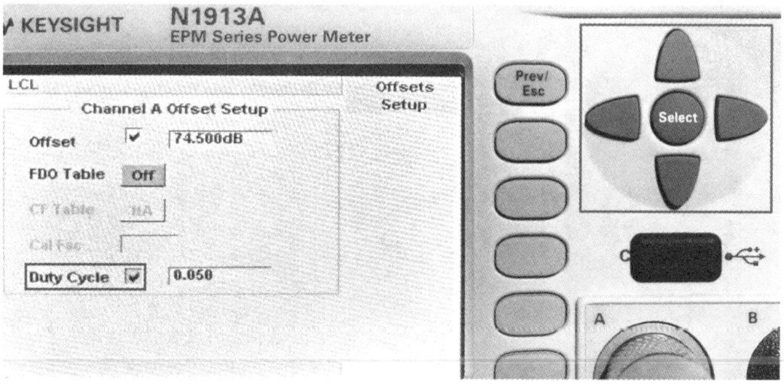

图 4-38　Duty Cycle 输入功能开启

使用方向键将屏幕中设置框移动至 Duty Cycle 数值输入栏，如图 4-39 所示。

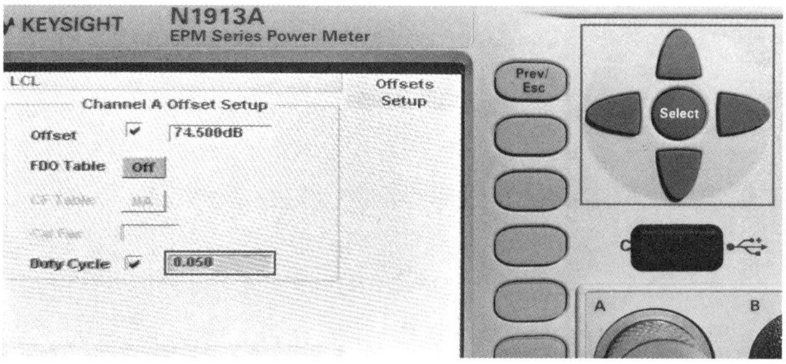

图 4-39　Duty Cycle 数值设置

点击“Select”按键，使用数字键盘输入实际占空比，再点击屏幕右侧按键选择“%”，如图 4-40 所示。此时，功率计占空比 DutyCycle 设置完成。

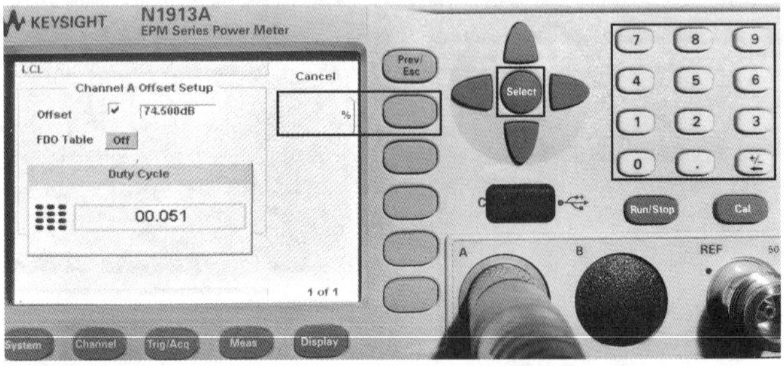

图 4-40　Duty Cycle 数值输入

(4)显示测试结果。参照 4.3.3 小节校准步骤中第(4)步操作，点击“Cal”按键，使用屏幕右侧按键将 Power Ref 选择为 Off 状态。点击面板“Display”按键之后，再点击屏幕右侧按键“Units”，如图 4-41 所示。

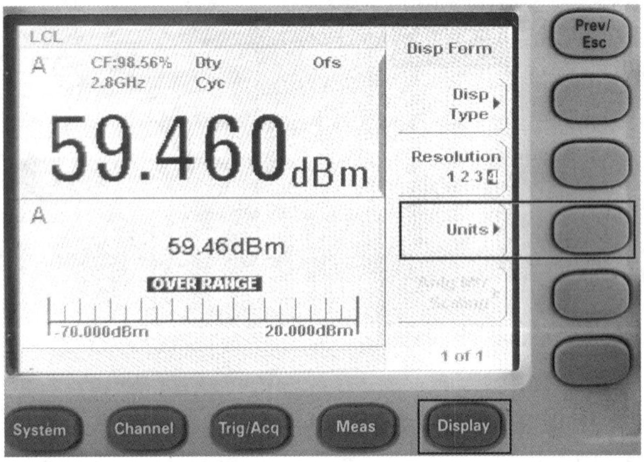

图 4-41　显示单位设置

点击屏幕右侧按键选择单位 W，将功率显示单位切换为瓦特，如图 4-42 所示。

4.3.7　机外仪表测试发射机峰值功率的方法与步骤

注意事项：

(1)在进行宽、窄脉冲切换时，必须先切断高压，再进行切换操作，否则容易烧坏发射机触发器组件。

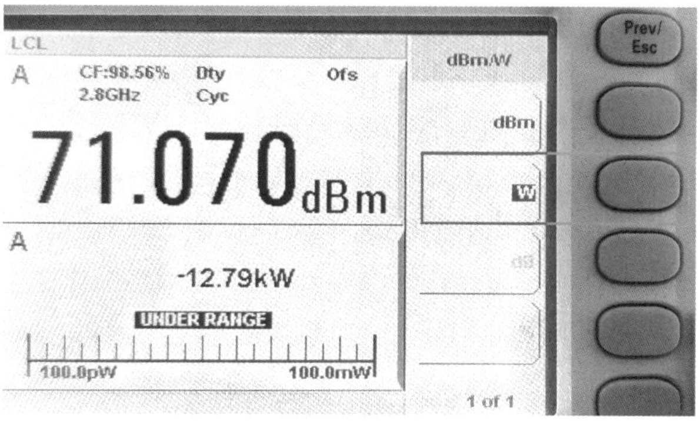

图 4-42　选择显示单位

(2)为避免大功率假负载吸收发射功率而引起发热或者打火，须尽量避免发射机在测试状态下长时间开高压。

(3)机外测试发射机输出功率前必须测试 N 型测试电缆的损耗。

(4)发射机脉冲峰值功率一般不超过 750kW。

机外仪表测试方法：从雷达馈线的定向耦合器 1DC1 中将发射信号耦合输出，依次连接 30dB 固定衰减器、N 型测试电缆、7~10dB 固定衰减器，将功率探头(KEYSIGHT N8481A 或同类型)接入功率计(KEYSIGHT N1913A 或同类型)，通过设置机外功率计测得发射机的输出峰值功率(图 4-43)。对于不同脉宽、不同重复频率的发射脉冲信号应分别测试机外输出功率。

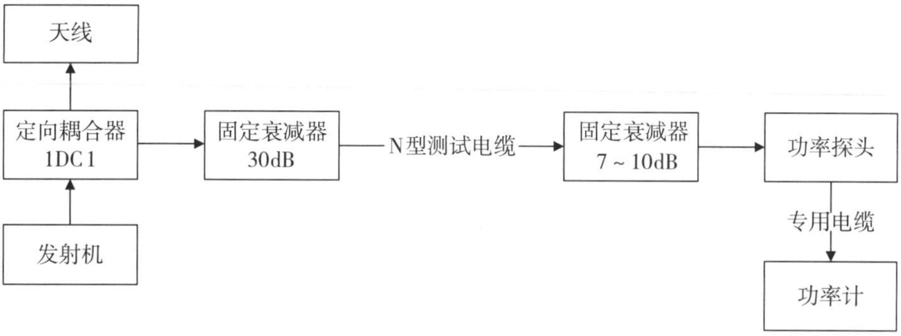

图 4-43　发射脉冲峰值功率机外测试框图

使用机外仪表测试发射机输出峰值功率的步骤如下：

(1)按照 4.3.3 小节校准步骤完成功率计预热、调零、标校。

(2)按照图 4-43 所示的方式连接测试设备(进入功率探头的信号功率需小于功率探头额定输入功率)，按照 4.3.6 小节操作步骤设置功率计。

(3)按照 4.2.2 小节测试步骤中的第(2)至(5)步顺序操作，开启发射机高压。

(4)使用功率计读取相应的发射机输出功率值。

(5)关闭发射机高压，改变脉冲重复频率 F 和包络宽度 τ，如果测试结果符合技术指标要求，记录测试数据；否则，应调整发射脉冲功率直至符合技术指标要求，再次测试并记录新数据。

(6)将测试结果的平均值作为发射机输出峰值功率。

4.3.8 输出峰值功率波动

机内和机外测得的发射脉冲输出峰值功率波动按照公式(4.3)进行计算。

$$\Delta P = \left| 10\lg \frac{P_{\text{tmax}}}{P_{\text{tmin}}} \right| \tag{4.3}$$

式中：ΔP 是发射机输出峰值功率波动值；P_{tmax} 为测试结果中发射机峰值功率的最大值；P_{tmin} 代表测试结果中发射机峰值功率的最小值。

在不同的发射模式下，分别计算同种工作模式的机内和机外测得发射机输出峰值功率之差，选取差值的绝对值最大值作为机内和机外输出峰值功率最大偏差。

4.3.9 发射脉冲峰值功率标校

若机外测得发射机输出脉冲峰值功率小于650kW，则需要进行如下检查和调整：

(1)检查发射机输出的脉冲宽度是否符合技术指标要求(窄脉冲 1.57μs±0.10μs、宽脉冲 4.70μs±0.25μs)，若不符合则需要调整，直至达到指标要求。

(2)检查人工线电压是否符合技术指标要求(4400～4700V)，若不符合则需要调整，直至达到指标要求。

(3)检查磁场电流是否正常(查看速调管铭牌值与实际值是否相符)，否则需要调整磁场电源。

(4)检查灯丝电流是否正常(查看速调管铭牌值与实际值是否相符)，否则需要调整灯丝电源。

4.4 发射机人工线电压

4.4.1 指标描述

发射机人工线电压应低于5000V，雷达正常工作时应低于4800V。

4.4.2 测试步骤

注意事项：

(1)由于调制器人工线电压的测试取样信号为1∶1000，使用示波器测试人工线电压时，测试信号幅度值为人工线电压值的 1/1000。

(2)调整人工线电压需以发射机实际输出功率为基准，不能超过额定功率值。

(3)调整人工线电压表的指针时，需保持视线与表头垂直，以消除视觉误差。

(4)人工线电压表的量程为 10kV。

使用示波器测试发射机人工线电压的步骤如下：

(1)从调制器的 XS6 接口将人工线电压取样信号输出(图 4-44)，经 BNC 电缆连接示波器(输入阻抗选择为 1MΩ)，测试取样信号的幅值。

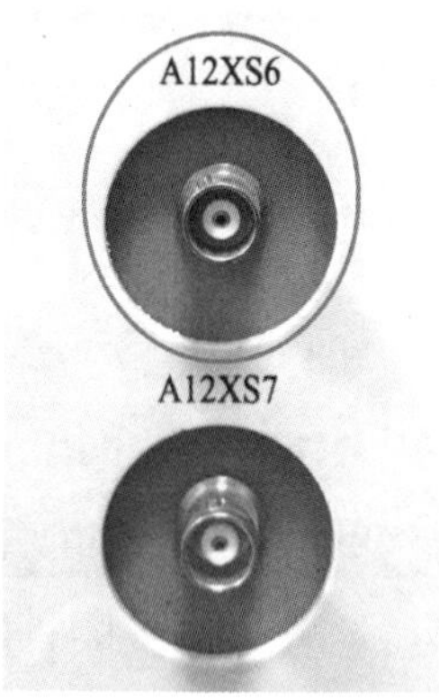

图 4-44　调制器人工线电压测试接口

(2)按照 4.2.2 小节测试步骤中的第(2)至(5)步顺序操作(脉冲激励信号重复频率设置为 322Hz，脉宽不限)，开启发射机高压。

(3)使用示波器测试人工线电压，如图 4-45 所示(图中显示人工线电压测试结果为 4320V)。

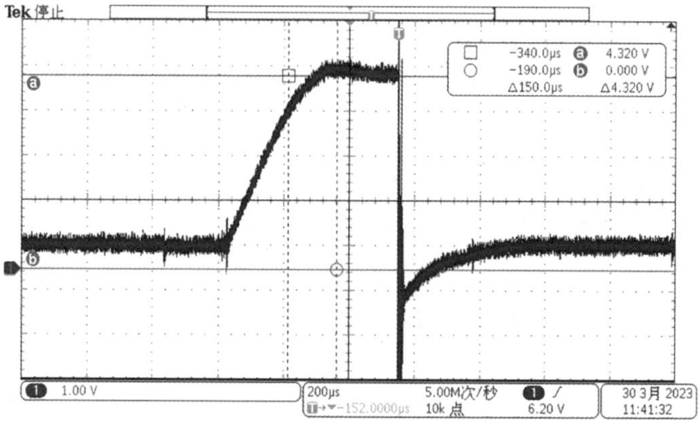

图 4-45　人工线电压显示值

4.4.3 调整方法

示波器测得的人工线电压值与人工线电压表指示值需保持一致。若实测值与人工线电压表指示值不一致，则需要调整测试接口板(3A1A2)上的 R3 电位器(图 4-46)，使人工线电压表的指示值与示波器实测值保持一致(顺时针调整 R3 电位器，人工线电压表指示值将变大；逆时针调整 R3 电位器，人工线电压表指示值将变小)。

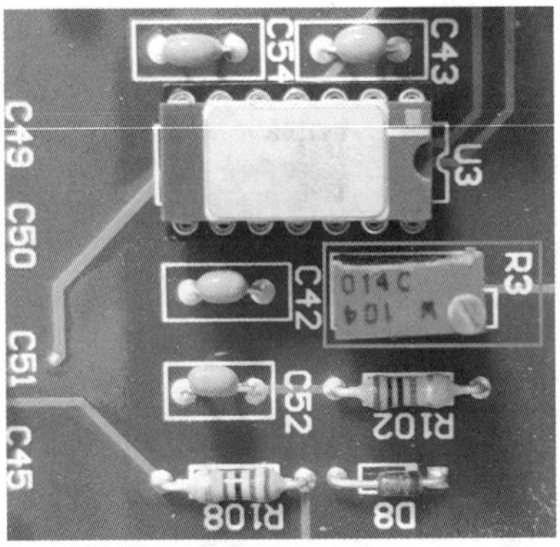

图 4-46　测试接口板 R3 电位器

在测试发射机输出功率时，若机外功率测试结果不符合指标要求，可以通过微调发射机控制面板上的人工线电压调整电位器(图 4-47)改变人工线电压，使发射机输出功率满足技术指标要求。

图 4-47　人工线电压调整电位器及指示表

4.5　发射机输出射频脉冲信号频率与频谱特性

4.5.1　指标描述

发射机输出射频脉冲信号频谱由信号中所有频率成分的能量分布组成，可以使用频谱分析仪(以下简称频谱仪)进行测试。

4.5.2　频率测试方法与步骤

注意事项：输入频谱仪的信号峰值功率应不超过 30dBm，以保证进入频谱仪的测试信号强度不大于频谱仪输入额定功率。

发射机输出射频信号频率与频谱特性采用机外仪表测试。雷达馈线中的定向耦合器将发射信号(重复频率 322Hz)耦合输出，通过衰减器、N 型测试电缆输入频谱仪(图 4-48)，设置频谱仪后即可显示发射机输出射频信号的频率与频谱。对于不同脉冲宽度的发射信号，需要分别测试输出信号的频率和频谱特性。

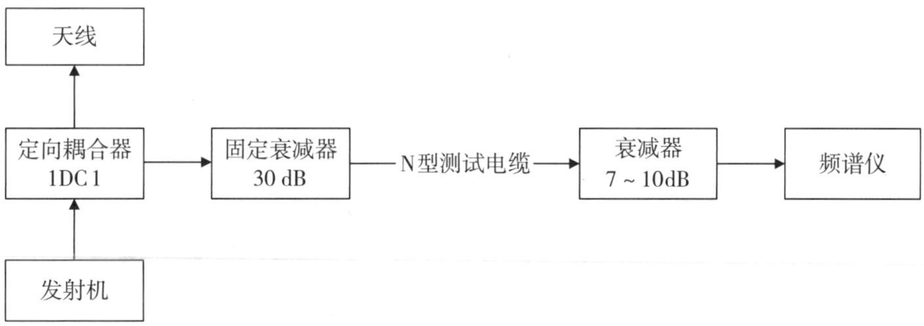

图 4-48　发射机输出射频信号频率与频谱测试连接框图

发射机输出射频脉冲信号频率测试的步骤如下：

(1)按照图 4-48 所示的方式连接测试设备。

(2)按照 4.2.2 小节测试步骤中的第(2)至(5)步顺序操作(测试输出信号的频率与频谱特性时，重复频率始终选择 322Hz)，开启发射机高压。

(3)按照顺序进行频谱仪设置：待测雷达中心频率；扫描带宽(SPAN)为 50MHz；分析带宽(RBW)和显示带宽(VBW)为 30kHz。

(4)点击“Peak Search”，记录发射机输出射频脉冲信号的频率。

4.5.3 频谱特性测试步骤

注意事项：当发射机发射宽脉冲或窄脉冲信号时，输出信号的频谱特性需要分别测试。

续接 4.5.2 小节发射机输出射频脉冲信号的频率测试步骤，继续测试输出射频脉冲信号的频谱特性。

(5)点击“Sweep”，设置频谱仪扫描时间为 1s。

(6)点击“Trace/View”，再选择“Max Hold”，设置频谱迹线最大保持。

(7)依次点击“Peak Search”→“Marker”→“Normal”→“Delta”，设置光标读取信号的幅度差值。在中心频率左右两侧分别记录 10dB、20dB、30dB、40dB、50dB、60dB 衰减值对应的频率偏差。

(8)对应衰减量的左右频率偏差绝对值之和为射频脉冲频谱宽度。

4.5.4 频谱仪设置步骤

在测试输出射频脉冲信号频谱特性时，频谱仪(Agilent E4445A 或同类型)设置步骤如下：

(1)设置频谱仪频率为当前雷达的中心频率。点击“FREQUENCY Channel”按键，如图 4-49 所示。

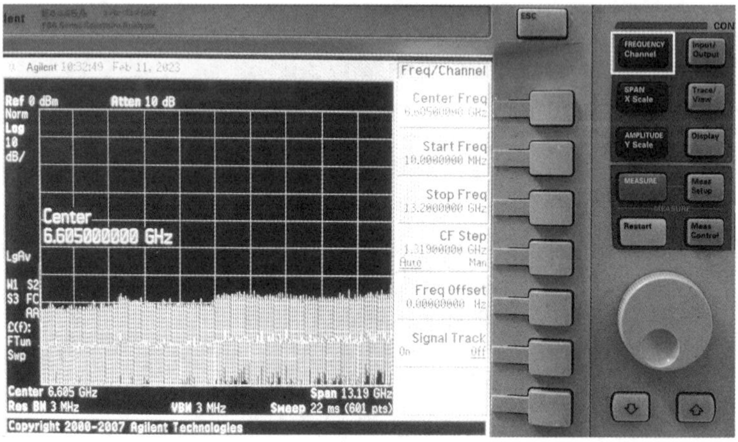

图 4-49 设置中心频率

使用数字键盘输入雷达中心频率，点击屏幕右侧按键选择输入频率的单位。如图 4-50 所示，频谱仪设置的中心频率为 2800MHz。

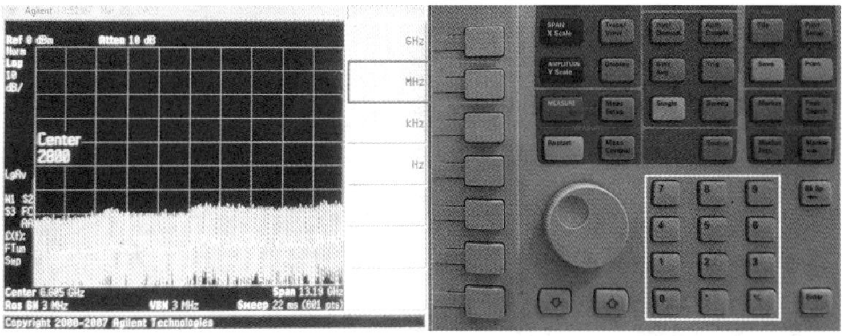

图 4-50　确定中心频率

(2)设置频谱仪扫描带宽。点击“SPAN X Scale”按键，如图 4-51 所示。

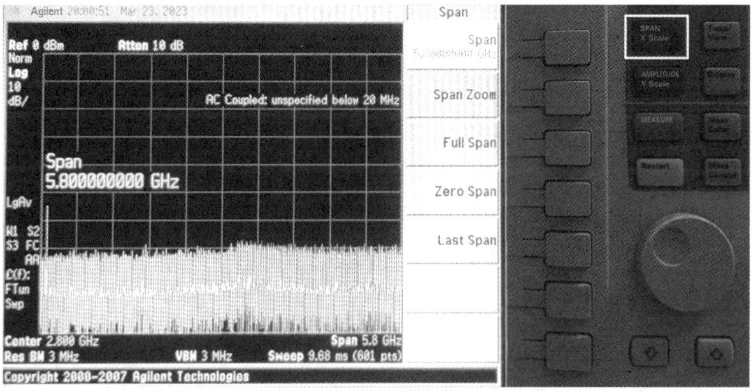

图 4-51　设置扫描带宽

使用数字键盘输入数值 50，点击屏幕右侧按键选择“MHz”为单位，如图 4-52 所示。

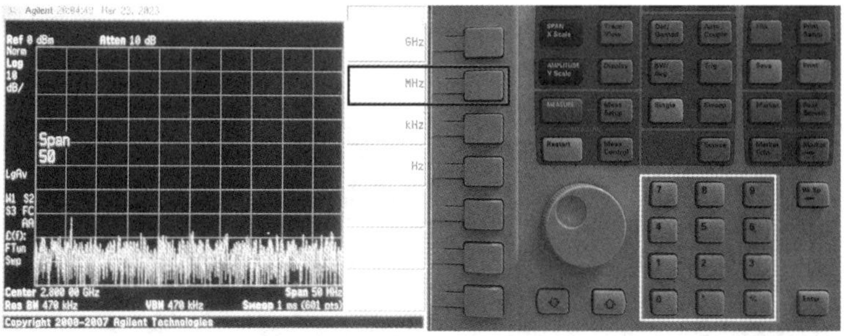

图 4-52　选择带宽单位

(3)设置频谱仪分析带宽(RBW)和显示带宽(VBW)。点击“BW/Avg”按键，如图

4-53 所示。

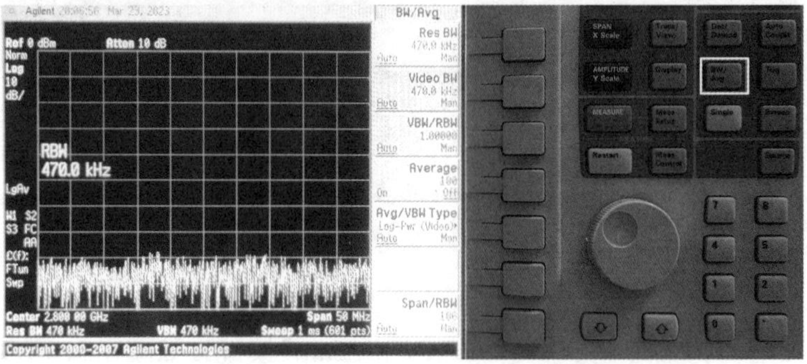

图 4-53　设置分析带宽和显示带宽

使用数字键盘输入数值 30，点击屏幕右侧按键选择“kHz”为单位，如图 4-54 所示。

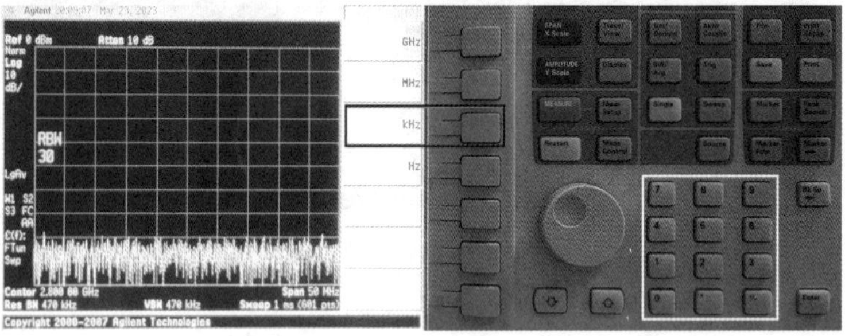

图 4-54　设置分析带宽

(4) 设置频谱仪扫描时间。点击“Sweep”按键，使用数字键盘输入数值 1，点击屏幕右侧按键选择“s”为单位，如图 4-55 所示。

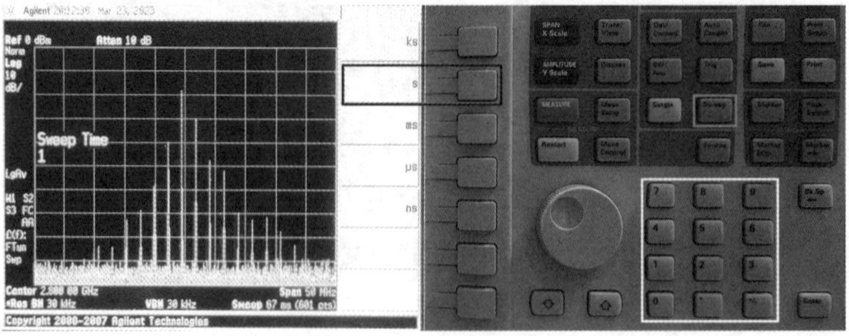

图 4-55　设置扫描时间

(5)设置频谱迹线最大保持。点击"Trace/View"按键，再选择屏幕右侧的"Max Hold"按键，如图 4-56 所示。多次扫描的频谱迹线最大保持，能使每个频点只取最大值保存和显示。

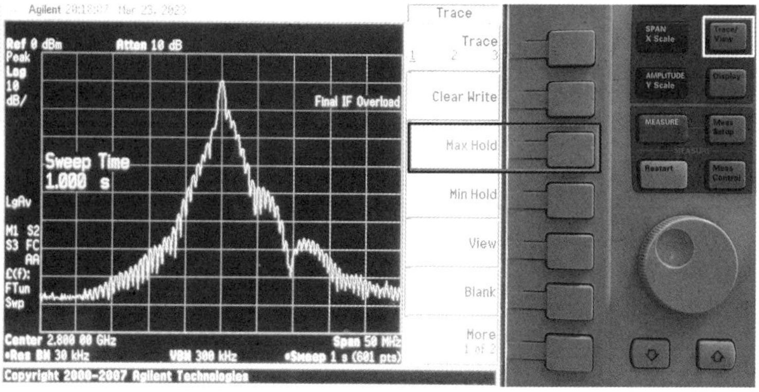

图 4-56　设置频谱迹线最大保持

(6)读取输出信号频谱。依次点击"Peak Search"→"Marker"→"Normal"→"Delta"按键，通过旋转旋钮读取发射机输出信号的频谱，如图 4-57 所示。

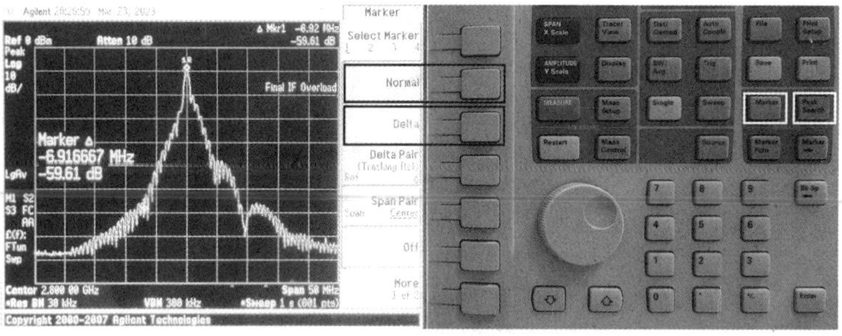

图 4-57　输出信号频谱

4.6　发射机极限改善因子与杂噪比

4.6.1　指标描述

极限改善因子反映了一定条件下信号功率谱与噪声功率谱之间的关系。使用频谱仪检测信号功率谱密度分布，从中测量信噪比 S/N (信号功率与噪声功率的比值，单位为 dB)、杂噪比 SS/N(单位：dB)，根据发射信号的脉冲重复频率 F (单位：Hz)、

频谱仪分析带宽 B（单位：Hz）计算极限改善因子 I（单位：dB），如式(4.4)所示。

$$I = S/N + 10\lg B - 10\lg F \tag{4.4}$$

4.6.2　输入端极限改善因子测试的方法与步骤

发射机输入端极限改善因子采用机外仪表法测试。将发射机速调管输入端的信号通过衰减器、SMA 测试电缆之后输入频谱仪(图 4-58)，完成频谱仪设置即可测出发射机输入信号信噪比，然后利用式(4.4)计算发射机输入端极限改善因子。

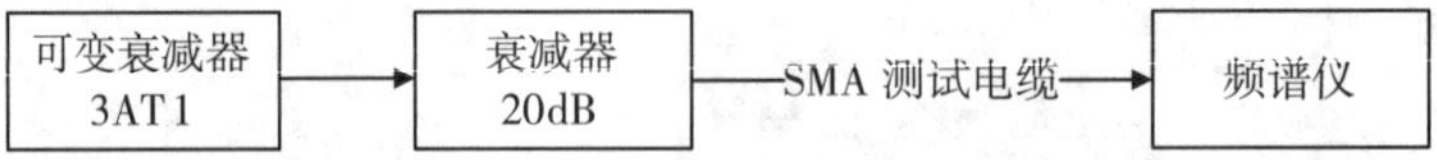

图 4-58　输入端极限改善因子测试框图

发射机输入端极限改善因子测试的步骤如下：

(1)按照图 4-58 所示的方式连接测试设备。速调管输入端信号来自可变衰减器 3AT1 输出端，发射机输入端极限改善因子的信号测试点如图 4-59 所示。

图 4-59　输入极限改善因子信号测试点

(2)按照 3.3.2 小节测试步骤中的第(1)步操作，进入 RDASOT 软件界面，选择软件示波器模块，如图 4-4 所示。

(3)在软件示波器界面中，“四位开关”处选择速调管输出，“PRF”分别输入 644Hz 和 1282Hz，“脉冲宽度”为 1.57μs，“数据/库”选中未滤波频谱，如图 4-60 所示。测试信号设置完成后，点击“开始”按键，并关闭发射机高压(软件示波器的“RF

衰减器”处若设置 20dB 衰减值，则无须连接图 4-58 中的 20dB 衰减器，测试信号直接从可变衰减器输入频谱仪）。

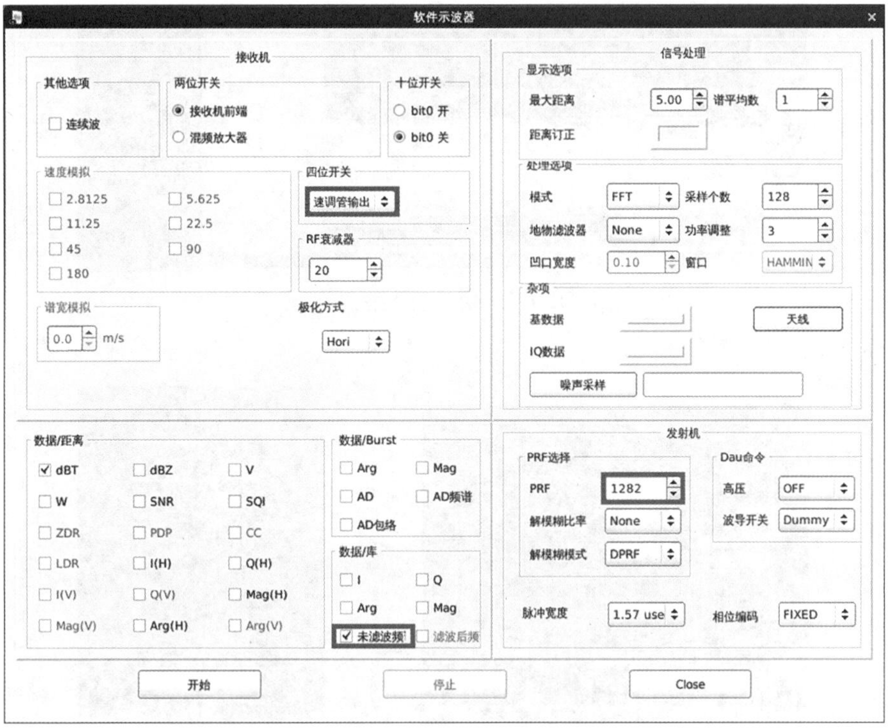

图 4-60 输入端极限改善因子测试信号设置

(4)设置频谱仪，测量发射机输入信号的信噪比。

(5)计算发射机输入端的极限改善因子，记录测试数据。

4.6.3 频谱仪设置步骤

在测试发射机输入(输出)端极限改善因子时，频谱仪(Agilent E4445A 或同类型)设置的步骤如下：

(1)设置频谱仪频率。按照 4.5.4 小节中的第(1)步操作，将雷达中心频率设置成频谱仪频率。

(2)设置频谱仪扫描带宽。当发射信号的重复频率选择 644Hz 时，扫描带宽设置为 1kHz；当发射信号的重复频率选择 1282Hz 时，扫描带宽设置为 2kHz。参照 4.5.4 小节中第(2)步骤设置扫描带宽，如图 4-61 所示。

(3)调整功率谱显示幅度。点击“AMPLITUDE Y Scale”按键，如图 4-62 所示。

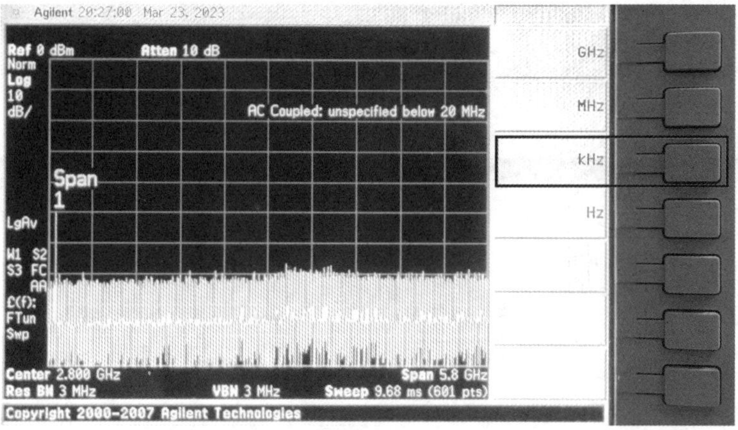

图 4-61 频谱仪扫描带宽设置

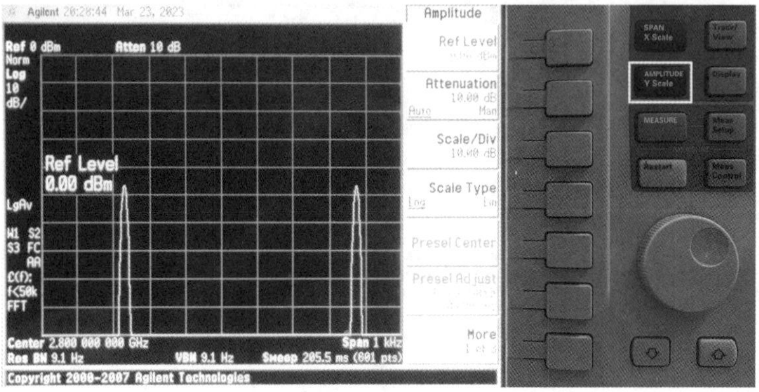

图 4-62 功率谱显示幅度调整

通过旋转旋钮调整参考电平 Ref Level 和信号衰减值 Attenuation，使功率谱位于屏幕内的上下合适位置，如图 4-63 所示。

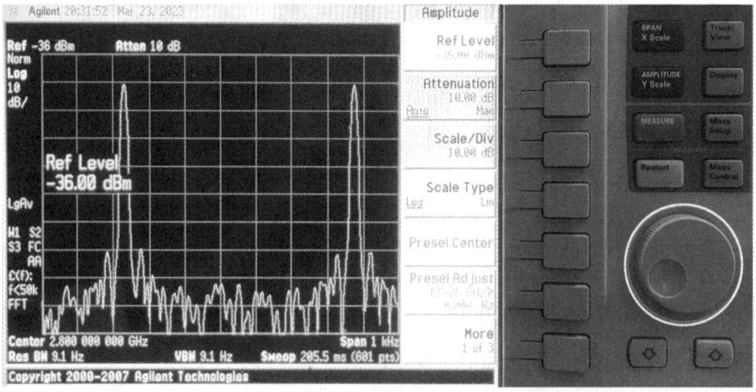

图 4-63 调整功率谱垂直位置

（4）调整信号中心频率。再次点击“FREQUENCY Channel”按键，通过旋转旋钮调整信号中心频率，使功率谱位于屏幕内的左右合适位置，如图 4-64 所示。

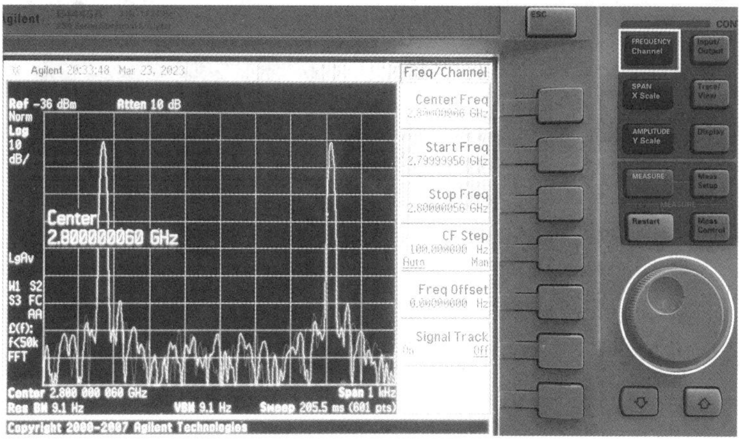

图 4-64　调整功率谱水平位置

（5）设置频谱仪分析带宽和显示带宽。参照 4.5.4 小节中第（3）步骤设置 RBW、VBW 为 3Hz，如图 4-65 所示。

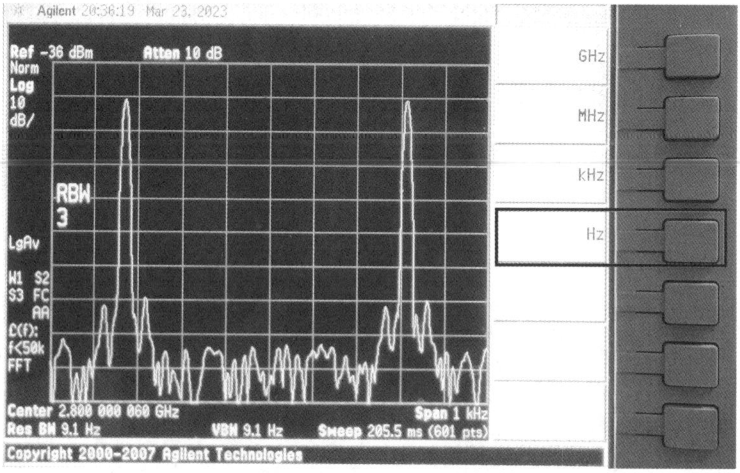

图 4-65　设置频谱仪分析带宽

（6）设置取样平均值。点击“BW/Avg”按键，在屏幕右侧功能菜单中选择“Average”，通过按键使其处于“On”状态，如图 4-66 所示。

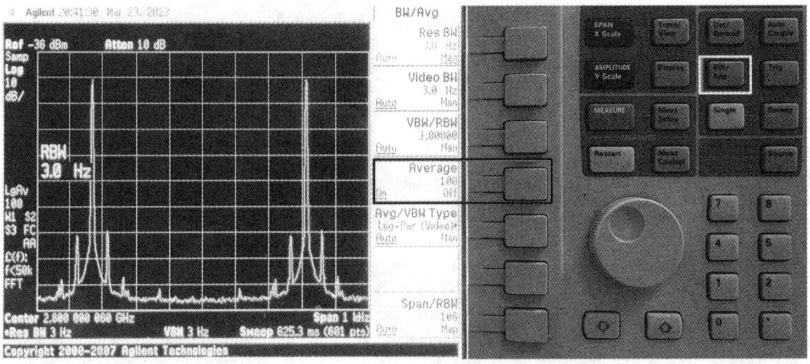

图 4-66　设置取样平均值

使用数字键盘输入数值 10，点击屏幕右侧“Enter”按键确认，取样平均值被设置为 10 次，如图 4-67 所示。

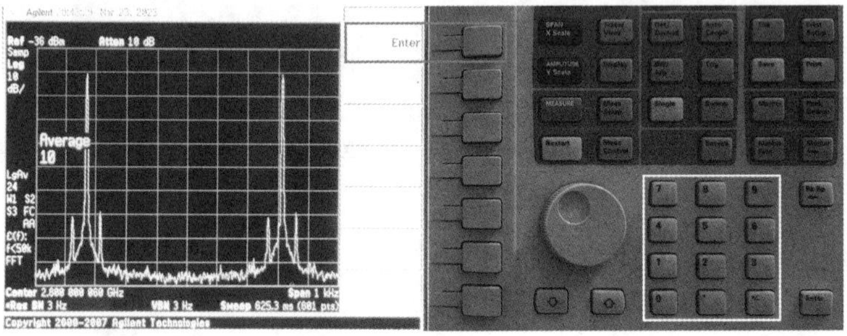

图 4-67　输入取样平均值

(7) 选取最高电平。点击“Peak Search”按键，选取信号的最高电平，如图 4-68 所示。

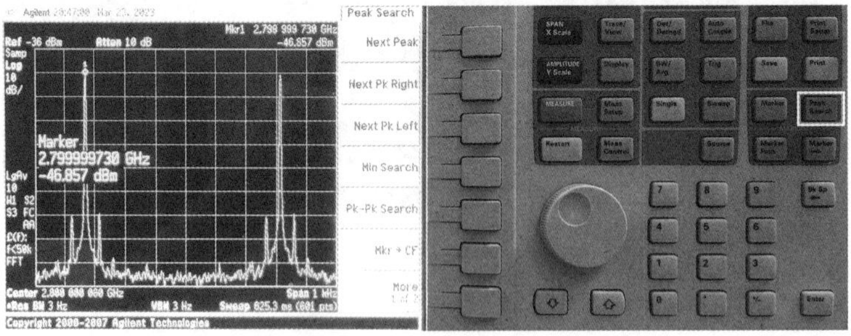

图 4-68　选取最高电平

(8) 标记最高电平。点击“Marker”按键，标记最高的电平信号，如图 4-69 所示。

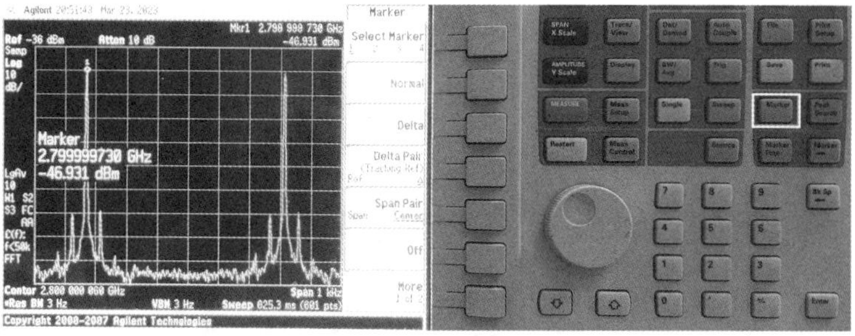

图 4-69　标记最高电平

(9)标记比较信号间差异。在屏幕右侧菜单中点选“Delta”按键，用于测量两个信号之间的频率和幅度差异，如图 4-70 所示。

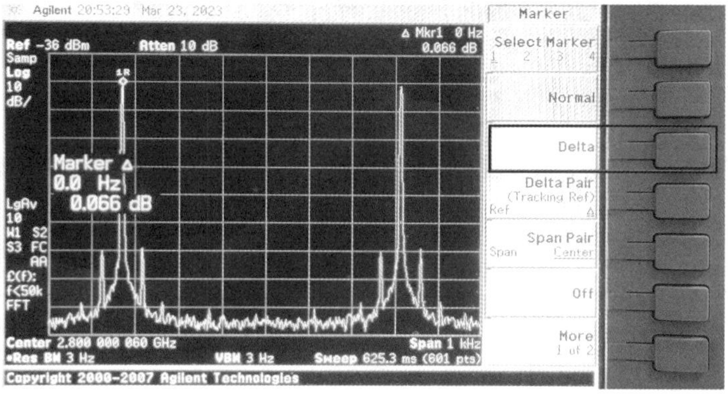

图 4-70　标记比较测量

(10)测量输入信号的信噪比。使用数字键盘输入 1/2 PRF 的数值，点击屏幕右侧按键选择“Hz”为单位，如图 4-71 所示，再查看信噪比。

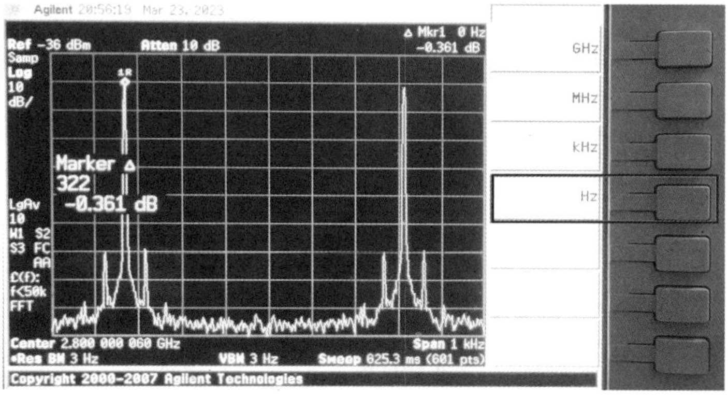

图 4-71　测量信噪比

当发射信号的脉冲重复频率选择 644Hz 时，在频谱仪 Delta 标记功能中输入 322Hz，测得发射机输出信号的信噪比为 85.863dB，如图 4-72 所示。

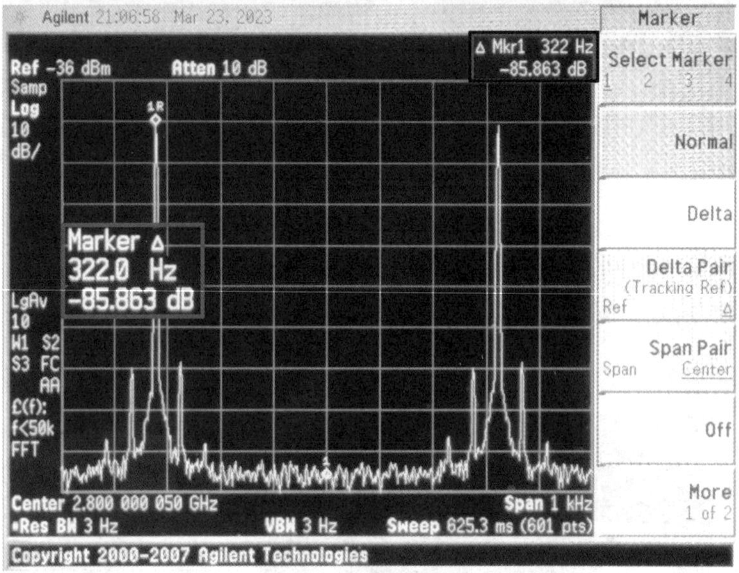

图 4-72　查看信噪比

4.6.4　输出端极限改善因子及杂噪比测试的方法与步骤

发射机输出端极限改善因子及杂噪比测试采用机外仪表法。雷达馈线中定向耦合器将发射信号(脉宽 1.57μs)耦合输出，通过衰减器、N 型测试电缆输入频谱仪(图 4-73)，完成频谱仪设置之后可读取发射机输出信号的信噪比与信杂比，然后使用式(4.4)计算发射机输出端极限改善因子。输出端杂噪比为发射机输出射频脉冲信号的信噪比与信杂比之差。

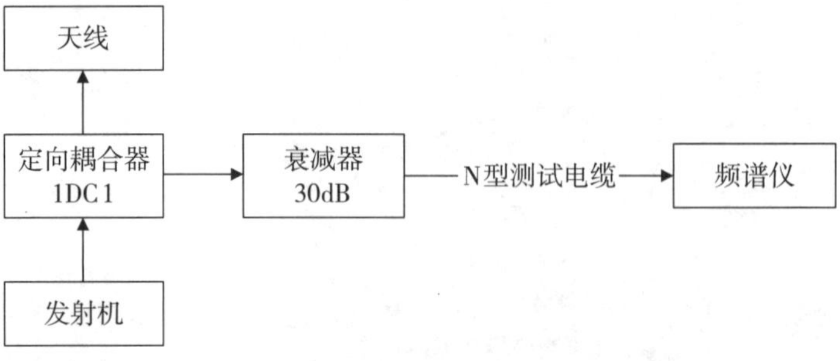

图 4-73　输出端极限改善因子测试框图

发射机输出端极限改善因子及杂噪比测试的步骤如下：

(1)按照图 4-73 所示的方式连接测试设备。

(2)按照 3. 3. 2 小节测试步骤中的第(1)步操作，进入 RDASOT 软件界面，选择软件示波器模块，如图 4-4 所示。

(3)在软件示波器界面中，“四位开关”处选择速调管输出信号，“PRF”分别输入 644Hz 和 1282Hz，“脉冲宽度”为 1. 57μs，“数据/库”选中未滤波频谱，如图 4-74 所示。测试信号设置完成后，点击“开始”按键。

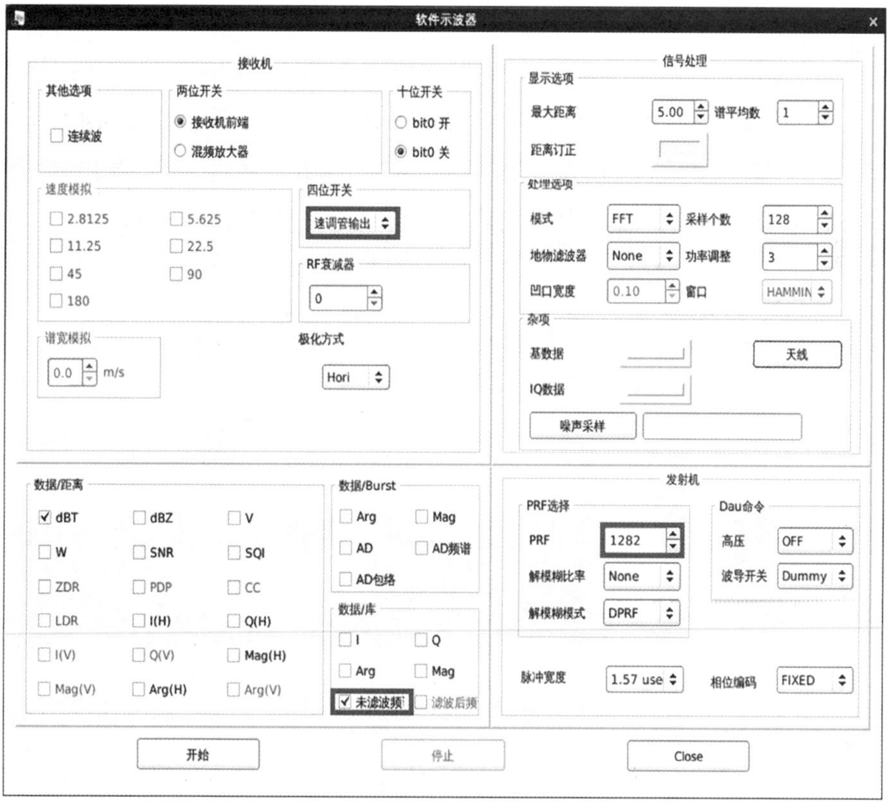

图 4-74　输出端极限改善因子测试信号设置

(4)按照 4. 2. 2 小节测试步骤中的第(4)至(5)步顺序操作，开启发射机高压。

(5)按照 4. 6. 3 小节步骤设置频谱仪，测量发射机输出脉冲信号的信噪比。

(6)计算发射机输出端的极限改善因子，记录测试数据。

(7)再次点击“Marker”按键，通过旋转旋钮使光标 1 位于距中心频率谱线 60Hz 至 1/2 PRF 范围内的发射机输出端杂波信号功率最大值处，如图 4-75 所示。

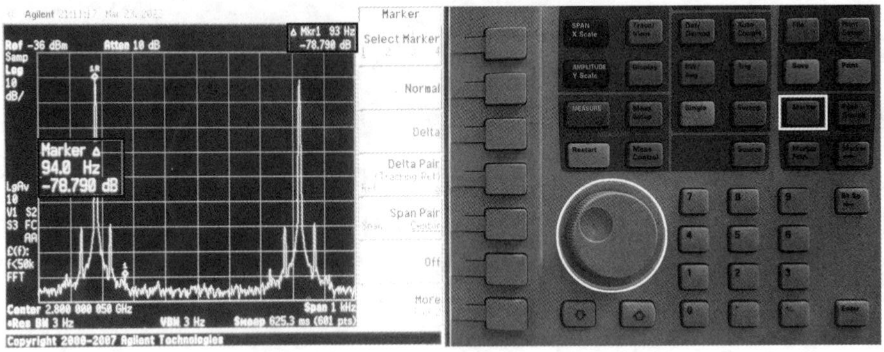

图 4-75　输出端杂噪比测试设置

从图 4-75 可见，在距离中心频率谱线 94Hz 处，发射机输出信号信杂比是 78.790dB。图 4-72 中的输出信号信噪比是 85.863dB，据此计算输出端杂噪比为 85.863−78.790=7.073dB，满足发射机输出端杂噪比≤10dB 的技术指标要求。

第5章　接收系统测试与标校

5.1　接收系统测试标校内容与指标

S波段双线偏振多普勒天气雷达接收系统测试与标校包含噪声系数、线性动态范围、最小可测功率等9个项目。接收系统测试标校的主要内容与技术指标要求如表5-1所示。

表5-1　接收系统测试标校主要内容与技术指标要求

序号	测试标校项目	技术指标要求
1	频率源输出功率	射频激励信号：约10dBm
		本振信号：14.85~17dBm
		射频测试信号：21.75~24.25dBm
		中频相干信号：26~28dBm
2	噪声系数	≤3.0dB
3	双通道噪声系数差	≤0.3dB
4	机内与机外噪声系数差	≤0.2dB
5	线性动态范围	≥95dB
6	线性动态拟合直线斜率	1.000±0.015
7	线性动态拟合直线均方根误差	≤0.5dB
8	最小可测功率	≤-110.0dBm(脉冲宽度1.57μs)
		≤-114.0dBm(脉冲宽度4.70μs)
9	中频信号带宽	0.63MHz±0.05MHz(脉冲宽度1.57μs)
		0.21MHz±0.05MHz(脉冲宽度4.70μs)

5.2 频率源输出功率

5.2.1 指标描述

频率源的主时钟信号、射频激励信号、射频测试信号、本振信号、中频相干信号的详细技术指标如下：

1. 主时钟信号

主时钟信号由不加门控和移项控制的 57.55MHz 高精度晶振经六分频之后生成，为 9.6MHz 连续波信号。主时钟信号是整个 RDA 的定时信号，通过接口传输至硬件处理器。

2. 射频激励信号

射频激励信号(RF DRIVE)频率为雷达载波频率，脉冲宽度 10μs，峰值功率约为 10dBm。射频激励信号经频率源 J1 端口发送至发射机，脉冲宽度被精确控制在 1.5~5μs，经过放大变成用于发射的射频载波信号。

3. 射频测试信号

射频测试信号(RF TEST)也被称为 CW 测试信号，既可以是连续波信号，也可以是一个脉冲信号，取决于硬件信号处理器中用于控制射频信号通断的开关信号(RF GATE)。

射频测试信号与射频激励信号频率相同，输出功率为 21.75~24.25dBm。射频测试信号经频率源 J3 端口发送至四位开关，被选中后成为接收机检测信号。在测试模式中，使用移相器将模拟多普勒相移加至射频测试信号，相参基准信号没有相移，模拟多普勒效应表现为射频测试信号与相参基准信号间的相位差值。

4. 本振信号

本振信号(LO)与射频激励信号是相参信号，本振信号比射频激励信号的频率低 57.55MHz，输出功率为 14.85~17dBm。本振信号经频率源 J2 端口发送至混频/前置中放，与雷达回波信号进行混频后，射频回波信号变换成中频回波信号。

5. 中频相干信号

中频相干信号(COHO)用作 A/D 时钟的基准信号，信号频率为 57.55MHz，输出功率为 26~28dBm。中频相干信号经频率源 J4 端口发送至时钟盒。

S 波段双线偏振多普勒天气雷达频率源输出功率测试包含 4 种信号(射频激励信号、射频测试信号、本振信号、中频相干信号)。CINRAD/SAD 型天气雷达频率源的端口定义与信号功率见表 5-2。

表 5-2　**CINRAD/SAD 型天气雷达频率源端口定义与信号功率**

信号类型	端口定义	信号功率
射频激励信号(RF DRIVE)	J1	约 10dBm
本振信号(LO)	J2	14.85~17dBm
射频测试信号(RF TEST)	J3	21.75~24.25dBm
中频相干信号(COHO)	J4	26~28dBm

5.2.2 测试步骤

注意事项：使用功率计直接测试频率源输出功率时，为保证输入功率探头的信号峰值功率小于功率探头额定功率值，应考虑是否增加衰减器。

使用功率计测试频率源输出功率的步骤如下：

(1)按照 4.3.3 小节校准步骤完成功率计预热、调零、标校。

(2)将功率探头分别连接至频率源输出端口(需要考虑是否增加衰减器)。CINRAD/SAD 型天气雷达频率源接口如图 5-1 所示。

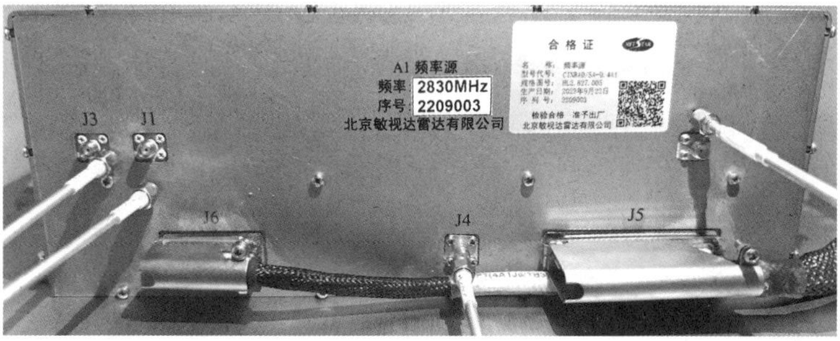

图 5-1　CINRAD/SAD 型天气雷达频率源实物图

（3）按照 3.3.2 小节测试步骤中的第（1）步操作，进入 RDASOT 软件界面，选择软件示波器模块，如图 4-4 所示。

（4）在软件示波器界面中，“两位开关”处选择接收机前端，“四位开关”选择 RF 测试，“其他选项”和“数据/距离”分别选中连续波、dBT，如图 5-2 所示。测试信号设置完成后，点击“开始”按键。

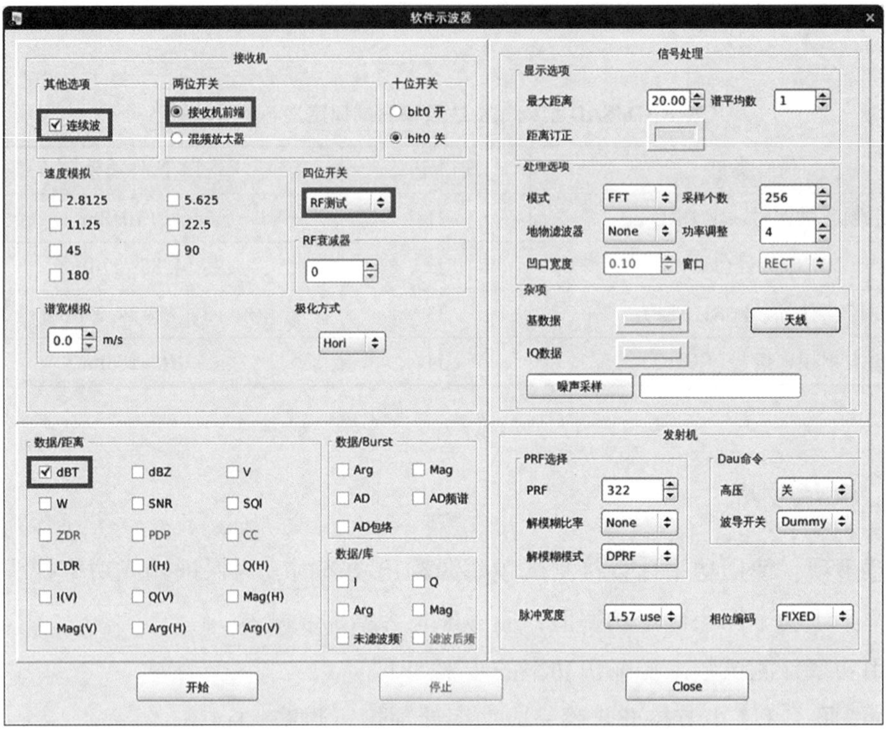

图 5-2　频率源输出功率测试信号设置

（5）按照 4.3.3 小节操作步骤中的第（2）至（3）步顺序设置功率计通道频率，关闭 Offset、Duty Cycle 输入功能（功率计通道频率值设置为相连的频率源输出端口信号频率）。

（6）记录频率源输出端口对应的功率计显示值。

5.3　噪声系数

5.3.1　指标描述

噪声系数是衡量接收系统内部噪声的重要性能指标，为接收系统输入端信号噪声功率比与输出端信号噪声功率比的比值，其计算方法如式(5.1)所示。

$$N_F = \frac{S_i/N_i}{S_o/N_o} \tag{5.1}$$

式中：N_F 为噪声系数；S_i 是输入额定信号功率；N_i 是输入额定噪声功率，S_o 为输出额定信号功率；N_o 为输出额定噪声功率。

实际上 N_F 总大于 1。如果 $N_F = 1$，则说明接收系统内部没有噪声，这时接收机成为“理想接收机”[7]。

5.3.2　机内噪声源测试噪声系数的方法与步骤

机内噪声源测试噪声系数是指通过雷达系统内部自带的噪声源测量接收系统噪声系数。在 S 波段双线偏振多普勒天气雷达接收系统前端连接噪声源，分别测试噪声源冷态(关闭噪声源供电)与热态(开启噪声源供电)时接收系统输出噪声功率，噪声系数计算方法见式(5.2)。

$$N_F = \mathrm{ENR} - 10\lg\left(\frac{P_2}{P_1} - 1\right) \tag{5.2}$$

式中：ENR 是噪声源超噪比；P_1 为噪声源冷态时接收系统输出噪声功率；P_2 为噪声源热态时接收系统输出噪声功率。

噪声温度 N_F 与噪声系数 T_N 换算方法见式(5.3)。

$$N_F = 10\lg\left(\frac{T_N}{290} + 1\right) \tag{5.3}$$

机内噪声系数可以使用 RCW 软件在线或 RDASOT 软件离线测试。

1. 使用 RCW 软件在线自动测试机内噪声温度及噪声系数

(1)按照 4.3.2 小节测试步骤中的第(1)至(4)步顺序操作，雷达第一个 0.5°仰角扫描完成后，进入 RCW 软件性能数据界面。

(2)选择“性能数据列表”栏中“接收机/信号处理”，查看接收机水平通道噪声温度和垂直通道噪声温度，如图 5-3 所示。

(3)通过式(5.3)将机内噪声温度转换为机内噪声系数。

2. 使用 RDASOT 软件离线测试机内噪声系数

(1)按照 3.3.2 小节测试步骤中的第(1)步操作，进入 RDASOT 软件界面，选择噪声系数模块，如图 5-4 所示。

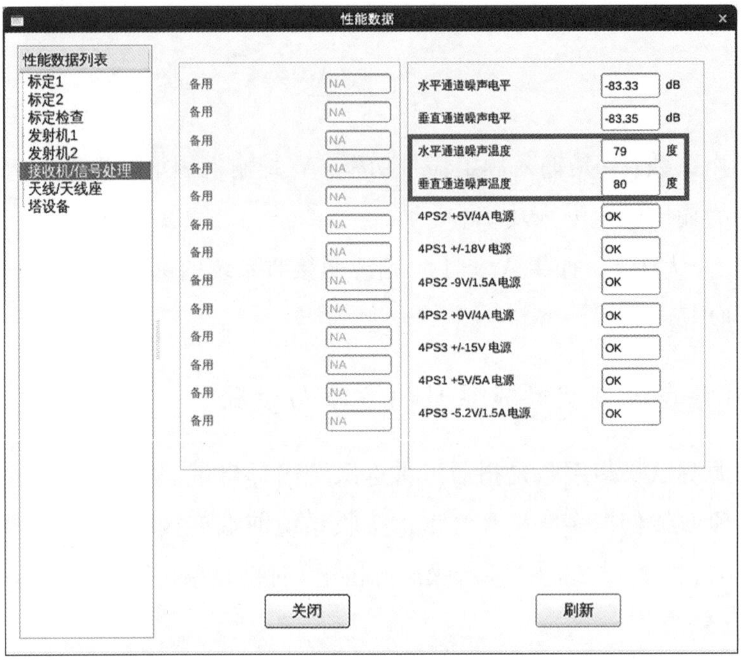

图 5-3　接收机机内噪声温度

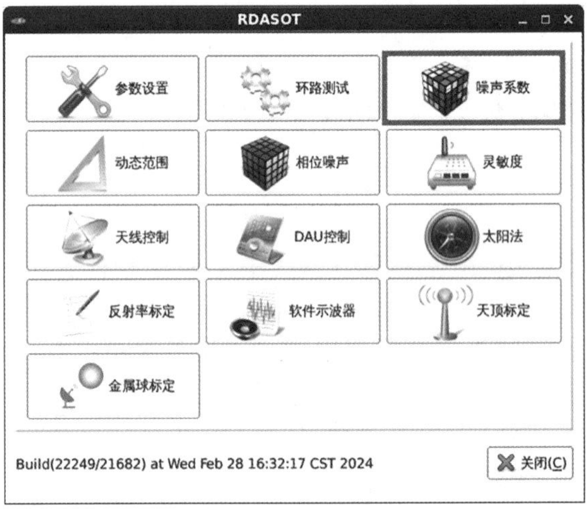

图 5-4　RDASOT 软件主界面(选择噪声系数模块)

(2)在噪声系数控制子界面中，“机内/机外”选择机内，“接收通道”选取 Hori(水平)，“脉冲宽度”分别选用 1.57μs、4.70μs 进行测试，如图 5-5 所示。

(3)点击“测试”按键，从噪声系数结果子界面中获取水平接收通道在不同脉冲宽度模式下 5 次噪声系数测量值的平均值，如图 5-5 所示。

(a)机内窄脉冲信号

(b)机内宽脉冲信号

图 5-5　水平接收通道机内噪声系数

(4)在噪声系数控制子界面中，“机内/机外”选择机内，“接收通道”选取 Vert(垂直)，“脉冲宽度”分别须选用 1.57μs、4.70μs 进行测试，如图 5-6 所示。

(a)机内窄脉冲信号

(b)机内宽脉冲信号

图 5-6　垂直接收通道机内噪声系数

(5)点击“测试”按键，从噪声系数结果子界面中获取垂直接收通道在不同脉冲宽度模式下 5 次噪声系数测量值的平均值，如图 5-6 所示。

(6)在相同脉冲宽度模式下，计算水平接收通道与垂直接收通道噪声系数的差值。

5.3.3　机外噪声源标校步骤

外接噪声源测试噪声系数前，需先进行机外噪声源标校。以 Agilent 346B 型噪声源为例，说明机外噪声源标校步骤。

使用频谱仪(Agilent E4445A 或同类型)标校机外固态噪声源的步骤如下：

(1)连接机外噪声源。将外接噪声源一端连接频谱仪正面 RF Input 输入端，另一端通过 BNC 电缆连接频谱仪背面 NOISE SOURCE DRIVE OUT +28V(PULSED)输出端，如图 5-7 所示。

(a)频谱仪正面连接　　　　(b)频谱仪背面连接

图 5-7　机外噪声源标校连接示意图

(2)选择功能模式。点击控制区域“MODE”按键，如图 5-8 所示。

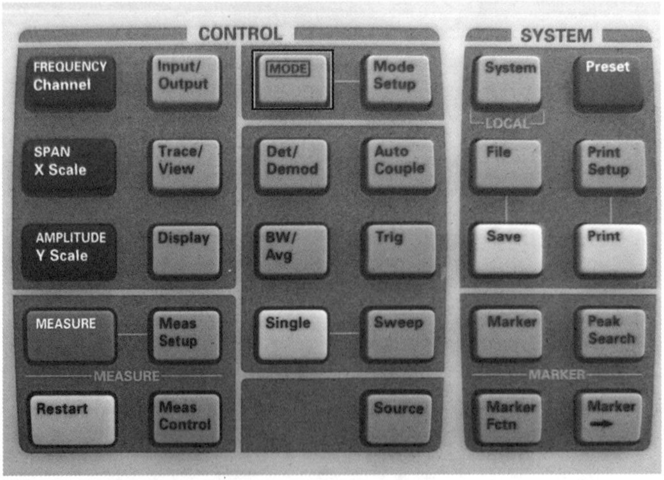

图 5-8　频谱仪控制区域(MODE 按键)

频谱仪屏幕显示区域进入“Mode”模式列表，如图 5-9 所示。

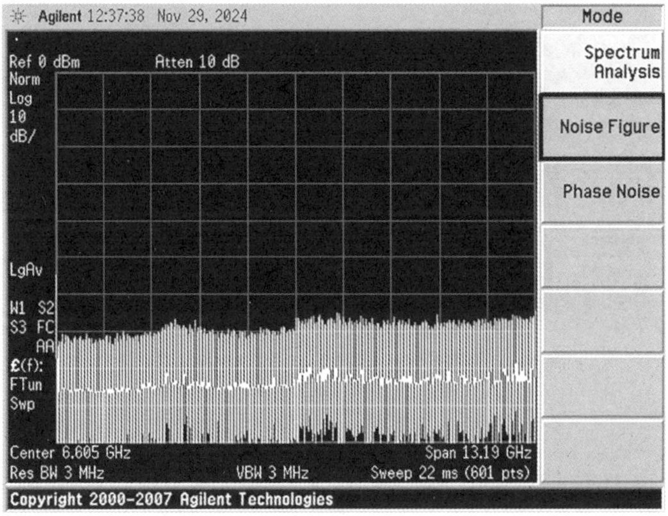

图 5-9　“Mode”功能列表(Spectrum Analysis)

在显示区域“Mode”列表中，选择 Noise Figure 模式，如图 5-10 所示。

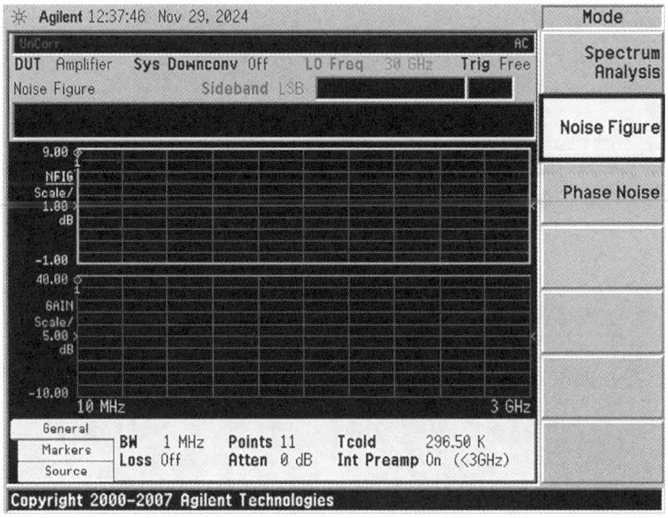

图 5-10　“Mode”模式列表(Noise Figure)

(3)选择测量功能。点击控制区域“MEASURE”按键，如图 5-11 所示。

在显示区域“Measure”列表中，选择“Noise Figure”功能，如图 5-12 所示。

(4)设置频率通道。点击控制区域“FREQUENCY Channel”按键，如图 5-13 所示。

图 5-11　频谱仪控制区域(“MEASURE”按键)

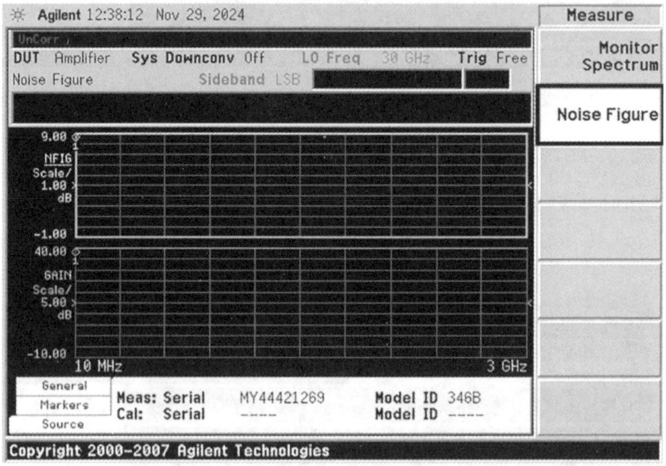

图 5-12　“Measure”功能列表(Noise Figure)

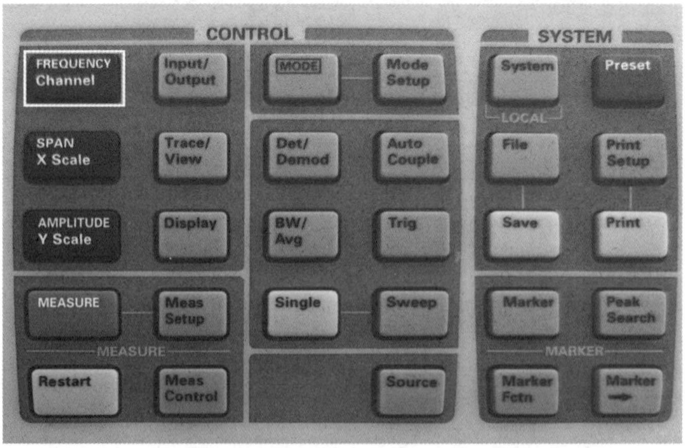

图 5-13　频谱仪控制区域(FREQUENCY Channel 按键)

在频谱仪屏幕显示区域“Frequency”列表中，选择 Freq Mode 设置(默认频率模式为 Sweep)，如图 5-14 所示。

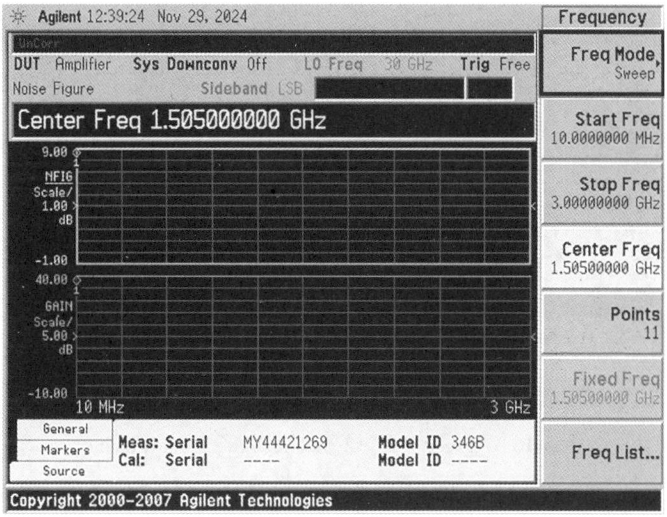

图 5-14　“Frequency”设置列表(Freq Mode Sweep)

在显示区域“Freq Mode”列表中，选择 Fixed 模式，如图 5-15 所示。

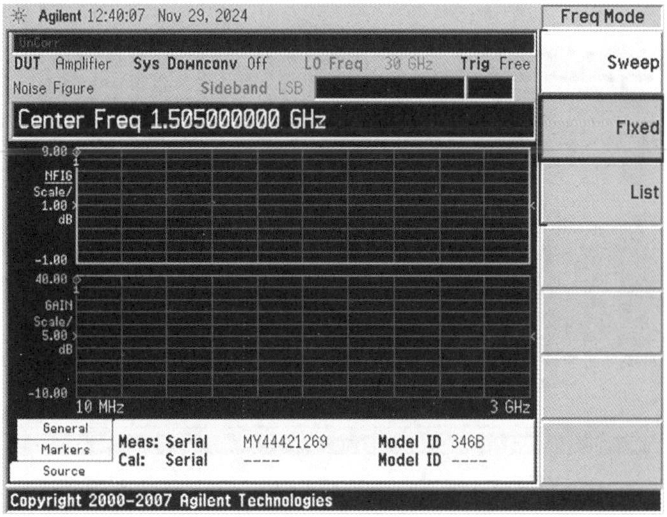

图 5-15　“Freq Mode”模式列表(Fixed)

此时，在显示区域“Frequency”列表中，Freq Mode 设置成 Fixed 频率模式，如图 5-16所示。

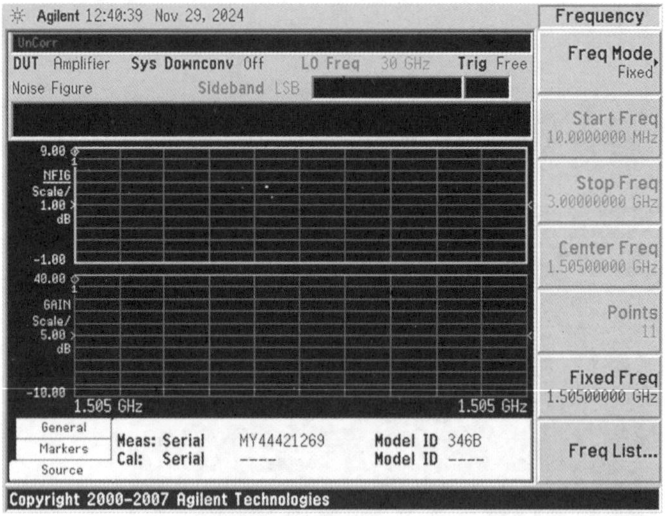

图 5-16 “Frequency”设置列表(Freq Mode Fixed)

在显示区域“Frequency”列表中，选择 Fixed Freq 设置(默认固定频率为 1. 505GHz)，如图 5-17 所示。

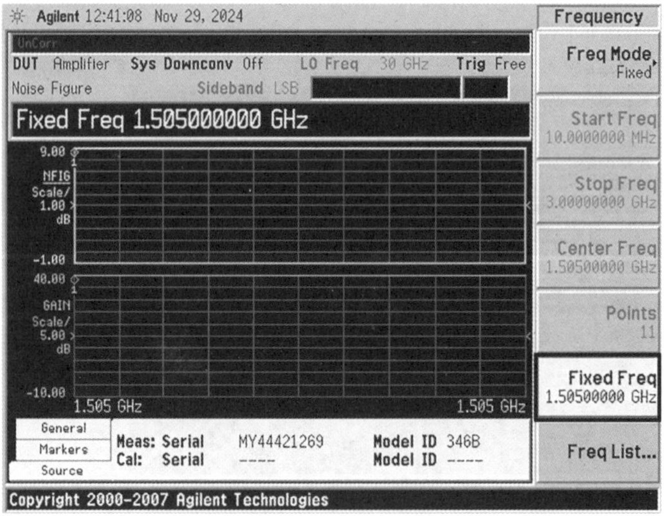

图 5-17 “Frequency”设置列表(Fixed Freq 1. 505GHz)

使用数字键盘输入雷达中心频率，点击屏幕右侧按键选择固定频率的单位(假设待测雷达中心频率为 2. 800GHz)，如图 5-18 所示。

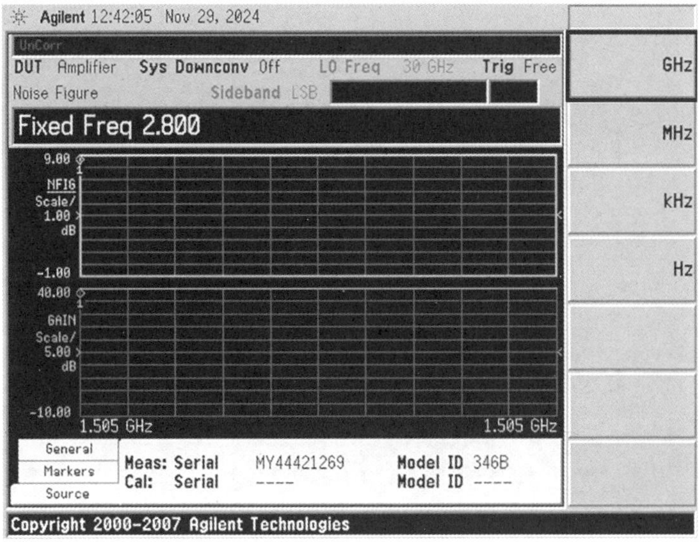

图 5-18　固定频率设置

此时，在显示区域“Frequency”列表中，Fixed Freq 设置成 2.800GHz 固定频率，如图 5-19 所示。

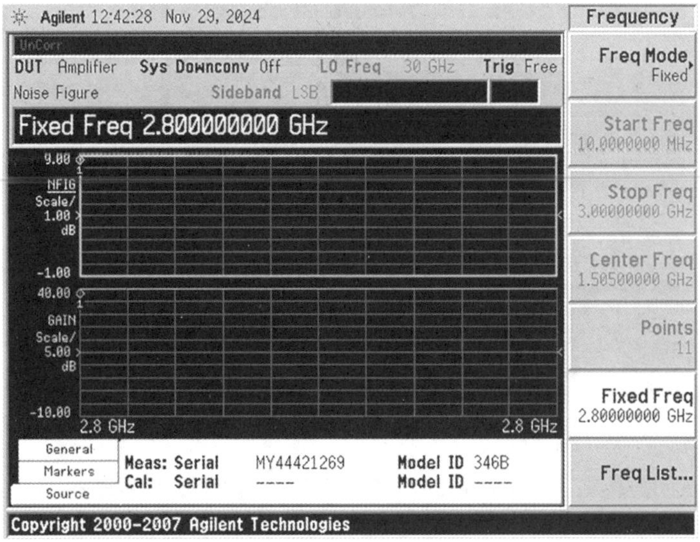

图 5-19　“Frequency”设置列表(Fixed Freq 2.800GHz)

(5)设置 DUT 单元。点击频谱仪控制区域“Mode Setup”按键，如图 5-20 所示。

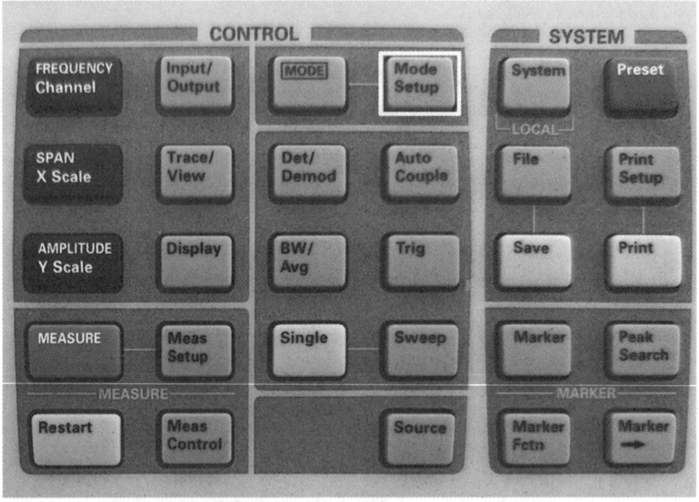

图 5-20　频谱仪控制区域(Mode Setup 按键)

在频谱仪屏幕显示区域“Mode Setup”列表中，选择 DUT Setup 设置，如图 5-21 所示。

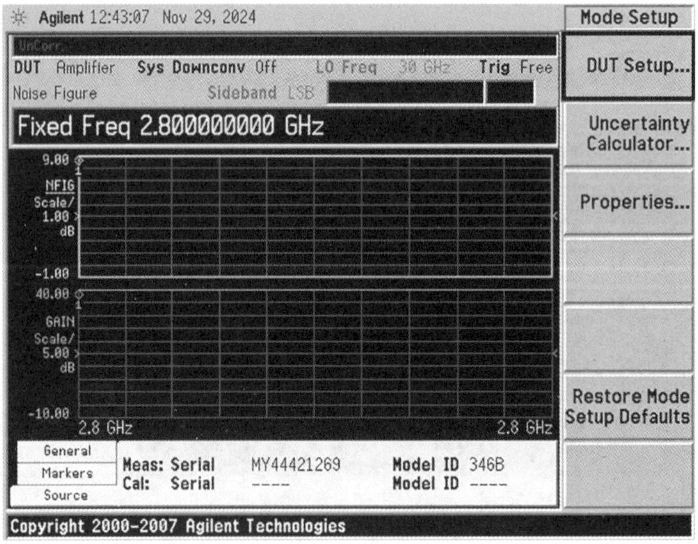

图 5-21　“Mode Setup”设置列表(DUT Setup)

在显示区域“DUT”列表中，选择 DownConv 设置(默认设置为 Amplifier)，如图 5-22所示。

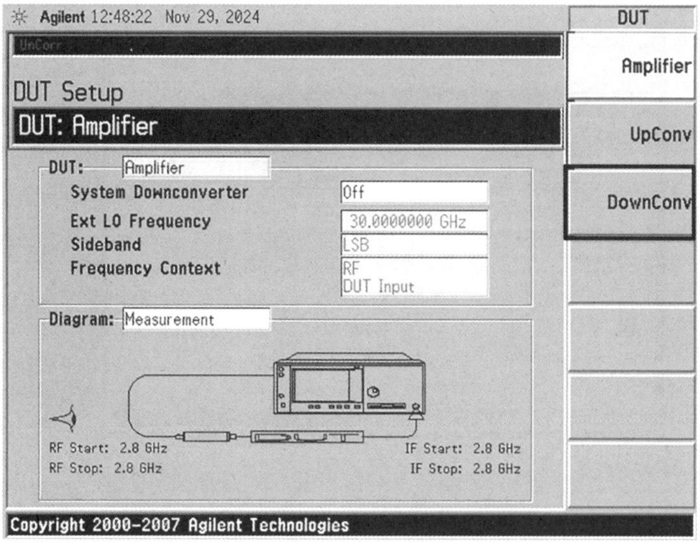

图 5-22　“DUT”设置列表(Amplifier)

进入 DownConv 下变频设置界面，如图 5-23 所示。

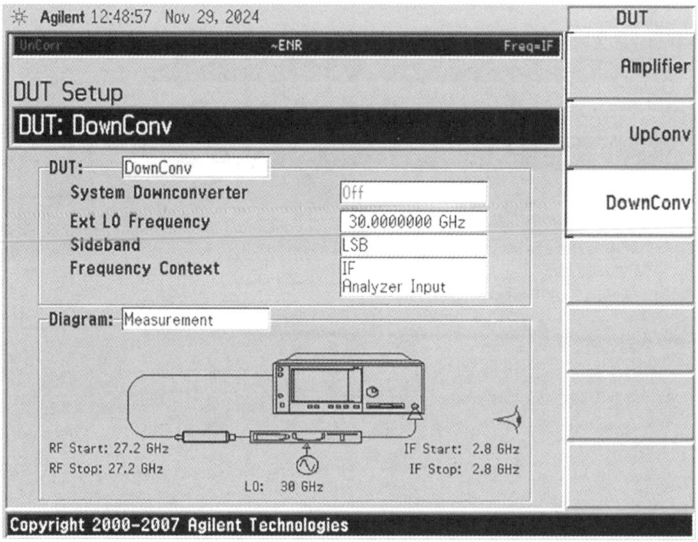

图 5-23　“DUT”设置列表(DownConv)

使用频谱仪“→”方向键将屏幕中设置框移至“Ext LO Frequency”数值输入栏，如图 5-24 所示。

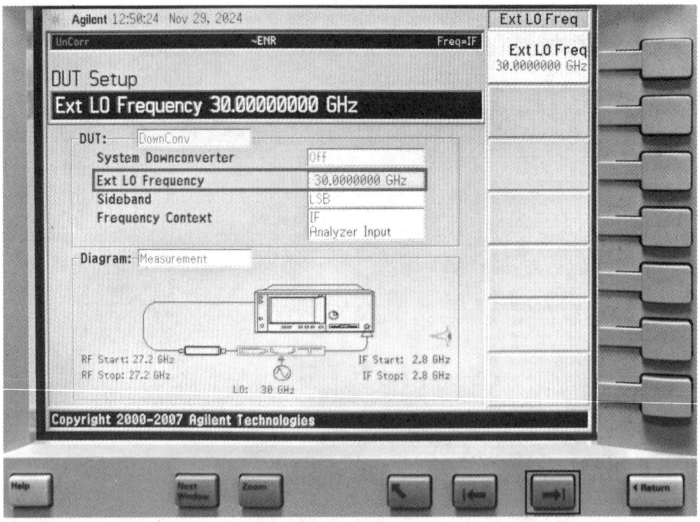

图 5-24　Ext LO Frequency 数值输入栏

使用数字键盘将 Ext LO Frequency 频率设置为雷达中心频率减去 57. 55MHz，点击屏幕右侧按键选择相应的频率单位，如图 5-25 所示。

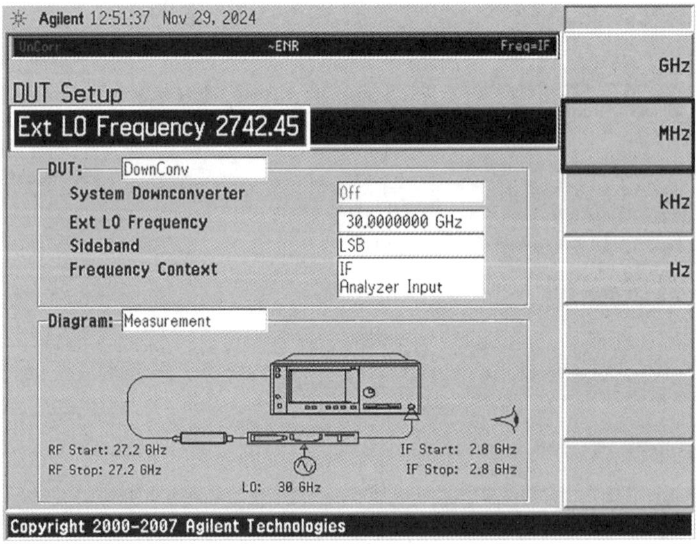

图 5-25　Ext LO Frequency 频率设置

假设待测雷达的中心频率为 2. 800GHz，则 Ext LO Frequency 频率应设置为 2. 800-0. 05755 = 2. 74245GHz，如图 5-26 所示。

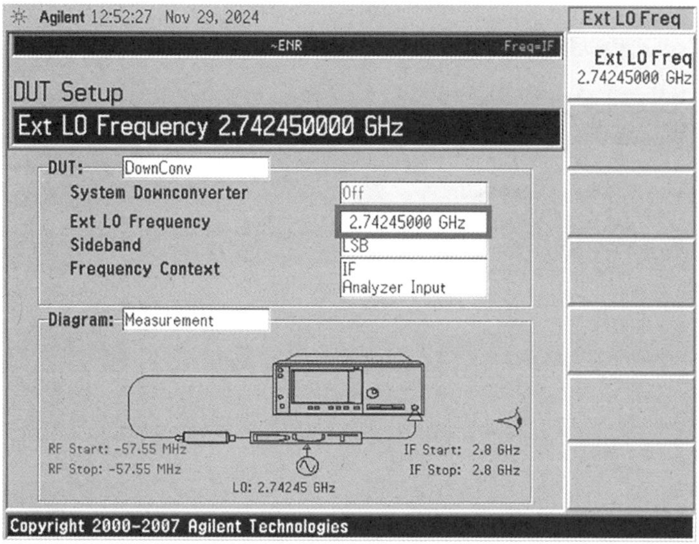

图 5-26　Ext LO Frequency 频率设置完成

使用频谱仪“→”方向键将屏幕中设置框移至“Sideband”模式选择栏，如图 5-27 所示。

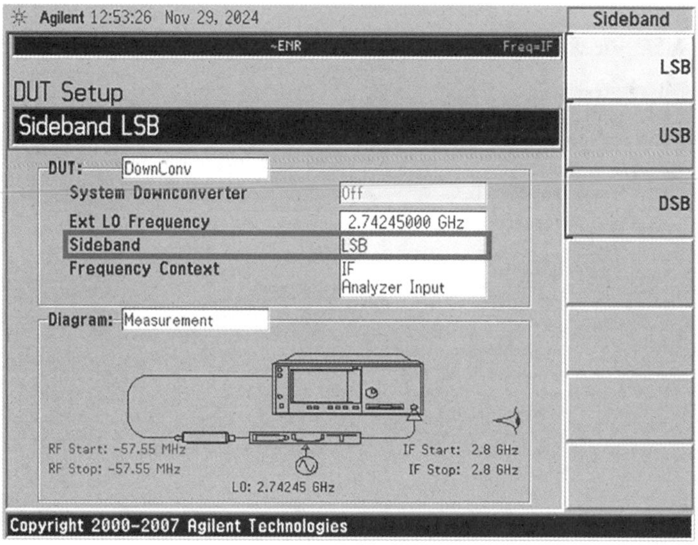

图 5-27　“Sideband”模式选择栏

在显示区域“Sideband”列表中，选择 USB 模式，如图 5-28 所示。

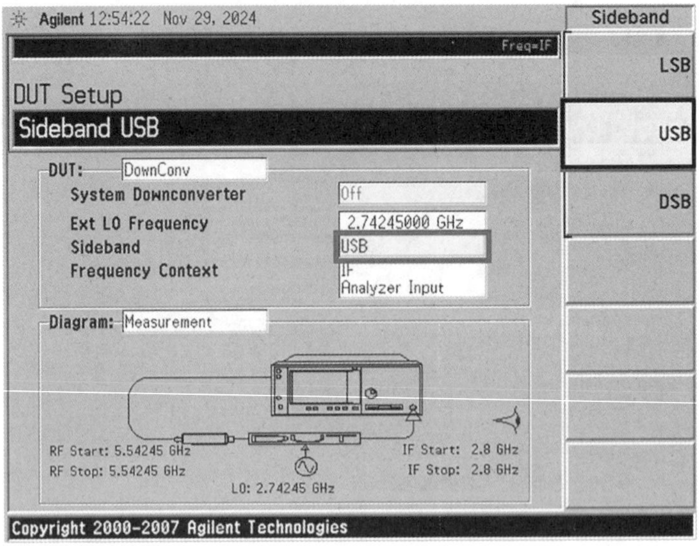

图 5-28 “Sideband”模式选择完成

使用频谱仪“→”方向键将屏幕中设置框移至“Frequency Context”选择栏，如图5-29所示。

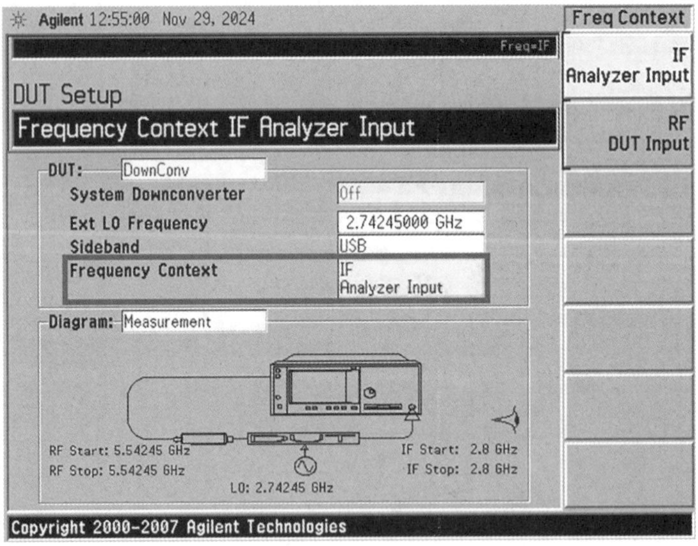

图 5-29 “Frequency Context”选择栏

在显示区域“Frequency Context”列表中，选择“RF DUT Input”，如图 5-30 所示。

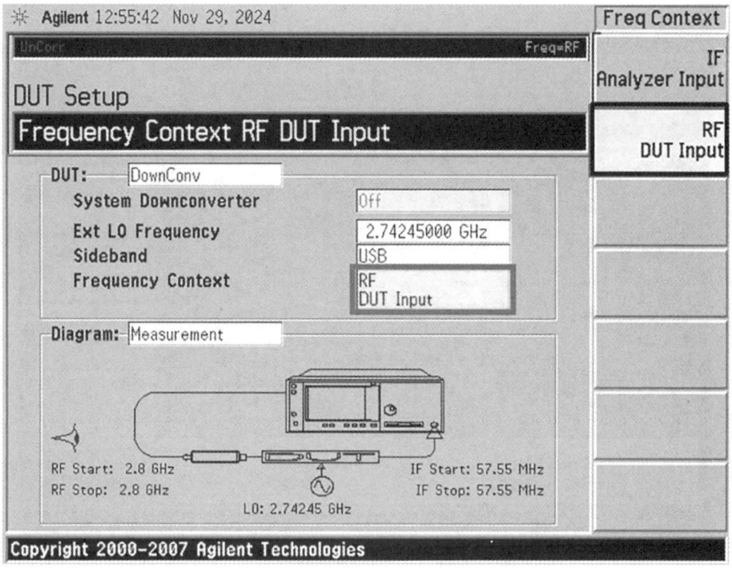

图 5-30　Frequency Context 选择完成

(6)设置测量校准信息。点击频谱仪控制区域“Meas Setup”按键，如图 5-31 所示。

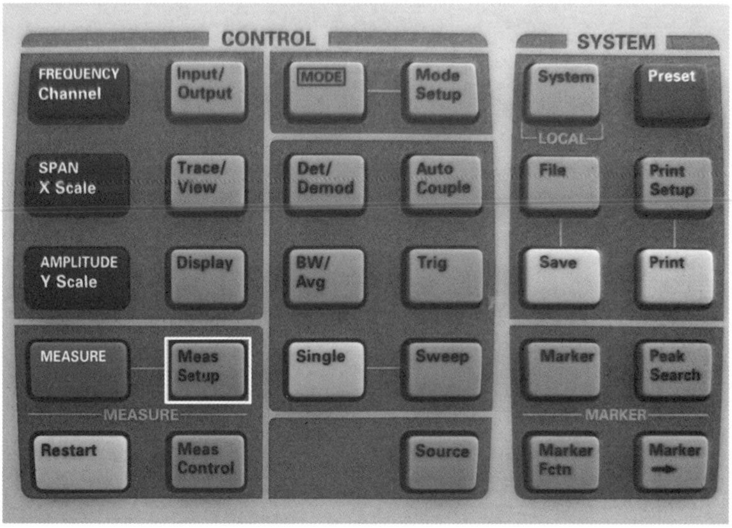

图 5-31　频谱仪控制区域(“Meas Setup”按键)

在频谱仪屏幕显示区域“Meas Setup”列表中，选择 ENR 设置，如图 5-32 所示。

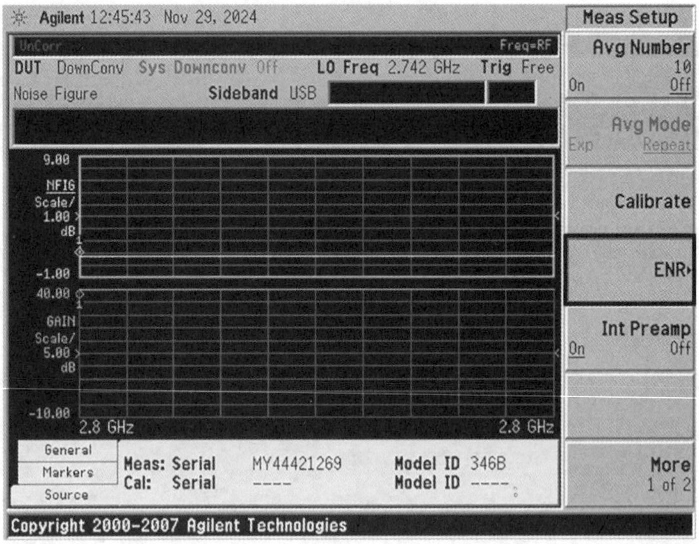

图 5-32 “Meas Setup”设置列表(ENR)

在显示区域“ENR”列表中，选择“Meas & Cal Table”设置，如图 5-33 所示。

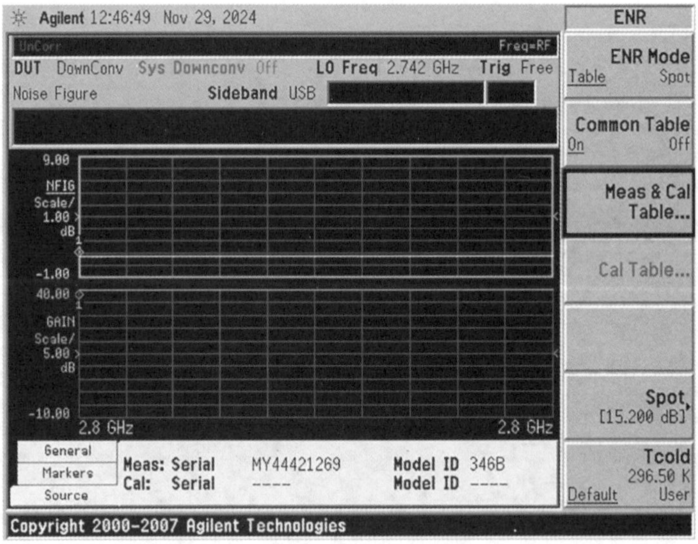

图 5-33 “ENR”设置列表(Meas & Cal Table)

使用显示区域“Alpha Editor”列表中的英文字母配合数字键盘，将噪声源 Serial、Model ID、Frequency、ENR Value 信息编辑录入 Meas & Cal Table，如图 5-34 所示。

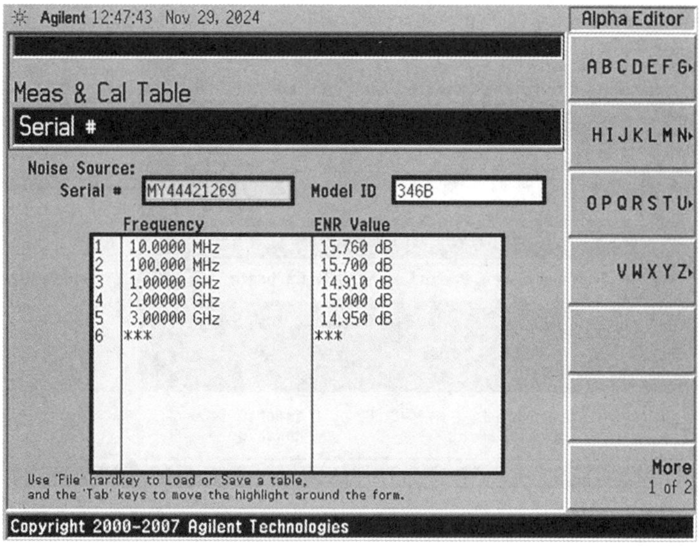

图 5-34　Meas & Cal Table 信息录入

(7)标校机外噪声源。再次点击频谱仪控制区域“Meas Setup”按键，屏幕显示区域返回“Meas Setup”列表，如图 5-35 所示。

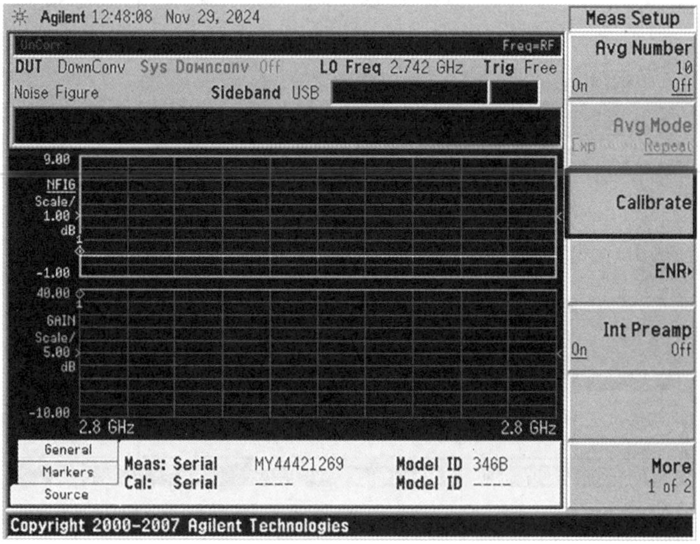

图 5-35　“Meas Setup”设置列表

在显示区域“Meas Setup”列表中，选择“Calibrate”功能，如图 5-36 所示。

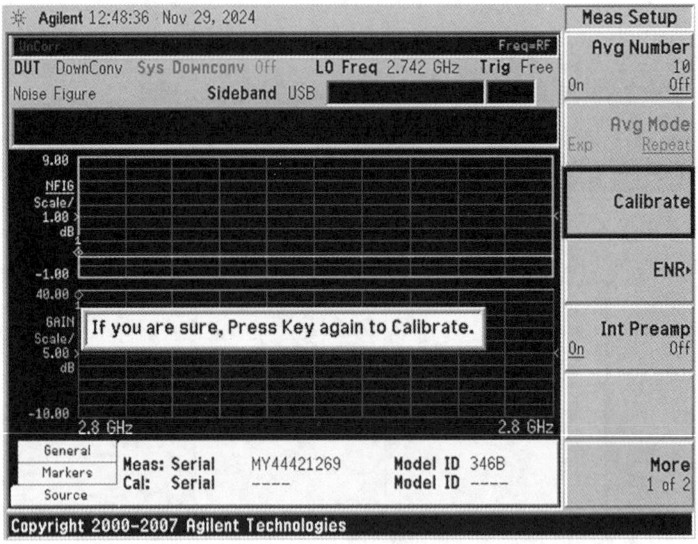

图 5-36 “Meas Setup”设置列表(Calibrate)

再次点击显示区域“Meas Setup”列表中的“Calibrate”功能，标校机外噪声源，如图 5-37 所示。

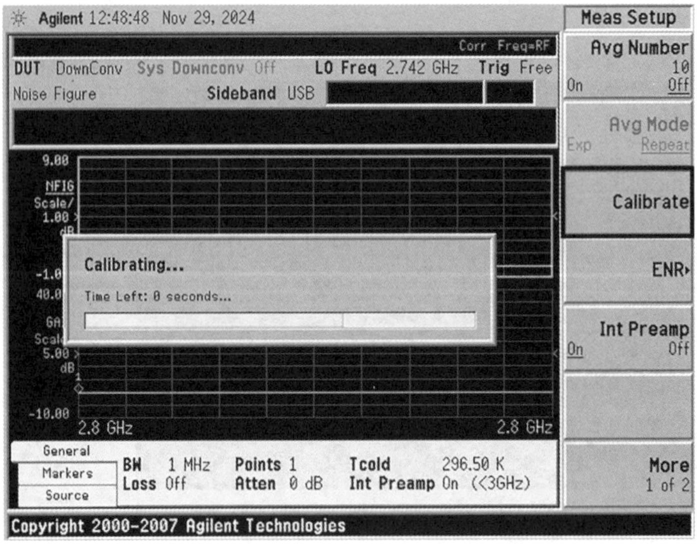

图 5-37 标校机外噪声源

(8)检查标校结果。点击控制区域“Trace/View”按键，如图 5-38 所示。

在显示区域“Meas View”列表中，选择“Meter”功能，如图 5-39 所示。

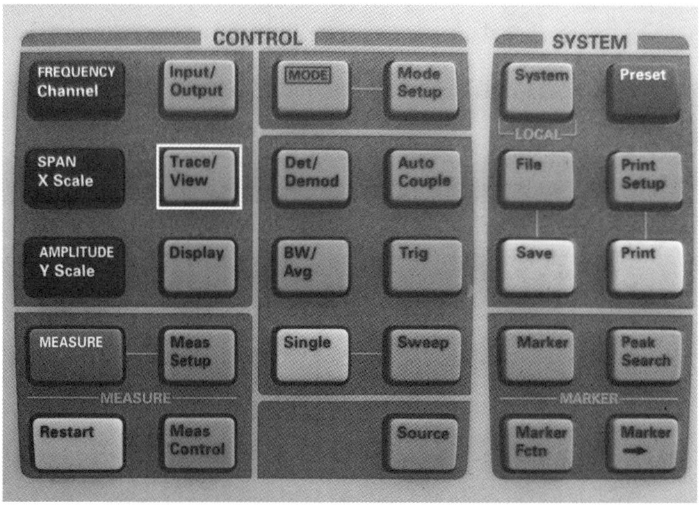

图 5-38　频谱仪控制区域(Trace/View 按键)

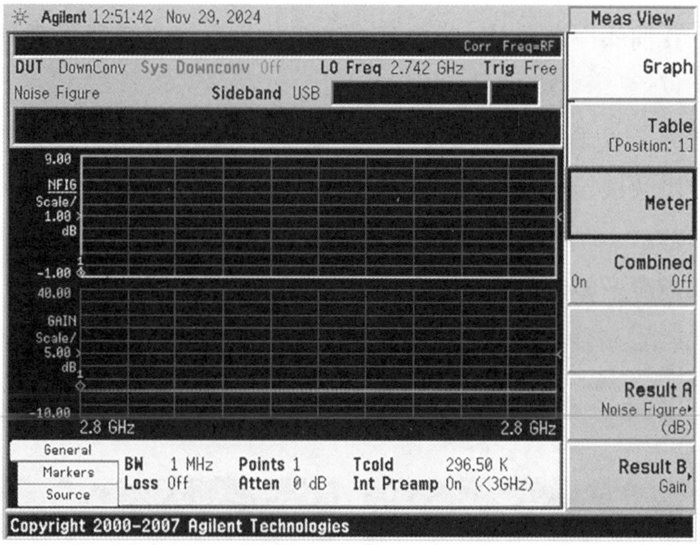

图 5-39　“Meas View”功能列表(Meter)

在频谱仪屏幕显示区域“Meter”结果界面中，检查机外噪声源标校结果，如图 5-40 所示。

5.3.4　机外噪声源测试 A/D 前噪声系数的方法与步骤

注意事项：

(1)测试机外噪声系数前，须先标校外接固态噪声源。

(2)使用外接固态噪声源时，超噪比 ENR 取值须与雷达工作频率对应。

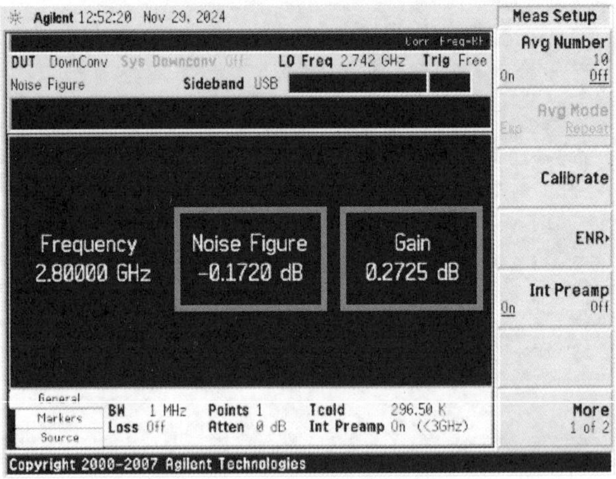

图 5-40　机外噪声源标校结果

(3)测试 A/D 前噪声系数时，接收机模拟输出端须加上信号处理器对应通道的衰减器再连接频谱仪。

机外噪声源测试 A/D 前噪声系数时，外接噪声源测试信号由接收通道前端低噪声放大器输入，使用频谱仪从接收机模拟输出端(混频放大器输出端)获取水平和垂直接收通道的噪声系数。

使用外接噪声源及频谱仪测试 A/D 前噪声系数的步骤如下：

(1)连接噪声源。将噪声源一端分别连接水平和垂直接收通道低噪声放大器输入端，如图 5-41 所示。

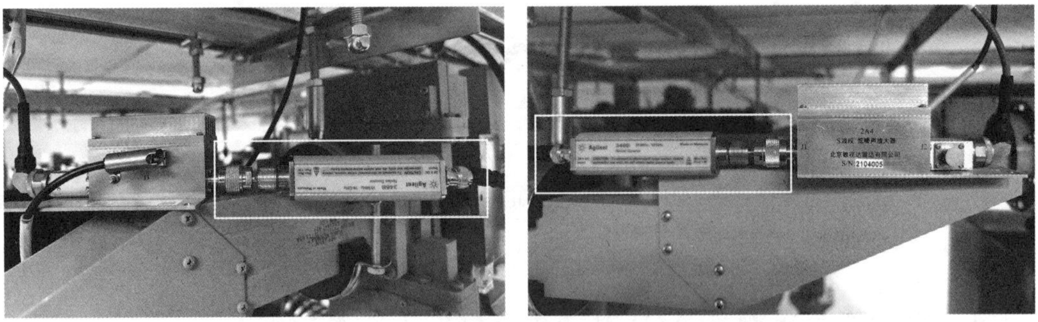

(a)水平通道连接方式　　　　(b)垂直通道连接方式

图 5-41　噪声源连接低噪声放大器

噪声源另一端通过 BNC 电缆连接频谱仪背面 NOISE SOURCE DRIVE OUT +28V

(PULSED)输出端，如图 5-7(b)所示。

(2)连接频谱仪。断开信号处理器 IF-H(水平接收通道)、IF-V(垂直接收通道)端口连接，通过 SMA 射频线缆分别将接收机水平和垂直通道模拟输出端连接频谱仪 RF Input 输入端，如图 5-42 所示。

(a)水平通道模拟输出端连接方式　　(b)信号处理器水平与垂直通道接收端

图 5-42　接收通道模拟输出端连接示意图

(3)设置频谱仪。按照 5.3.3 小节标校步骤中的第(2)步操作，选择 Noise Figure 模式，如图 5-43 所示。

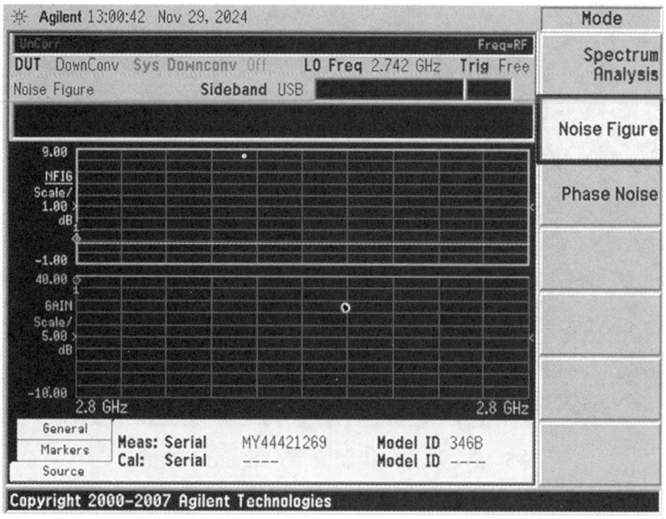

图 5-43　Noise Figure 模式(A/D 前)

参照 5.3.3 小节标校步骤中的第(3)步操作，选择“Monitor Spectrum”功能，如图

5-44所示。

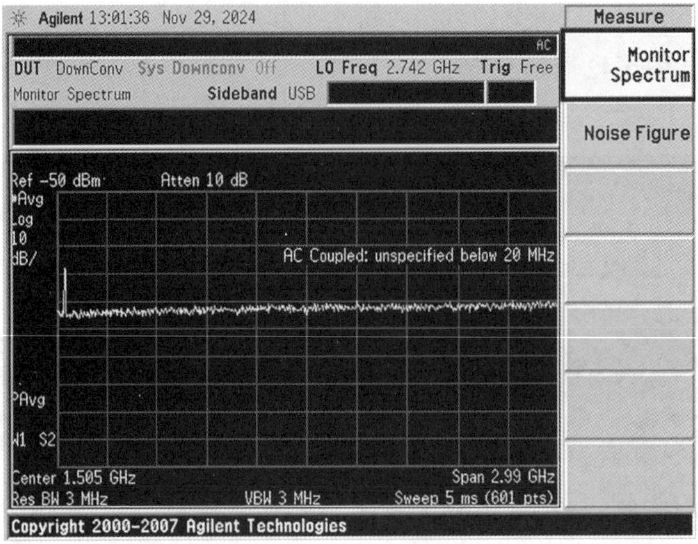

图 5-44 "Monitor Spectrum"功能(A/D 前)

(4)控制噪声源。点击控制区域"Source"按键，如图 5-45 所示。

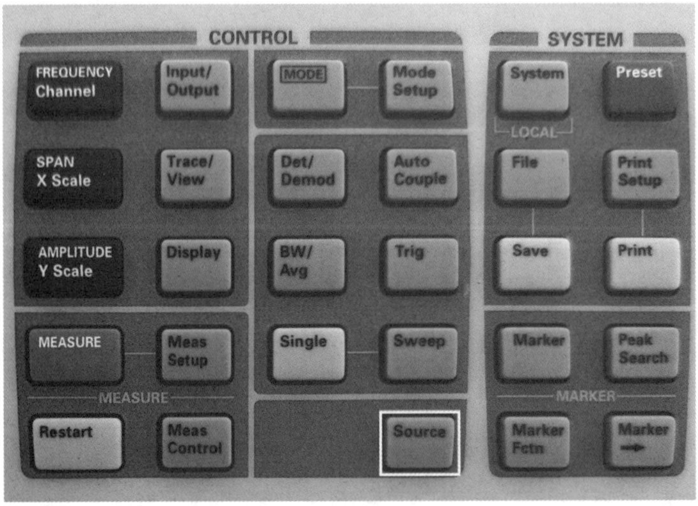

图 5-45 频谱仪控制区域("Source"按键)

频谱仪屏幕显示区域进入"Source"功能列表(Noise Source 默认状态为 Off)，如图 5-46 所示。

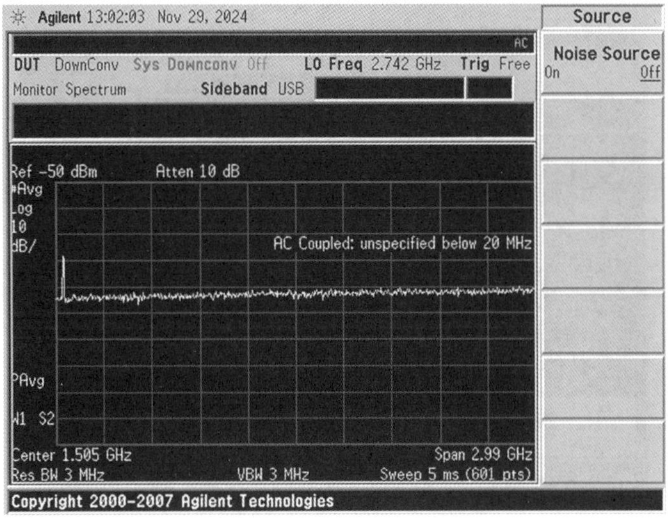

图 5-46　“Source”功能列表(Noise Source Off)

在显示区域“Source”列表中，将 Noise Source 状态选择为 On，如图 5-47 所示。

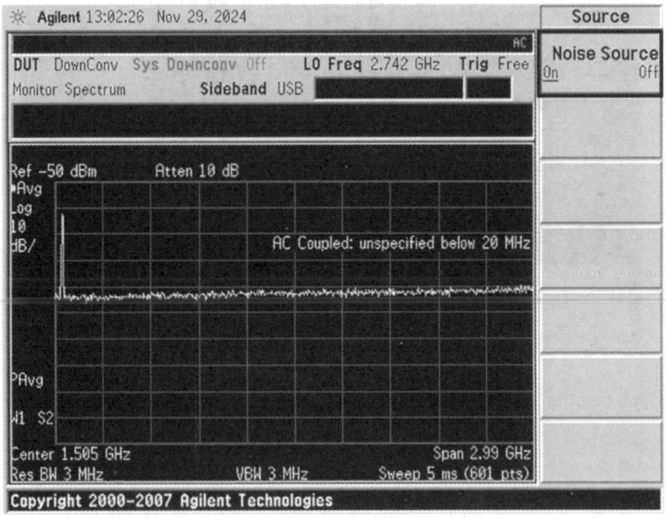

图 5-47　“Source”功能列表(Noise Source On)

(5)测试机外噪声系数。按照 5. 3. 3 小节标校步骤中的第(3)步操作，选择“Noise Figure”功能，如图 5-48 所示。

按照 5. 3. 3 小节标校步骤中的第(8)步操作，选择“Meter”功能，并在频谱仪屏幕显示区域“Meter”结果界面中，读取 A/D 前噪声系数(Noise Figure)测试值，如图 5-49 所示。

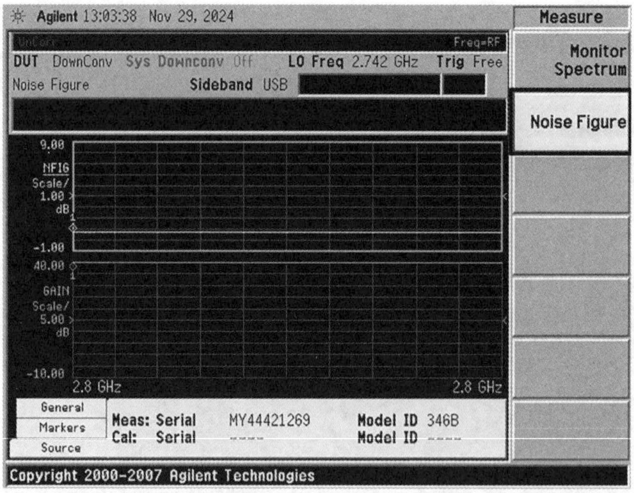

图 5-48　Noise Figure 测量功能

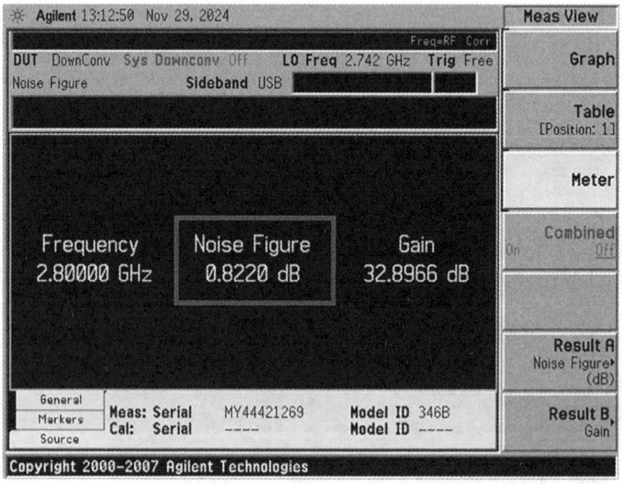

图 5-49　A/D 前噪声系数测试结果

5.3.5　机外噪声源测试 A/D 后噪声系数的方法与步骤

注意事项：

(1)使用外接固态噪声源时，超噪比 ENR 取值须与雷达工作频率对应。

(2)测试 A/D 后噪声系数时，须保证信号处理器处于雷达正常工作状态的连接方式。

机外噪声源测试 A/D 后噪声系数时，外接噪声源测试信号由接收通道前端低噪声放大器输入，使用 RDASOT 软件从接收系统输出端获取水平和垂直接收通道的噪声系数。

使用外接噪声源、频谱仪及 RDASOT 软件测试 A/D 后噪声系数的步骤如下：

(1)连接噪声源。将噪声源一端分别连接水平和垂直接收通道低噪声放大器输入端，如图 5-38 所示；另一端通过 BNC 电缆连接频谱仪背面 NOISE SOURCE DRIVE OUT +28V(PULSED)输出端，如图 5-7(b)所示。

(2)选择测试模块。按照 3. 3. 2 小节测试步骤中的第(1)步操作，进入 RDASOT 软件界面，选择噪声系数模块，如图 5-50 所示。

图 5-50　RDASOT 软件主界面(选择噪声系数模块)

(3)设置频谱仪。按照 5. 3. 3 小节标校步骤中的第(2)步操作，选择“Noise Figure”模式，如图 5-51 所示。

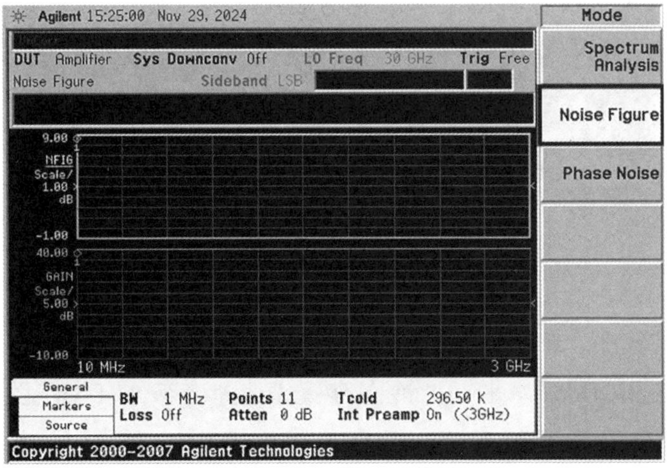

图 5-51　“Noise Figure”模式(A/D 后)

参照 5. 3. 3 小节标校步骤中的第(3)步操作，选择“Monitor Spectrum”功能，如图 5-52所示。

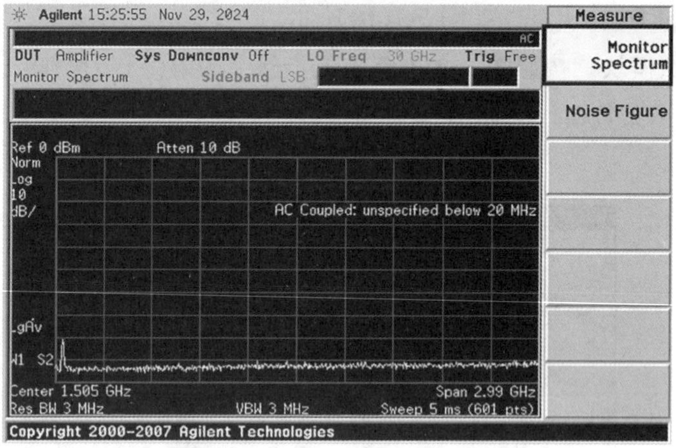

图 5-52 “Monitor Spectrum”功能(A/D 后)

按照 5. 3. 4 小节测试步骤中的第(4)步操作，选择 Noise Source 状态为 Off，如图 5-53所示。

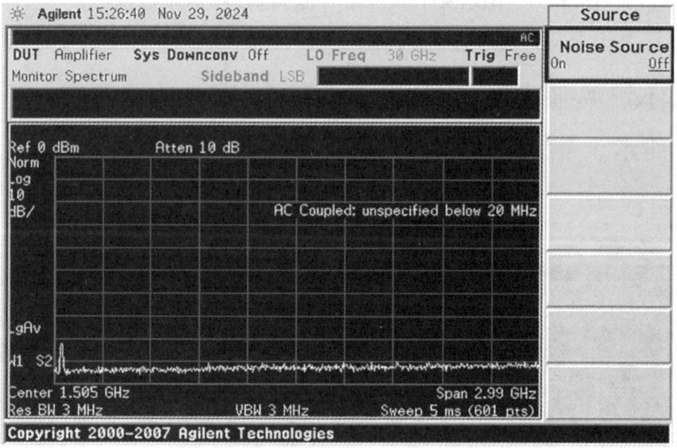

图 5-53 噪声源关闭

(4)设置测试软件。在 RDASOT 软件噪声系数控制子界面中，“机内/机外”选择机外，“接收通道”选取 Hori(水平)，“冷态/热态”选择冷态，“ENR”设置为待测雷达中心频率对应的机外噪声源超噪比，循环次数设置为 5 次，“脉冲宽度”分别选用 1. 57μs、4. 70μs 进行冷态测试，如图 5-54 所示。

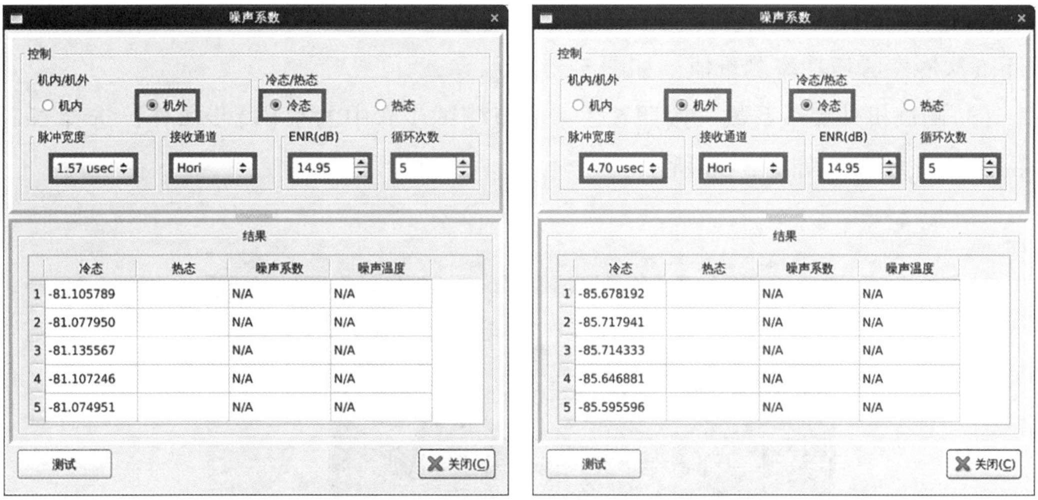

(a)机外窄脉冲信号　　(b)机外宽脉冲信号

图 5-54　水平接收通道机外噪声系数冷态测试

点击“测试”按键，从噪声系数结果子界面中获取水平接收通道在不同脉冲宽度模式下 5 次冷态噪声功率测量值，如图 5-54 所示。

在 RDASOT 软件噪声系数控制子界面中，“机内/机外”选择机外，“接收通道”选取 Vert(垂直)，“冷态/热态”选择冷态，“ENR”设置为待测雷达中心频率对应的机外噪声源超噪比，循环次数设置为 5 次，“脉冲宽度”分别选用 1.57μs、4.70μs 进行冷态测试，如图 5-55 所示。

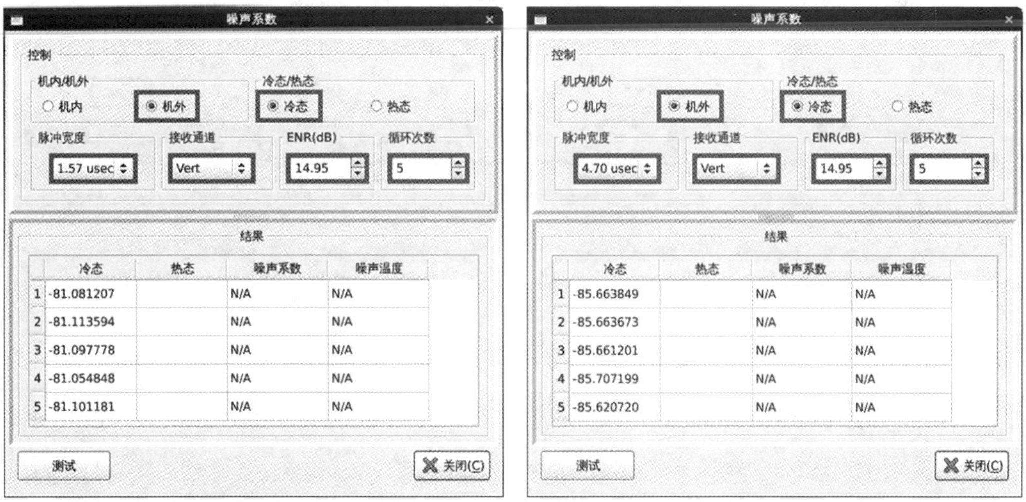

(a)机外窄脉冲信号　　(b)机外宽脉冲信号

图 5-55　垂直接收通道机外噪声系数冷态测试

点击“测试”按键，从噪声系数结果子界面中获取垂直接收通道在不同脉冲宽度模式下 5 次冷态噪声功率测量值，如图 5-55 所示。

(5)测试机外噪声系数。按照 5.3.4 小节测试步骤中的第(4)步操作，选择 Noise Source 状态为 On，如图 5-56 所示。

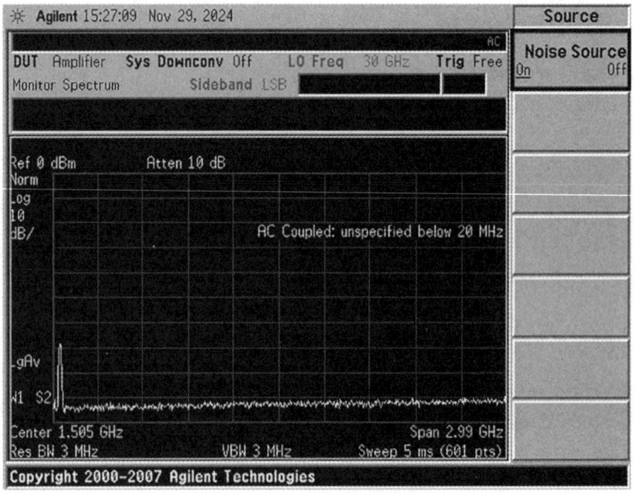

图 5-56　噪声源开启

在 RDASOT 软件噪声系数控制子界面中，切换“冷态/热态”为热态。如图 5-57 所示。

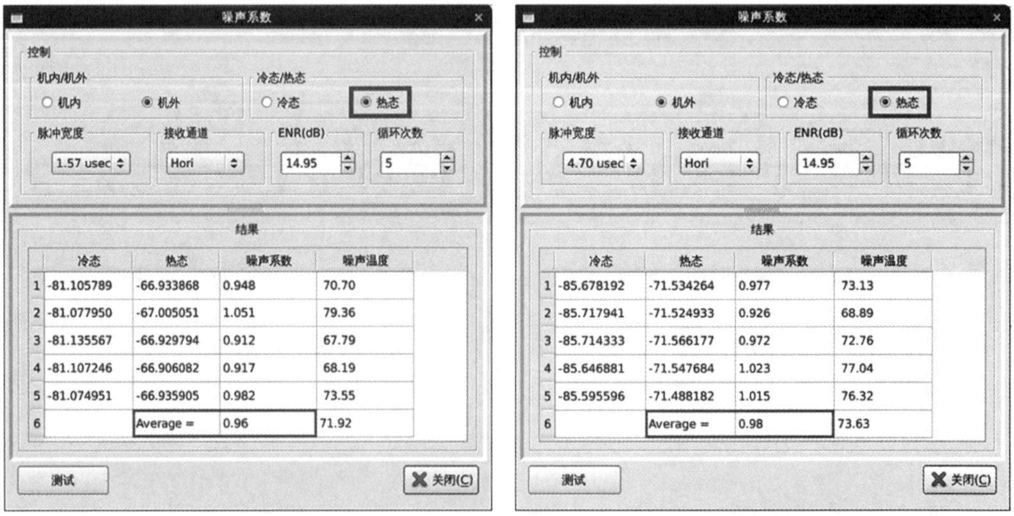

(a)机外窄脉冲信号　　(b)机外宽脉冲信号

图 5-57　水平接收通道机外噪声系数热态测试

点击“测试”按键，从噪声系数结果子界面中获取垂直接收通道在不同脉冲宽度模式下 5 次热态噪声功率测量值、噪声系数测量值，以及噪声系数的平均值，如图 5-58 所示。

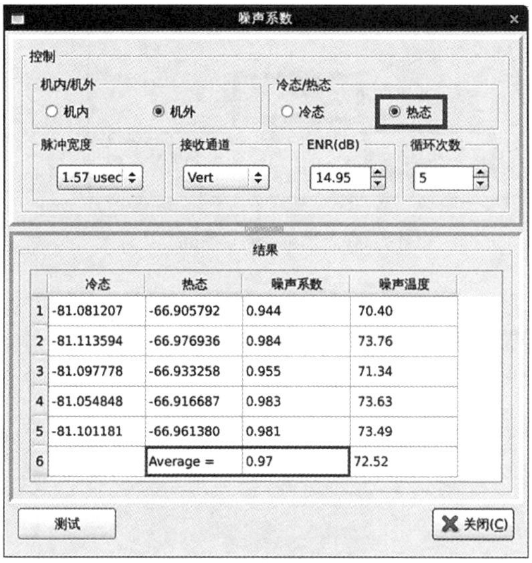

(a)机外窄脉冲信号

(b)机外宽脉冲信号

图 5-58　垂直接收通道机外噪声系数热态测试

(6)在相同脉冲宽度模式下，计算水平接收通道与垂直接收通道噪声系数的差值，以及相同接收通道机内与机外噪声系数的差值。

5.3.6　标校方法

当机外噪声系数测试结果符合技术指标要求，但机内双通道噪声系数差值、机内与机外噪声系数差值不符合技术指标要求时，应标校机内噪声系数。

使用 RCW 软件标校机内噪声系数的步骤如下：

(1)按照 4.3.2 小节测试步骤中的第(1)至(3)步顺序操作，进入 RCW 软件界面。

(2)选择菜单栏中的“适配数据”功能选项，进入适配数据控制界面，点击“密码”按键，如图 5-59 所示。

在弹出框内输入密码，点击“确定”按键，如图 5-60 所示。

软件返回适配数据控制界面，点击“查看/修改”按键，如图 5-61 所示。

查看并修改影响雷达性能的各分系统适配数据(若不输入密码，则只有查看权限，没有修改权限)，如图 5-62 所示。

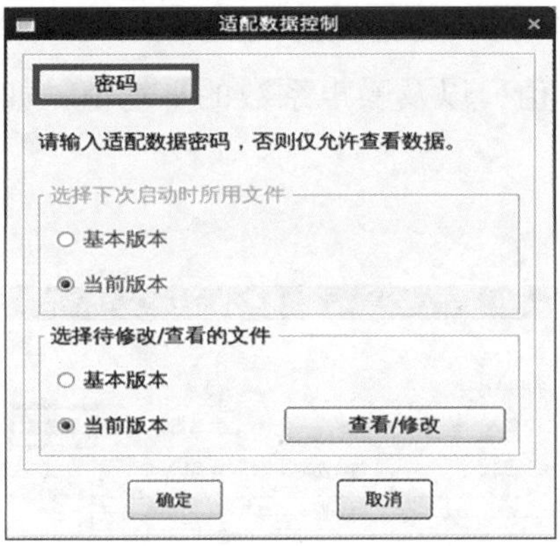

图 5-59　适配数据控制界面(密码)

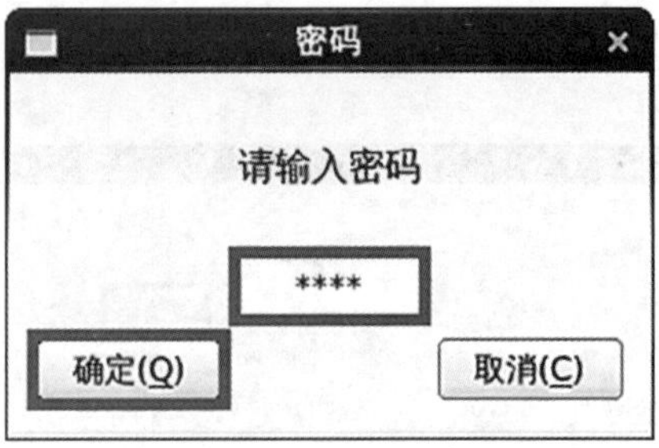

图 5-60　密码输入界面

图 5-61　适配数据控制界面(查看/修改)

图 5-62　RCW 软件适配数据界面(系统)

(3)选择“适配数据列表”栏中“接收机 2”，调整水平通道射频噪声测试信号路径损耗(R34)、垂直通道射频噪声测试信号路径损耗(R35)、噪声源测试信号在四位开关处的超噪比(R37)，如图 5-63 所示。

图 5-63　适配数据调整(噪声温度)

R34 调小(负号表示损耗，数值的绝对值为损耗大小)，水平通道噪声温度变高；R34 调大，水平通道噪声温度变低。R35 调小，垂直通道噪声温度变高；R35 调大，垂直通道噪声温度变低。更改 R37(RDASOT 软件噪声系数模块控制子界面 ENR)，可以同时调整机内水平和垂直通道的噪声温度。

(4)适配数据调整后，须删除系统标定文件(config/RDACALIB. dat)，重新进行机内标定。

当机外噪声系数测试结果不符合技术指标要求时，需要检查通道连接情况和各个器件性能是否达标。

5.4　线性动态范围

5.4.1　指标描述

线性动态范围表示接收系统线性工作时的输入信号强度变化范围。最小输入信号强度选取最小可测信号功率，最大输入信号强度则根据正常工作要求确定。当输入信号较强时，接收机会出现过载饱和现象，使较小的目标回波显著减小，甚至丢失。因此，接收系统应具备较大的动态范围，确保强弱信号都能正常接收。

5.4.2 机内信号源测试系统动态范围的方法与步骤

注意事项：

(1)在 RDASOT 软件参数设置模块中，信号源界面内的“信号源控制”复选框须保持未选中状态。

(2)动态范围测试之前，需确保接收机测试通道已完成标校。

机内动态范围测试使用内置信号源输出连续波测试信号，将该测试信号输入接收系统前端，从 RDASOT 软件中获取信号处理器输出数据(功率或反射率)。改变输入信号功率，测试接收系统输入输出线性动态特性。

使用 RDASOT 软件测试机内动态范围的步骤如下：

(1)按照图 5-64 所示的方式连接测试设备。

图 5-64　机内动态范围测试框图

(2)按照 3.3.2 小节测试步骤中的第(1)步操作，进入 RDASOT 软件界面，选择动态范围模块，如图 5-65 所示。

图 5-65　RDASOT 软件主界面(选择动态范围模块)

(3)在动态范围测试界面中，选项区域内选择“机内”，“脉冲宽度”分别选择 1.57μs 和 4.70μs，“极化方式”分别选择 Hori(水平)和 Vert(垂直)，“图表类型”选择 dB 或 dBZ，如图 5-66 所示。

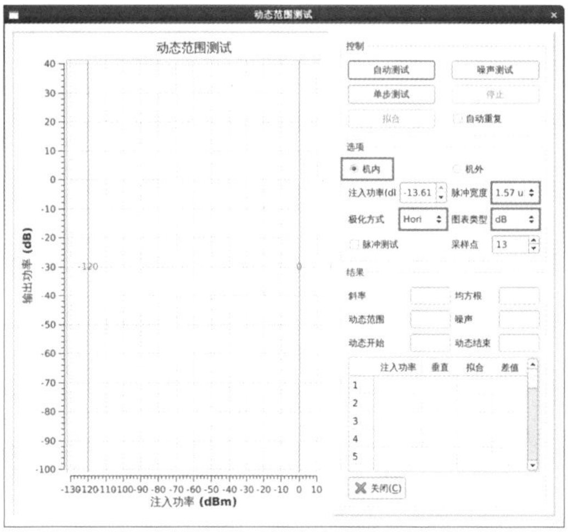

(a)水平极化

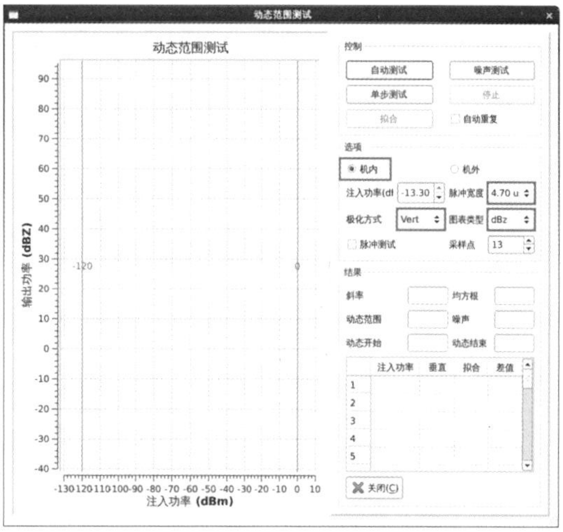

(b)垂直极化

图 5-66　动态范围测试设置界面(机内)

测试选项设置完成后，点击控制区域的“自动测试”按键，如图 5-67 所示。

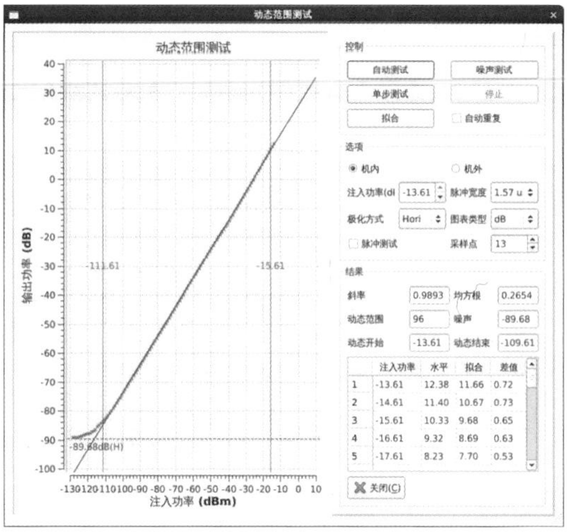

(a)水平极化 dB

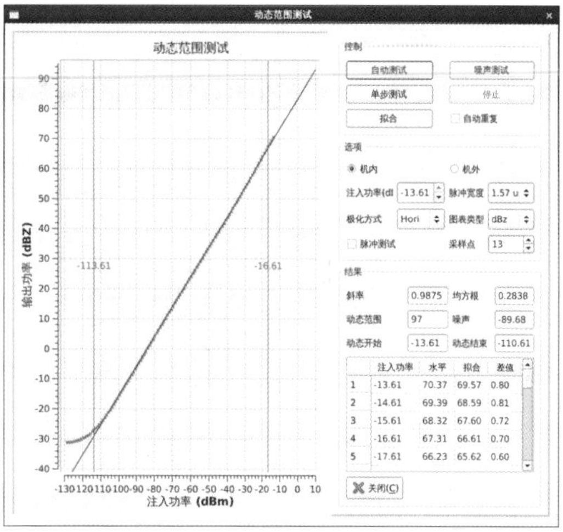

(b)水平极化 dBZ

图 5-67　机内动态范围测试结果(1.57μs)

通过机内信号源输出连续波测试信号(步进 1dB)，将该信号通过功分器分配为两路幅度相等、相位相同的信号输入水平和垂直接收通道。根据接收系统的输入输出数据，RDASOT 软件使用最小二乘法进行线性拟合，在不同脉冲宽度模式下，分别获取水平和垂直通道的输入输出信号功率实测曲线与拟合直线，如图 5-68 所示。

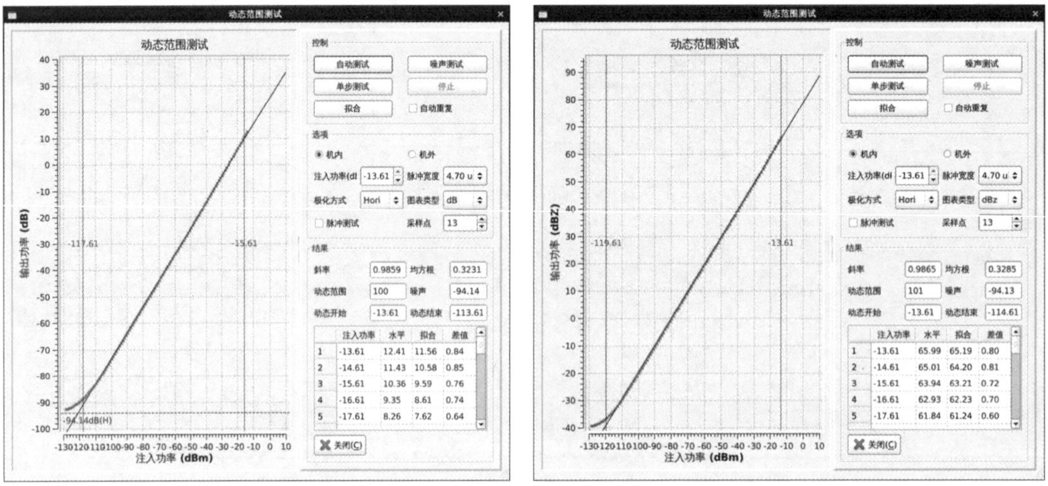

(a)水平极化 dB　　　　　　　　　　(b)水平极化 dBZ

图 5-68　机内动态范围测试结果(4. 70μs)

通过输入信号功率对应的实测曲线与拟合直线输出信号功率之比(≤1dB)确定 1dB 增益压缩点。该 1dB 增益压缩点为最大输入信号功率，最小输入信号功率为最小可测功率，如图 5-69 所示。

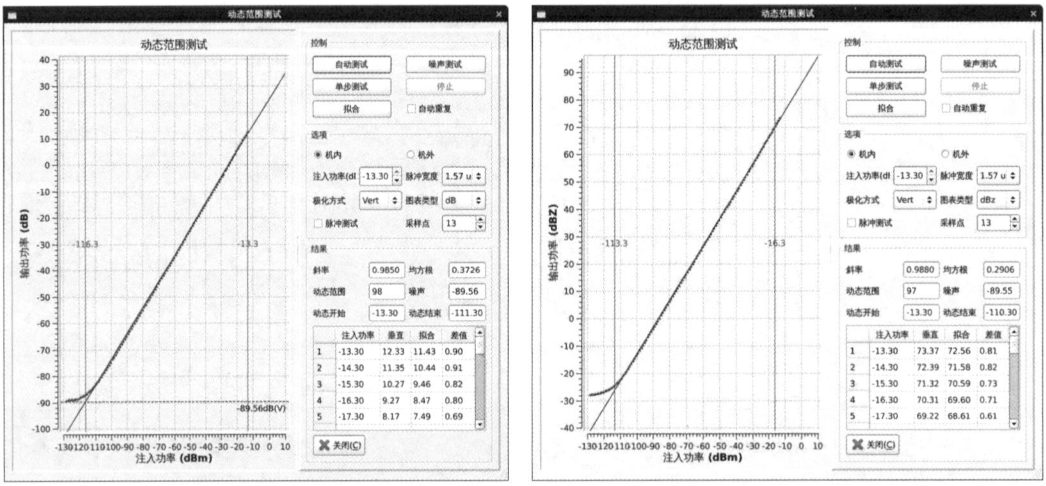

(a)垂直极化 dB　　　　　　　　　　(b)垂直极化 dBZ

图 5-69　机内动态范围测试结果(1. 57μs)

最大输入信号功率与最小输入信号功率的比值即为接收系统线性动态范围，如图 5-70 所示。

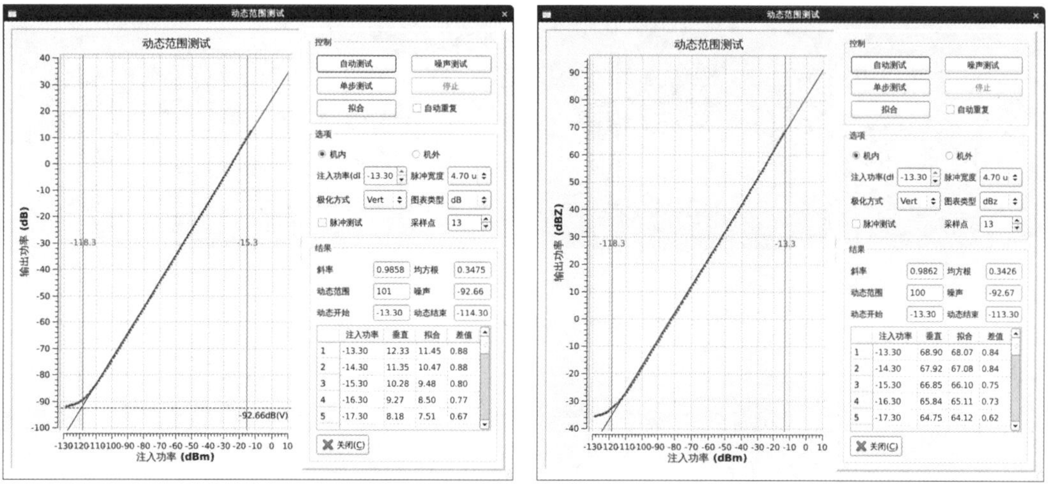

(a)垂直极化 dB　　　　(b)垂直极化 dBZ

图 5-70　机内动态范围测试结果(4. 70μs)

测试结果以文本文件(雷达站号_DynTestResult_YYYYMMDDHHMMSS. txt)保存于日志文件夹中。

5. 4. 3　机外信号源测试系统动态范围的方法与步骤

注意事项：动态范围测试之前，需确保接收机测试通道已完成标校。

机外动态范围测试使用外接信号源输出连续波测试信号，将该测试信号输入接收系统前端，从 RDASOT 软件中获取信号处理器输出数据(功率或反射率)。改变输入信号功率，测试接收系统输入输出线性动态特性。

使用外接信号源及 RDASOT 软件测试机外动态范围的步骤如下：

(1)按照图 5-71 所示的方式连接测试设备。

图 5-71　机外动态范围测试框图

通过射频测试电缆连接信号源 RF 输出端口与接收通道低噪声放大器输入端，如图 5-72 所示。使用网线连接信号源 LAN 端口与 RDA 计算机网络接口。

(a)水平通道连接方式　　　　(b)垂直通道连接方式

图 5-72　机外信号源连接低噪声放大器

(2)按照 3.3.2 小节测试步骤中的第(1)步操作，进入 RDASOT 软件界面，选择参数设置模块，如图 5-73 所示。

图 5-73　RDASOT 软件主界面(选择参数设置模块)

在参数设置模块信号源控制子界面中，选中“信号源控制”功能，选择需要控制的“信号源类型”，输入信号源“IP 地址”和“端口”，待测雷达“中心频率”，测试“电缆损耗”“取数延时”等信息，如图 5-74 所示。

(3)设置机外信号源 IP。点击信号源面板菜单区域“Utility”按键，如图 5-75 所示。

在屏幕中依次选择“GPIB/RS-232 LAN”→“LAN Setup”→“IP Address”，使用数字键盘输入 RDASOT 软件参数设置模块信号源控制子界面内的“IP 地址”(见图 5-74)，将机外信号源 IP 与 RDA 计算机 IP 设置为同一网段的不同地址，如图 5-76 所示。IP

地址设置完成之后，重启机外信号源。

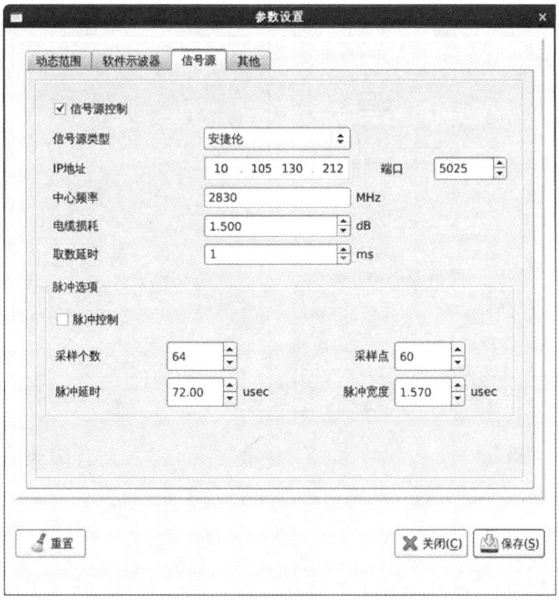

图 5-74　信号源控制设置

图 5-75　信号源面板按键(Utility)

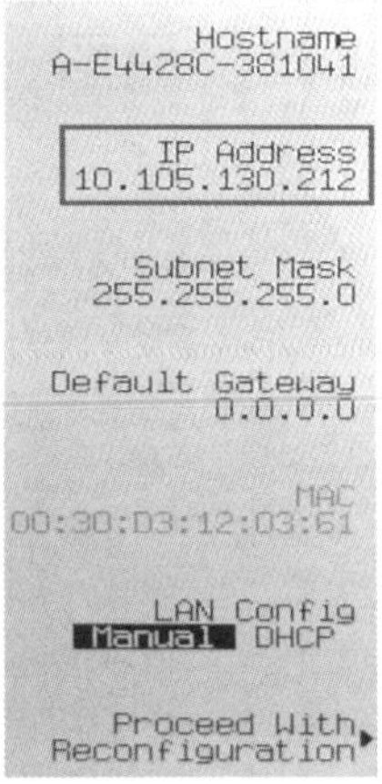

图 5-76　信号源 IP 地址设置

(4)按照 3. 3. 2 小节测试步骤中的第(1)步操作，进入 RDASOT 软件界面，选择动态范围模块，如图 5-65 所示。

(5)在动态范围测试界面中，选项区域内选择“机外”，“脉冲宽度”分别选择 1. 57μs 和 4. 70μs，“极化方式”对应测试通道连接方式选择 Hori(水平)、Vert(垂直)，“图表类型”选择 dB 或 dBZ，如图 5-77 所示。

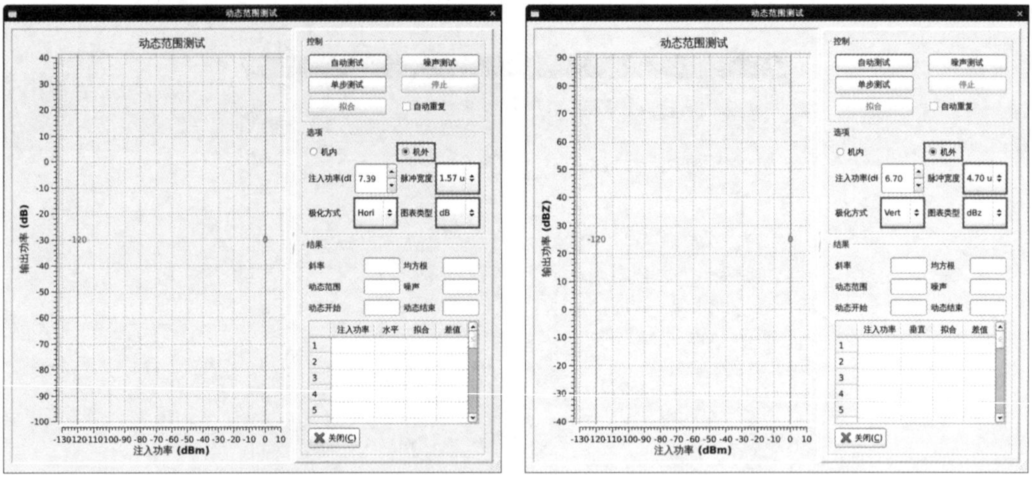

(a)水平极化　　　　(b)垂直极化

图 5-77　动态范围测试设置界面(机外)

测试选项设置完成后，点击控制区域的“自动测试”按键，如图 5-78 所示。

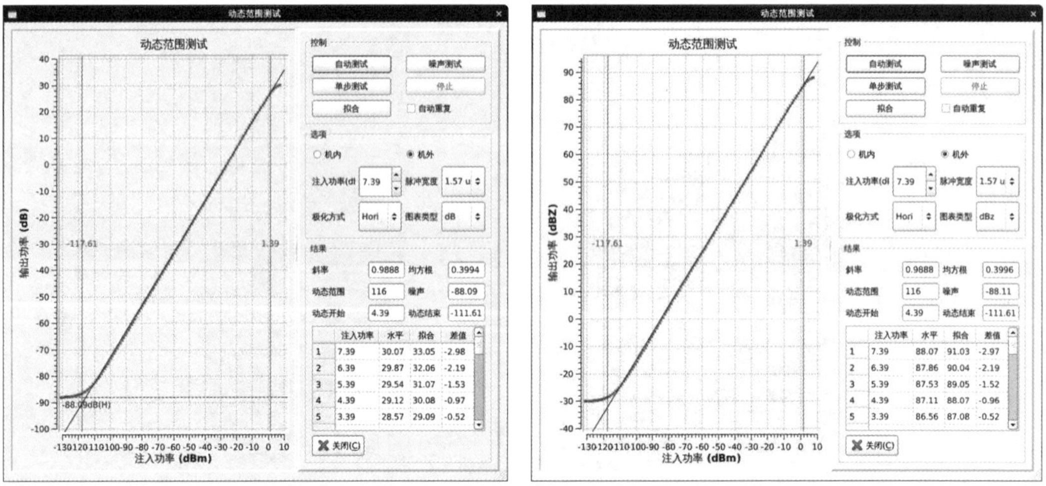

(a)水平极化 dB　　　　(b)水平极化 dBZ

图 5-78　机外动态范围测试结果(1.57μs)(水平极化)

使用机外信号源输出连续波测试信号(步进 1dB)，将该信号通过功分器分配为两路幅度相等、相位相同的信号输入水平和垂直接收通道。根据接收系统的输入输出数据，RDASOT 软件使用最小二乘法进行线性拟合，在不同脉冲宽度模式下，分别获取水平和垂直通道的输入输出信号功率实测曲线与拟合直线，如图 5-79 所示。

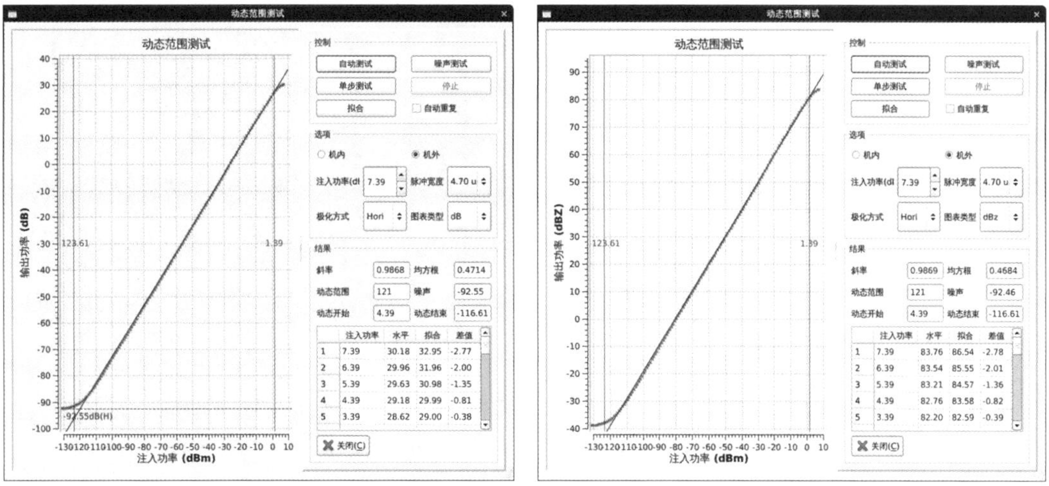

(a)水平极化 dB　　　　　　　　(b)水平极化 dBZ

图 5-79　机外动态范围测试结果(4.70μs)(水平极化)

通过输入信号功率对应的实测曲线与拟合直线输出信号功率之比(≤1dB)确定1dB 增益压缩点。该 1dB 增益压缩点为最大输入信号功率，最小输入信号功率为最小可测功率，如图 5-80 所示。

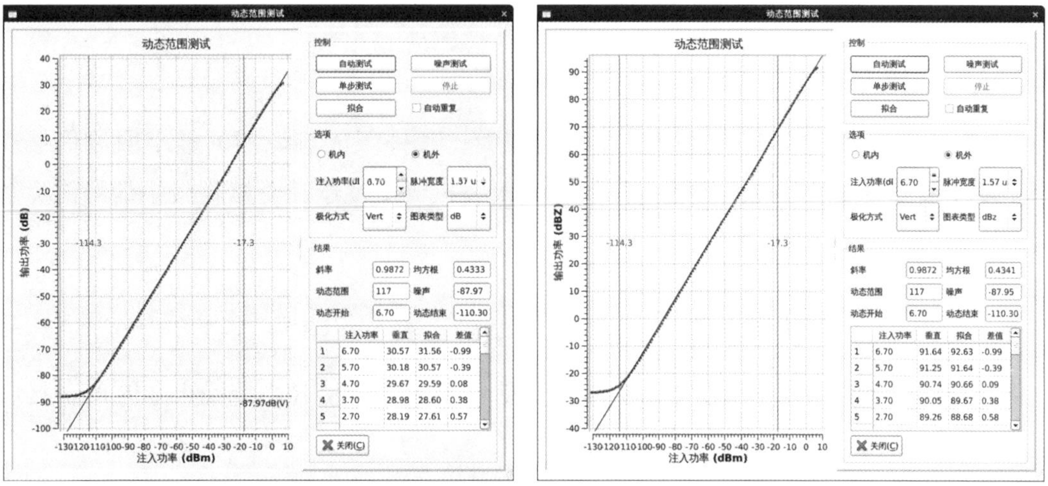

(a)垂直极化 dB　　　　　　　　(b)垂直极化 dBZ

图 5-80　机外动态范围测试结果(1.57μs)(垂直极化)

最大输入信号功率与最小输入信号功率的比值即为接收系统线性动态范围，如图 5-81 所示。

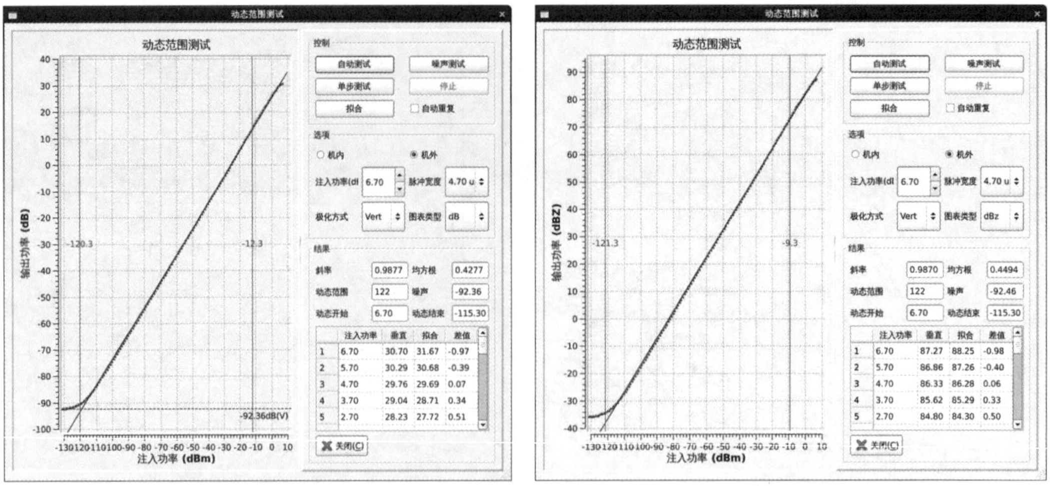

(a)垂直极化 dB　　　　(b)垂直极化 dBZ

图 5-81　机外动态范围测试结果(4.70μs)(垂直极化)

测试结果以文本文件(雷达站号_DynTestResult_YYYYMMDDHHMMSS.txt)保存于日志文件夹中。

5.5　最小可测功率(灵敏度)

5.5.1　指标描述

雷达最小可测功率是指接收机在特定信噪比条件下能够识别的最小回波信号功率，使用最小可测功率表示接收机灵敏度。接收机灵敏度越高，接收微小信号能力越强，雷达探测距离越远。

5.5.2　测试方法与步骤

调整接收系统输入信号功率，直至输出信号功率大于接收系统噪声 3dB 时，接收系统对应的输入信号功率为最小可测功率。

使用外接信号源及 RDASOT 软件测试最小可测功率的步骤如下：

(1)按照 5.4.3 小节测试步骤中的第(1)至(3)步顺序操作，连接并设置测试设备。

(2)按照 3.3.2 小节测试步骤中的第(1)步操作，进入 RDASOT 软件界面，选择灵敏度模块，如图 5-82 所示。

(3)在灵敏度测试界面中，测试方式选择“机外”，“脉冲宽度”分别选择 1.57μs 和 4.70μs，“接收通道”对应测试通道连接方式选择 Hori(水平)、Vert(垂直)，如图 5-83

所示。

图 5-82　RDASOT 软件主界面(选择灵敏度模块)

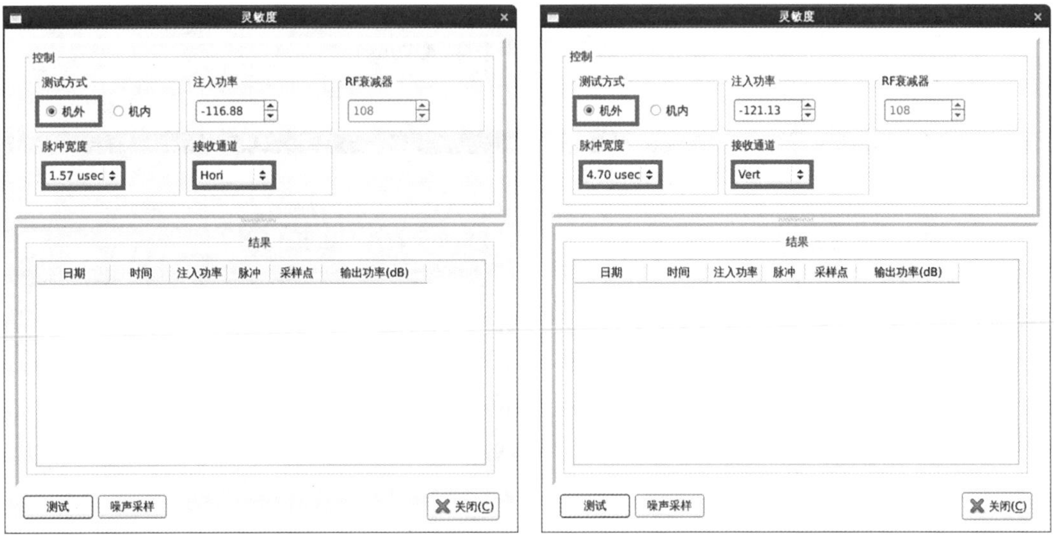

(a)水平通道　　　　(b)垂直通道

图 5-83　灵敏度测试界面设置(机外)

(4)测试选项设置完成后，首先点击“噪声采样”按键，设置机外信号源为无信号输出状态，在 RDASOT 软件中获取接收系统的噪声电平，如图 5-84 所示。

(5)在灵敏度测试界面中，调整控制区域“注入功率”，然后点击“测试”按键。设置机外信号源输出信号，将输出信号分别输入水平和垂直接收通道前端。逐渐增大输出信号功率，直至输出信号功率比噪声电平增大 3dB 时，接收系统对应的输入信号功率(注入功率)为最小可测功率，如图 5-85 所示。

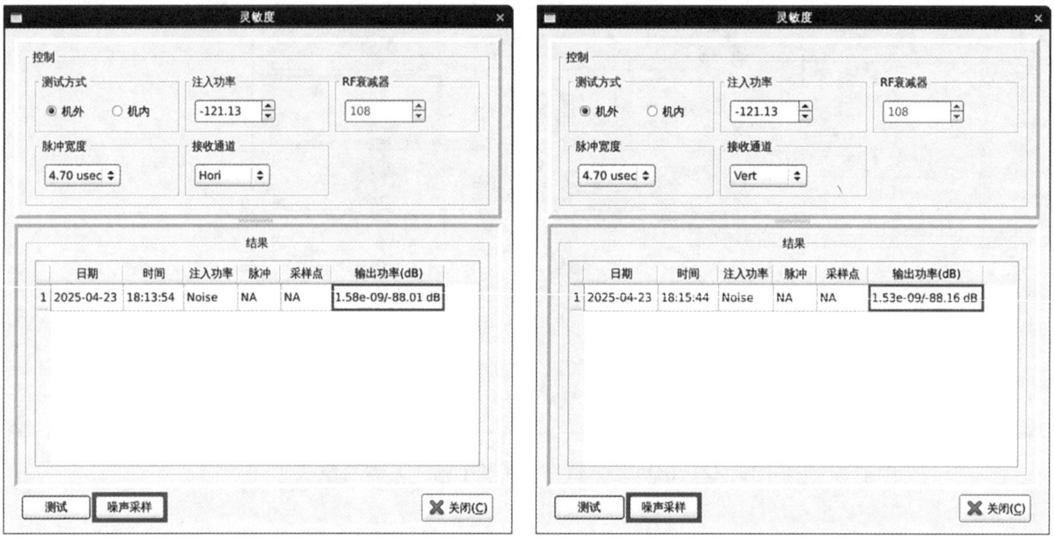

(a)水平通道　　(b)垂直通道

图 5-84　灵敏度噪声采样(4.70μs)

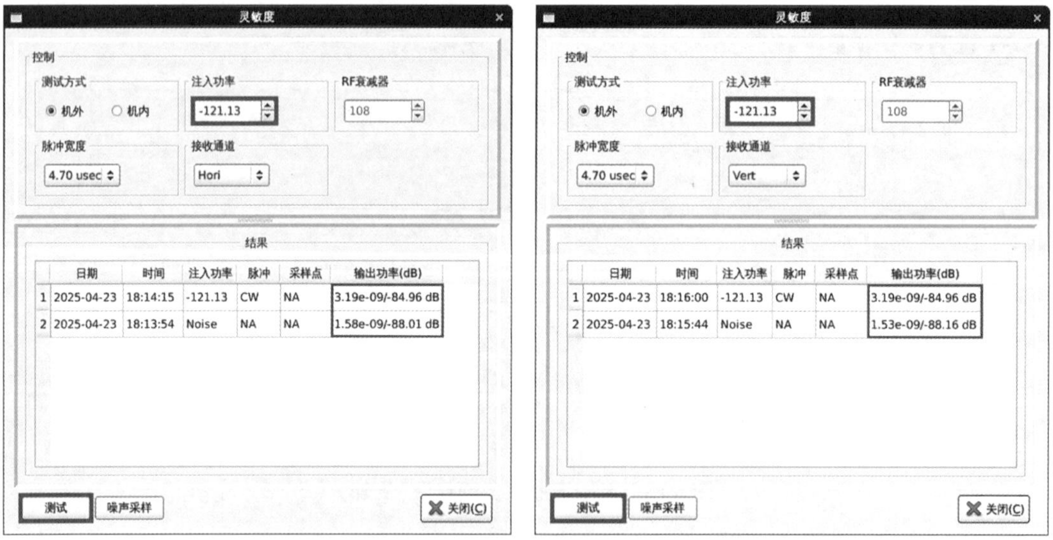

(a)水平通道　　(b)垂直通道

图 5-85　灵敏度测试结果(4.70μs)

从 RDASOT 软件中分别获取水平和垂直接收通道在不同脉冲宽度模式下的最小可测功率(灵敏度)，如图 5-86 所示。

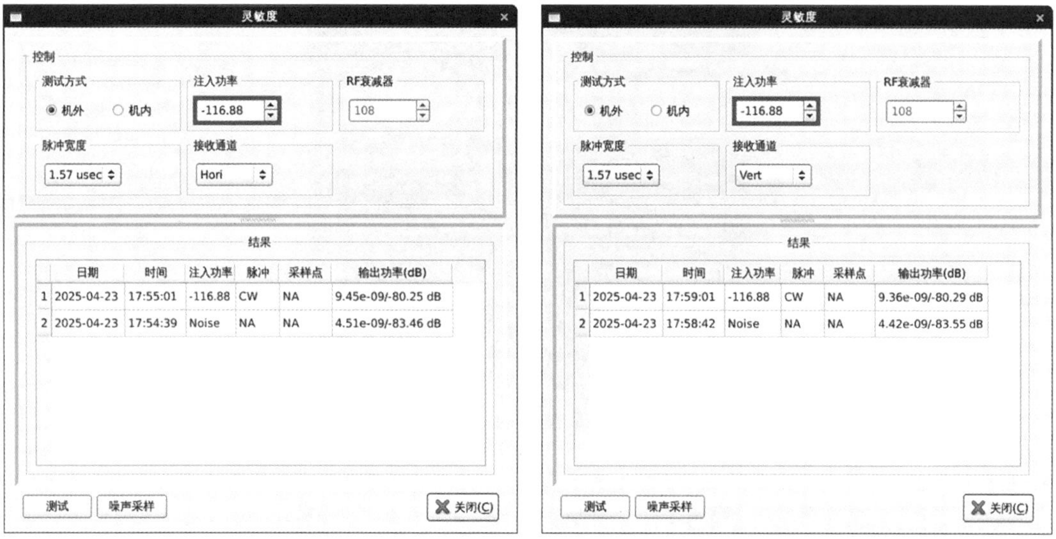

(a)水平通道　　(b)垂直通道

图 5-86　灵敏度测试结果(1.57μs)

5.6　中频信号带宽

5.6.1　指标描述

天气雷达中频信号带宽是指高频回波信号经过下变频处理后形成的中频信号频带宽度，属于接收系统信号处理链路中的关键参数。

5.6.2　测试方法与步骤

使用机外信号源输出中频信号，将该信号输入信号处理器，在不同脉冲宽度模式下测试中频信号带宽。

使用外接信号源及 RDASOT 软件测试中频信号带宽的步骤如下：

(1)按照图 5-87 所示的方式连接测试设备。

图 5-87　中频信号带宽测试框图

断开信号处理器 IF-H(水平接收通道)端口连接，通过射频测试电缆连接信号源 RF 输出端口与信号处理器 IF-H 输入端，如图 5-88 所示。

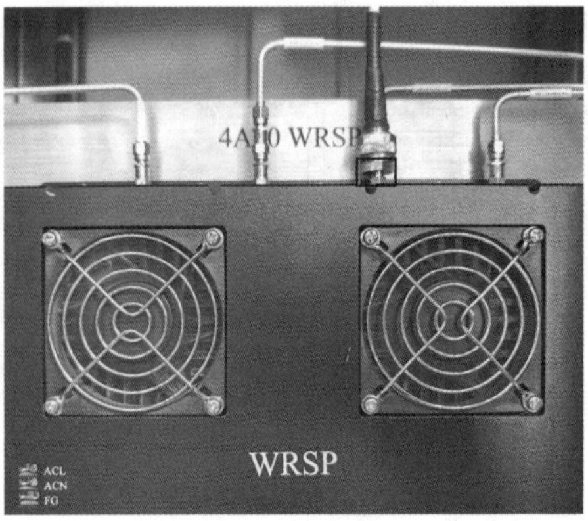

图 5-88　信号处理器 IF-H 输入端连接示意图

(2)参照 4. 3. 5 小节设置步骤中的第(1)至(4)步顺序操作，设定信号源频率为中频信号频率(57. 55MHz)，输出信号工作模式为连续波，输出信号功率为 0dBm，开启射频输出开关。

(3)按照 3. 3. 2 小节测试步骤中的第(1)步操作，进入 RDASOT 软件界面，选择软件示波器模块，如图 4-4 所示。

(4)在软件示波器界面中，“两位开关”处选择接收机前端，“四位开关”选择关，“数据/距离”选中 Mag(H)，“脉冲宽度”分别选择 1. 57μs 和 4. 70μs，如图 5-89 所示。测试信号设置完成后，点击“开始”按键。

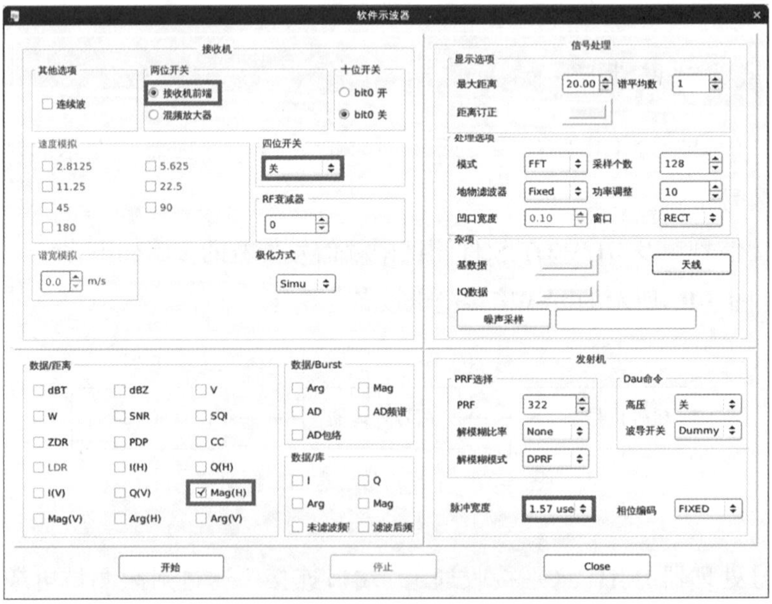

图 5-89　中频带宽测试信号设置(1. 57μs)

从软件示波器中获取对应的信号处理器输出值，如图 5-90 所示。

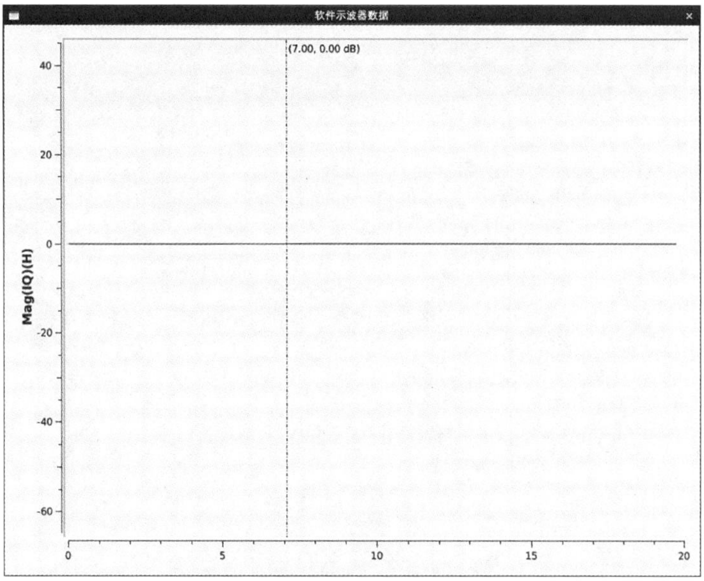

图 5-90　信号处理器输出值(0.00dB)

(5)减小信号源频率，直至信号处理器输出值为-3.00dB，如图 5-91 所示，记录信号源对应的频率值 F_1。

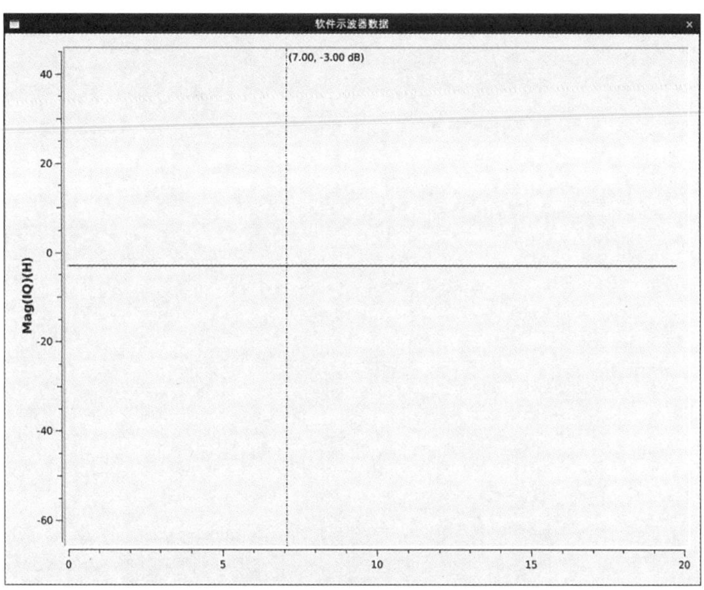

图 5-91　信号处理器输出值(-3.00dB)

(6)增大信号源频率，直至信号处理器输出值为-3. 00dB，如图 5-91 所示，记录信号源对应的频率值 F_2。中频信号带宽为 $F_2 - F_1$。

第 6 章　整机系统测试与标校

6.1　整机系统测试标校内容与指标

S 波段双线偏振多普勒天气雷达整机系统测试与标校包含系统相位噪声、系统极限改善因子、滤波前后功率比、实际地物对消能力、回波强度、径向速度、速度谱宽、双通道一致性、收发支路损耗差、在线自动标校能力、太阳法强度、无人机金属球反射率因子等 12 个项目。整机系统测试标校的主要内容与技术指标如表 6-1 所示。

表 6-1　整机系统测试标校内容与技术指标要求

序号	测试标校项目	技术指标要求	
1	系统相位噪声	≤0.1°	
2	系统极限改善因子	≥55.0dB	
3	滤波前后功率比	≥55.0dB	
4	实际地物对消能力	≥35.0dB	
5	回波强度	-1.0dB≤最大偏差≤1.0dB	
6	径向速度	-1.0m/s≤最大偏差≤1.0m/s	
7	速度谱宽	-1.0m/s≤最大偏差≤1.0m/s	
8	双通道一致性	差分反射率标准差≤0.2dB	
		差分传播相移标准差≤3.0°	
9	收发支路损耗差	≤0.2dB(双发双收)	
10	在线自动标校能力	-1.0dB≤最大偏差≤1.0dB	
11	太阳法强度	≤2.7dB	
12	无人机金属球反射率因子	金属球直径约 30cm	≤0.73dB(2820MHz)
		金属球直径约 40cm	≤0.47dB(2820MHz)
		金属球直径约 50cm	≤0.34dB(2820MHz)

6.2 系统相位噪声

6.2.1 指标描述

相位噪声是指雷达系统受各种噪声影响而引起系统输出信号相位的随机变化。相位噪声是衡量频率源频率稳定质量的重要指标，也是定义雷达目标采集和通信系统频谱完整性的关键参数。在雷达系统中，相位噪声会影响多普勒频移测量的分辨率和精度，限制雷达探测效能。

6.2.2 测试方法与步骤

使用 I、Q 相角法测试水平和垂直双通道相位噪声。雷达发射脉冲通过定向耦合器耦合输出，延迟 10μs 输入接收通道；接收机对该信号进行放大、下变频、中频处理，得到正交 I、Q 信号后输入信号处理器；信号处理器对该 I、Q 信号采样、计算相角，求出采样信号相角的均方根误差表示系统相位噪声。系统相位噪声测试信号流程如图 6-1 所示。

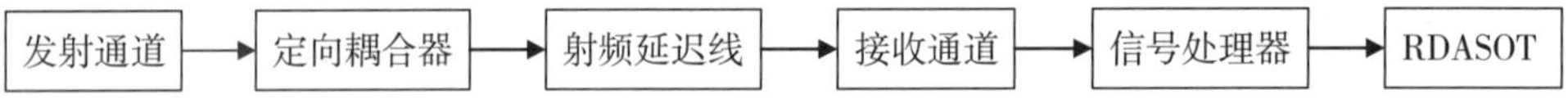

图 6-1　系统相位噪声测试信号流程图

将雷达发射射频信号经衰减延迟后输入接收通道前端，控制软件对接收信号放大、相位检波后的 I、Q 值进行多次采样，通过每次采样的 I、Q 值算出信号相位，计算相位的均方根误差 σ_φ 表示信号相位噪声。

取不少于 10 次相位噪声 σ_φ 的平均值代表系统相干性。当 $\sigma_\varphi < 5°$时，能够近似估算系统的地物对消能力 L，换算公式为 $L = -20\lg(\sin\sigma_\varphi)$。

系统相位噪声可以使用 RCW 软件或 RDASOT 软件离线测试。

1. 使用 RCW 软件离线测试系统相位噪声

(1)参照 4.2.2 小节测试步骤中的第(4)步操作，在发射机预热完成后，将发射机切换成“遥控”“自动”模式。

(2)参照 4.3.2 小节测试步骤中的第(1)至(3)步顺序操作，雷达完成自检后，选择“控制”菜单栏中的“离线运行”命令，软件显示为离线运行状态，如图 6-2 所示。

(3)选择菜单栏中的“性能数据”功能选项，离线查看“性能数据列表”的“标定检

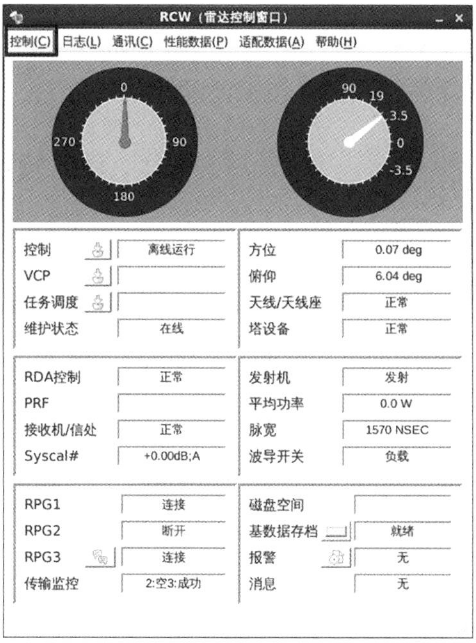

图 6-2　RCW 软件界面(离线运行状态)

查”信息，水平通道和垂直通道相位噪声测试结果如图 6-3 所示。结果数据以文本形式自动保存于日志文件(YYYYMMDD_Calibration. log)中。

图 6-3　I/Q 相角法测试相位噪声

(4)按照上述步骤连续 10 次离线测试相位噪声，取 10 次模拟地物回波对应通道相位噪声测试结果的平均值表示系统相干性。

2. 使用 RDASOT 软件离线测试系统相位噪声

(1)按照 3. 3. 2 小节测试步骤中的第(1)步操作，进入 RDASOT 软件界面，选择相位噪声模块，如图 6-4 所示。

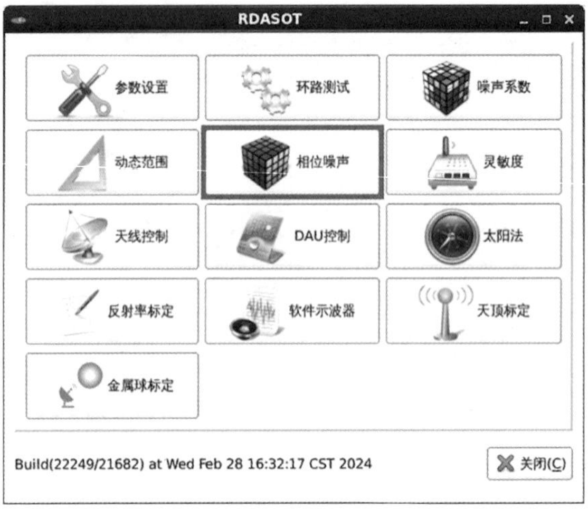

图 6-4　RDASOT 软件主界面(选择相位噪声模块)

(2)在相位噪声控制子界面中，选择“接收通道”分别测试 Hori(水平)和 Vert(垂直)通道相位噪声，如图 6-5 所示。

图 6-5　相位噪声设置

图 6-5 中，接收机“四位开关”处选择速调管输出，发射机“脉冲宽度”选择 1.57μs，“PRF”选择 322Hz。若需修改“采样个数”，则 RCW 软件对应的适配数据也须修改。

(3)按照 4.2.2 小节测试步骤中的第(4)至(5)步顺序操作，在“本控”“手动”模式下，开启发射机高压。

(4)点击“测试”按键完成一组相位噪声测试，结果子界面中依次显示相位噪声、滤波前功率、杂波抑制、滤波后功率等数据。若选中“循环测试”功能，RDASOT 软件将进行连续测试，如图 6-6 所示。

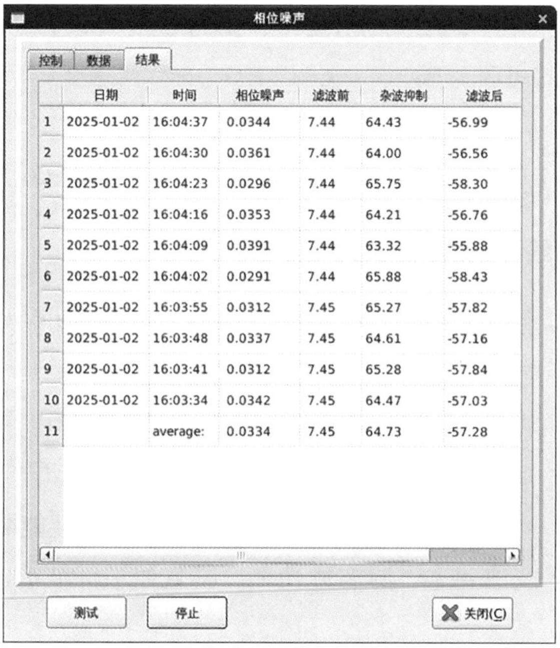

	日期	时间	相位噪声	滤波前	杂波抑制	滤波后
1	2025-01-02	16:04:37	0.0344	7.44	64.43	-56.99
2	2025-01-02	16:04:30	0.0361	7.44	64.00	-56.56
3	2025-01-02	16:04:23	0.0296	7.44	65.75	-58.30
4	2025-01-02	16:04:16	0.0353	7.44	64.21	-56.76
5	2025-01-02	16:04:09	0.0391	7.44	63.32	-55.88
6	2025-01-02	16:04:02	0.0291	7.44	65.88	-58.43
7	2025-01-02	16:03:55	0.0312	7.45	65.27	-57.82
8	2025-01-02	16:03:48	0.0337	7.45	64.61	-57.16
9	2025-01-02	16:03:41	0.0312	7.45	65.28	-57.84
10	2025-01-02	16:03:34	0.0342	7.45	64.47	-57.03
11		average:	0.0334	7.45	64.73	-57.28

图 6-6　滤波前后测试结果

(5)连续测试 10 组相位噪声，取 10 组模拟地物回波对应通道相位噪声测试结果的平均值表示系统相干性。

6.3　系统极限改善因子

6.3.1　指标描述

在时域中，使用相位噪声表示雷达系统的相干性；在频域中，使用系统极限改善因子表示信号的相干性。

6.3.2 测试方法与步骤

注意事项：对应通道滤波前功率与滤波后功率的比值不应低于 55dB。

将发射机速调管输出信号经衰减延迟 10μs 后输入接收机射频前端，使用 RCC 软件查看信号处理器对该信号进行单库 FFT 处理时的输出功率谱线(不加地物对消)，从谱线分布中读取信号谱功率 S 和噪声谱功率 N，算出信噪比 S/N。再通过公式计算极限改善因子

$$I = S/N + 10\lg B - 10\lg F \tag{6.1}$$

式中：F 为脉冲重复频率；B 是分析带宽。

由于分析带宽 B、单库 FFT 处理点数 n、脉冲重复频率 F 的关系为 $B = F/n$，故极限改善因子计算公式可改写成

$$I = S/N - 10\lg n \tag{6.2}$$

系统极限改善因子可以使用功率法或单库 FFT 谱分析法离线测试。

1. 使用功率法离线测试系统极限改善因子

(1)参照 4.2.2 小节测试步骤中的第(4)步操作，在发射机预热完成后，将发射机切换成“遥控”“自动”模式。

(2)参照 4.3.2 小节测试步骤中的第(1)至(3)步顺序操作，雷达完成自检后，选择“控制”菜单栏中的“离线运行”命令，软件显示为离线运行状态，如图 6-2 所示。

(3)选择菜单栏中的“性能数据”功能选项，离线查看“性能数据列表”的“标定检查”信息，水平通道滤波前功率、滤波后功率，垂直通道滤波前功率、滤波后功率测试结果如图 6-7 所示。

2. 使用单库 FFT 谱分析法离线测试系统极限改善因子

(1)按照 4.2.2 小节测试步骤中的第(4)步操作，在发射机预热完成后，将发射机切换为“本控”“手动”模式。

(2)按照 3.3.2 小节测试步骤中的第(1)步操作，进入 RDASOT 软件界面，选择软件示波器模块，如图 4-4 所示。

(3)在软件示波器界面中，“两位开关”处选择接收机前端，“四位开关”选择速调管输出，“数据/距离”选中 dBT、dBZ，“数据/库”选中未滤波频谱，“脉冲宽度”为 1.57μs，“PRF”设置成 644Hz，对应的“采样个数”为 128，“功率调整”选择 20，如图 6-8 所示。测试信号设置完成后，点击“开始”按键。

图 6-7　功率法测试滤波前后功率

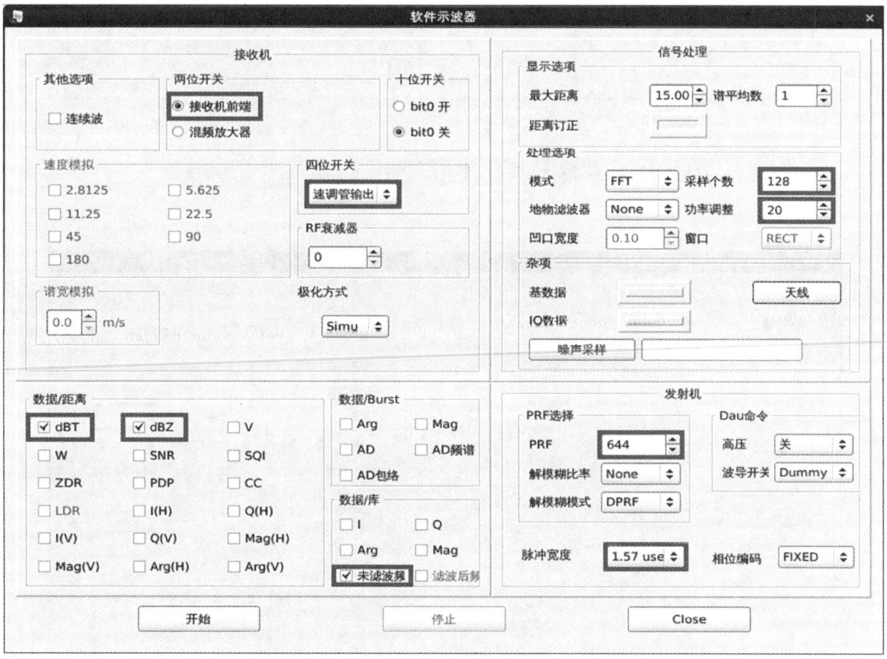

图 6-8　系统极限改善因子测试信号设置(采样个数 128)

(4)雷达发射机控制面板的“准加”灯点亮后，手动按下“高压开”按键。

(5)拖动软件示波器数据界面 dBZ 内的虚线，适当修改“功率调整”数值，查找并记录 Raw Spec 谱线中信号谱功率(Power)与噪声谱功率(Noise)的最大比值，如图 6-9

所示。

(6)返回软件示波器界面，将“PRF”调整成 1282Hz，对应的“采样个数”修改为 256，如图 6-10 所示。测试信号修改完成后，点击“开始”按键。

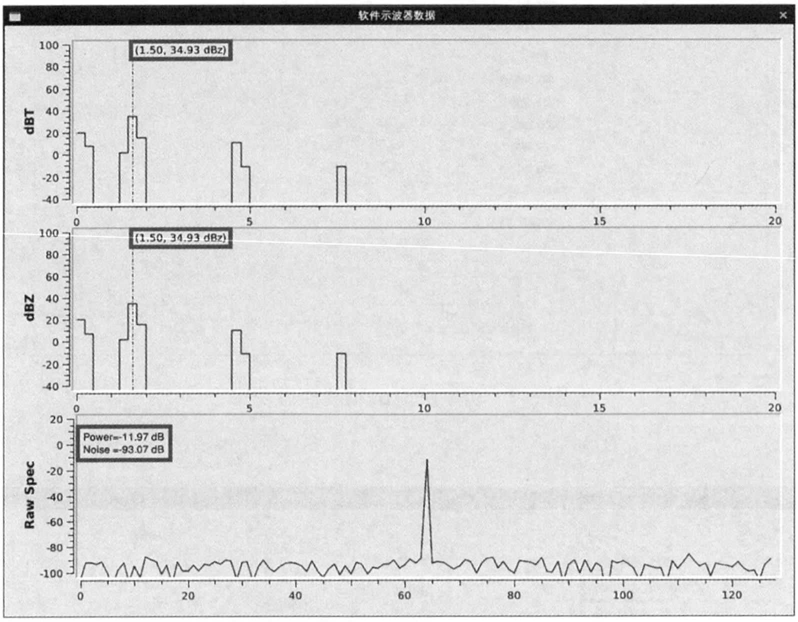

图 6-9　系统极限改善因子测试结果(采样个数 128)

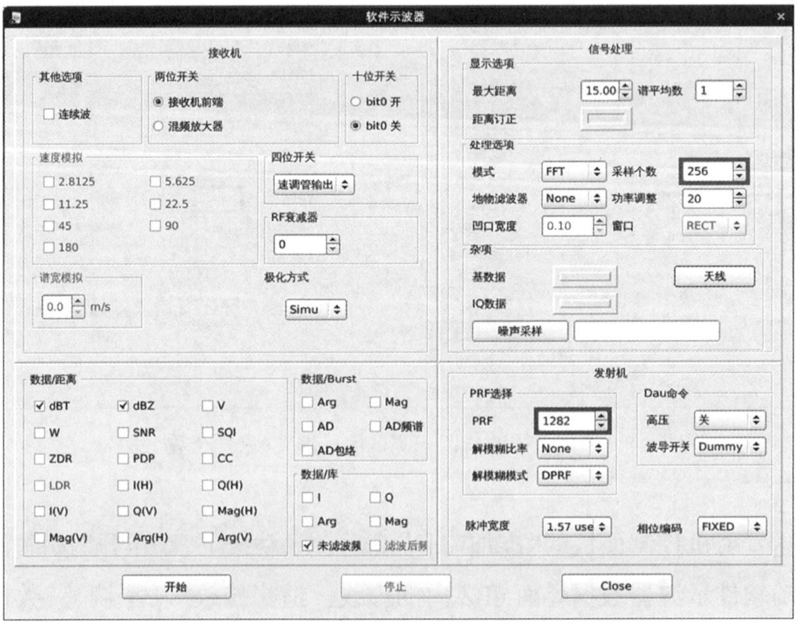

图 6-10　系统极限改善因子测试信号设置(采样个数 256)

(7)拖动软件示波器数据界面 dBZ 内的虚线，适当修改“功率调整”数值，再次查找并记录 Raw Spec 谱线中信号谱功率(Power)与噪声谱功率(Noise)的最大比值，如图 6-11 所示。

(8)将记录数据代入式(6.2)计算系统极限改善因子。

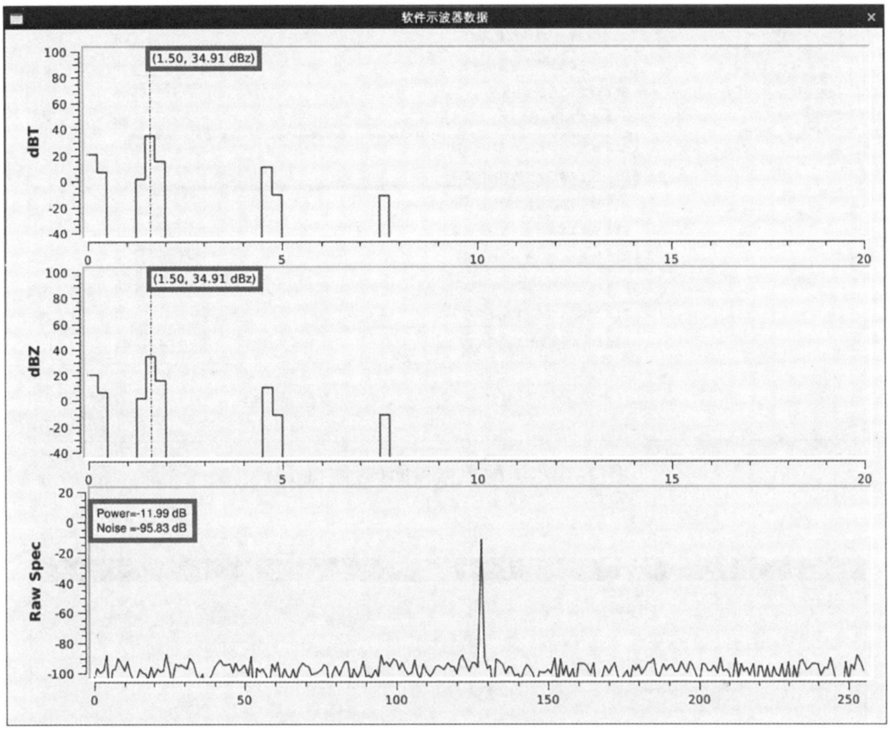

图 6-11　系统极限改善因子测试结果(采样个数 256)

6.3.3　调整方法

发射机速调管输出信号经微波延迟线衰减延迟 10μs 后成为 KD 信号，用于模拟距离雷达 1.5km 处的回波数据。由于该数据格式使用雷达基数据的分辨率，即 1km(4 个 250m 组成的 1km 数据)，6×1/4km(距离库分辨率)= 1.5km，因此 KD 信号对应 1.5km 处的回波数据，与 KD 信号所在距离库一致，速调管输出目标距离库数值为 6。调整速调管输出信号取样脉冲距离库数值需修改适配数据接收机 1 界面中的 R13、R14 项，如图 6-12 所示。

在软件示波器界面中，“功率调整”用于微调数据采集的位置，相邻数值间对应的数据采集变化距离为 0.0156km(15.6m)。“功率调整”处理选项如图 6-13 所示。

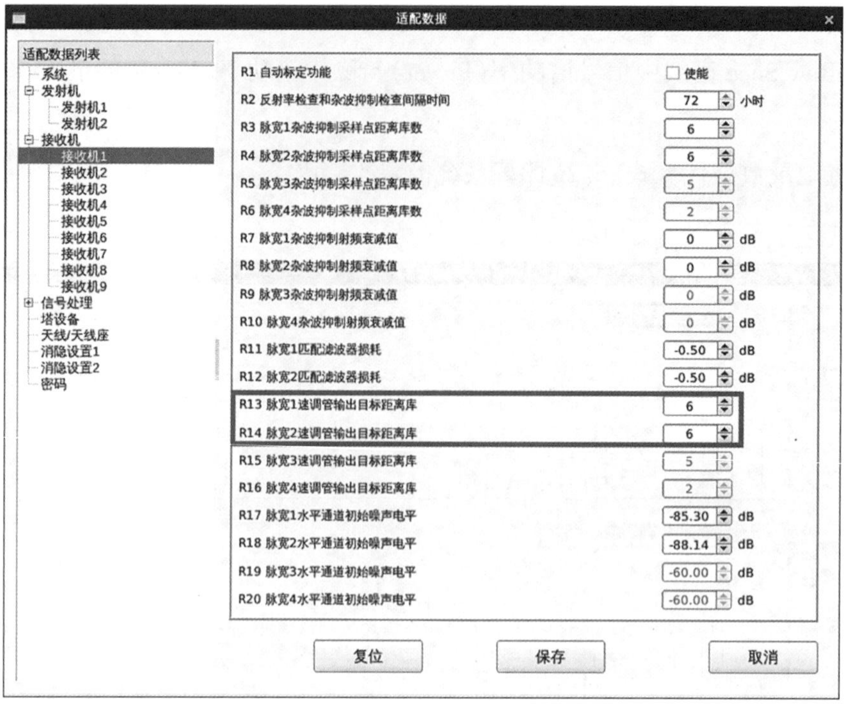

图 6-12　适配数据界面(接收机 1)

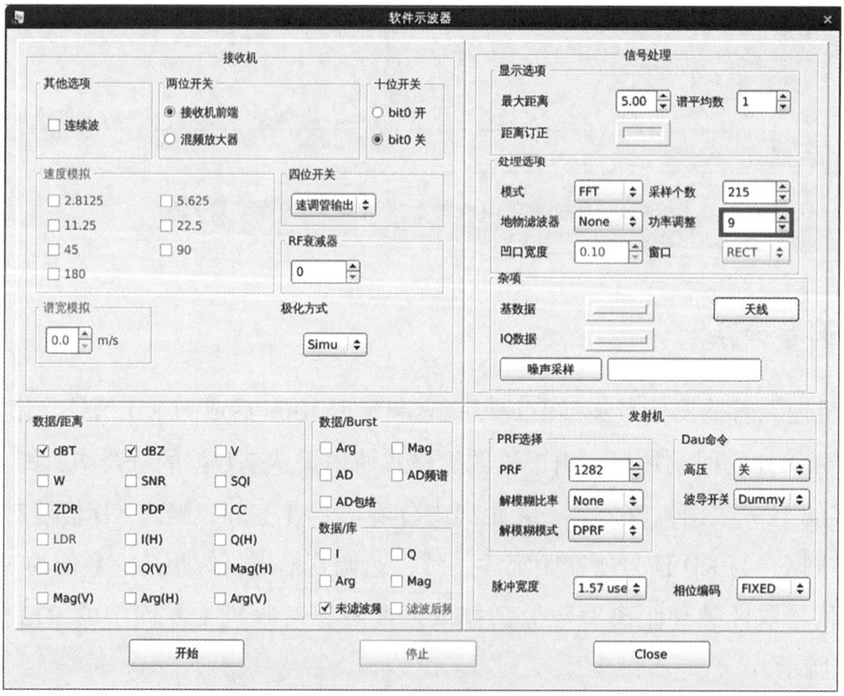

图 6-13　软件示波器界面(功率调整)

6.4　地物对消能力

6.4.1　指标描述

一般采用滤波前功率与滤波后功率的比值估算地物对消能力。

6.4.2　测试方法与步骤

将雷达发射脉冲信号经衰减延迟 10μs 后输入接收机前端，信号处理器使用脉冲对处理技术(PPP)采样该接收信号的 I、Q 值，并通过地物杂波滤波器进行滤波，分别计算 10 组模拟地物回波滤波前后的强度差值，取其平均值表示滤波前后的地物对消能力。

地物对消能力可以使用 RCW 软件或 RDASOT 软件离线测试。

1. 使用 RCW 软件离线测试地物对消能力

(1)参照 4.2.2 小节测试步骤中的第(4)步操作，在发射机预热完成后，将发射机切换成"遥控""自动"模式。

(2)参照 4.3.2 小节测试步骤中的第(1)至(3)步顺序操作，雷达完成自检后，选择"控制"菜单栏中的"离线运行"命令，软件显示为离线运行状态，如图 6-2 所示。

(3)选择菜单栏中的"性能数据"功能选项，离线查看"性能数据列表"的"标定检查"信息，水平通道和垂直通道滤波前后功率测试结果如图 6-7 所示。

(4)按照上述步骤连续 10 次离线测试地物对消能力，取 10 组模拟地物回波对应通道滤波前功率与滤波后功率之比的平均值表示地物对消能力。

2. 使用 RDASOT 软件离线测试地物对消能力

(1)按照 3.3.2 小节测试步骤中的第(1)步操作，进入 RDASOT 软件界面，选择相位噪声模块，如图 6-4 所示。

(2)在相位噪声控制子界面中，选择"接收通道"分别测试 Hori(水平)和 Vert(垂直)通道相位噪声，如图 6-5 所示。

(3)按照 4.2.2 小节测试步骤中的第(4)至(5)步顺序操作，在"本控""手动"模式下，开启发射机高压。

(4)点击"测试"按键完成一组相位噪声测试，结果子界面中依次显示相位噪声、滤波前功率、杂波抑制、滤波后功率等数据。若选中“循环测试”功能，RDASOT 软件将进行连续测试，如图 6-6 所示。

(5)连续测试 10 组相位噪声，取 10 组模拟地物回波对应通道滤波前功率与滤波后功率之比的平均值表示地物对消能力。

6.5 实际地物对消能力

6.5.1 指标描述

雷达系统处于低仰角探测状态时，分别记录相同位置的地物回波滤波前强度(dBT)和滤波后强度(dBZ)，真实地物回波滤波前强度与滤波后强度的差值代表实际地物对消能力。

6.5.2 测试方法与步骤

注意事项：

(1)测试须选择径向风速不大于 1m/s 的真实回波。

(2)测试须选择同一位置的真实回波地物对消前后功率。

使用 10 组雷达实际地物回波对消前后的强度差值检验系统地物对消能力。实际地物对消能力可以使用命令行程序或 BDA-DP 程序进行测试。

1. 使用命令行程序测试雷达实际地物对消能力

(1)存储基数据。按照 4.3.2 小节测试步骤中的第(1)至(3)步顺序操作，雷达正常运行后，选择“控制”菜单栏中的“基数据存档”命令，如图 6-14 所示。

在弹出框内设定基数据存档操作选项，点击“确定”按键，如图 6-15 所示，设置将于下一个体扫生效。

按照“选择存档”或“持续存档”操作要求，将滤波前的基数据(完整体扫数据)存储于 computer/filesystem/opt/rda/archive2 文件夹中。

(2)使用命令行。在操作系统中启动命令行程序(以管理员身份登录)，输入命令：gcfc_check --if opt/rda/archive2/基数据文件名--thr 60。基数据处理完后，界面依次显示方位、俯仰、距离、滤波前功率、滤波后功率、地物对消抑制比、径向风速等数据。也可输入命令：gcfc_check --if opt/rda/archive2/基数据文件名 --thr 60 > home/rda/Desktop/result.txt。基数据处理完后，在指定目录的文件夹(home/rda/Desktop)中生成实际地物对消能力测试结果文件(result.txt)。

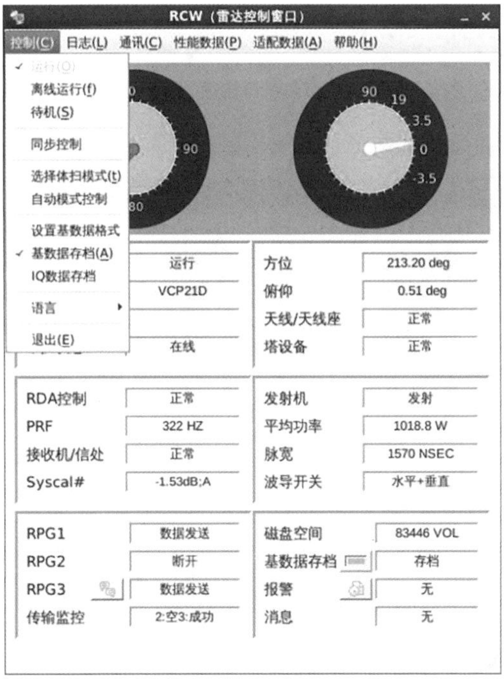

图 6-14　RCW 软件控制功能选项(基数据存档)

图 6-15　基数据存档操作界面

2. 使用 BDA-DP 程序测试雷达实际地物对消能力

(1)存储基数据。按照 4.3.2 小节测试步骤中的第(1)至(3)步顺序操作，雷达正常运行后，选择“控制”菜单栏中的“基数据存档”命令，如图 6-14 所示。设定基数据存档操作选项，点击“确定”按键，如图 6-15 所示，将滤波前的基数据(完整体扫数据)存储于 computer/filesystem/opt/rda/archive2 文件夹中。滤波后对应的基数据(dBZ)存储在 RPG 服务器指定文件夹中。

(2)运行 BDA-DP 程序。分别点击程序界面工具栏中的 T、Z、V 按键，依次加载操作步骤(1)中存储的同一基数据(dBT)，将程序生成的 Total Reflectivity、Reflectivity、Velocity 回波图显示在同一界面中，如图 6-16 所示。

点击程序界面工具栏中的“+”按键，使用光标联动功能。光标在回波图 Total Reflectivity、Reflectivity、Velocity 内移动时，三张回波图联动显示同一方位和距离处滤波前后的强度及速度。对比不同位置的地物对消信息，结合雷达站实际地理情况，查找 10 组径向速度不大于 1m/s 且滤波前后回波强度差值不小于 35dBZ 的方位和距离，并记录找到的方位、距离、滤波前功率、滤波后功率、地物对消抑制比、径向风速等数据，如图 6-17 所示。

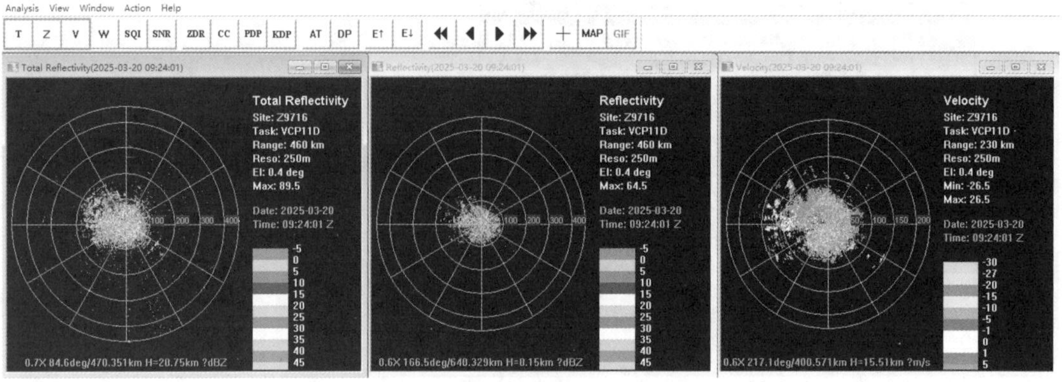

图 6-16　基数据加载界面

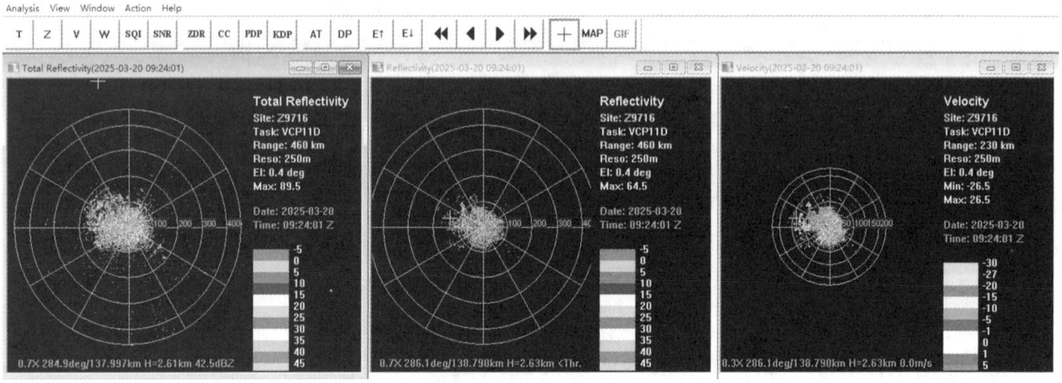

图 6-17　光标联动显示

6.6　回波强度

6.6.1　指标描述

分别使用机外信号源和机内信号源输出连续波测试信号，将该测试信号输入接收系统前端，从测试软件中获取不同距离处回波强度的测量值，并与接收系统前端输入信号计算得到回波强度的期望值进行对比。

6.6.2　机内信号源测试回波强度的方法与步骤

使用机内信号源输出固定功率测试信号(功率衰减范围为-30dB 至-80dB，步进 10dB)，在距离 5~200km 范围内分别测试回波强度的测量值。根据接收系统前端输入信号功率，按照雷达气象方程计算回波强度的期望值，并通过测量值与期望值的差值检验回波强度标定准确性[8]。

使用 RDASOT 软件测试机内回波强度的步骤如下：

（1）按照图 5-64 所示的方式连接测试设备。

（2）按照 3. 3. 2 小节测试步骤中的第（1）步操作，进入 RDASOT 软件界面，选择反射率标定模块，如图 6-18 所示。

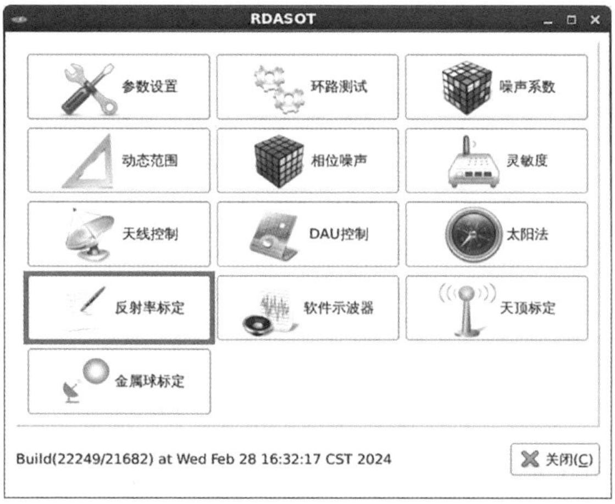

图 6-18　RDASOT 软件主界面（反射率标定模块）

（3）在反射率标定参数子界面中，“脉冲宽度”依次选择 1. 57μs 和 4. 70μs。“接收通道”选择 Hori（水平）时，“发射通道”选择单发射或双发射；“接收通道”选择 Vert（垂直）时，“发射通道”选择双发射。以此分别测试水平接收通道、垂直接收通道的回波强度，如图 6-19 所示。

（a）4. 70μs+水平接收通道+单发射　　（b）4. 70μs+垂直接收通道+双发射

图 6-19　回波强度测试设置（脉宽与通道）

（4）在反射率标定反射率子界面中，测试方式选择“机内测试”，如图 6-20 所示。

（a）4. 70μs+水平接收通道+单发射

（b）4. 70μs+垂直接收通道+双发射

图 6-20　测试方式（机内）

测试方式选择完成后，点击“开始”按键。通过机内信号源输出连续波测试信号（功率衰减范围为-30dB 至-80dB，步进 10dB），将测试信号通过功分器分为两路幅度相等、相位相同的信号输入水平和垂直接收通道。从 RDASOT 软件中获取水平和垂直接收通道在不同脉冲宽度模式下 5km、50km、100km、150km 和 200km 距离处回波强度的测量值，如图 6-21 所示。

（a）水平接收通道+单发射

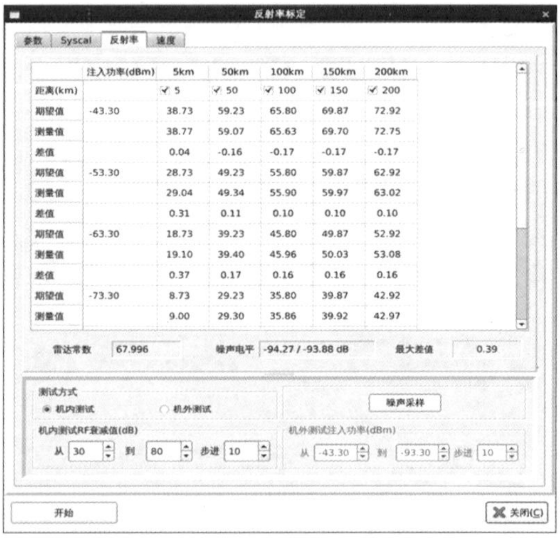

（b）垂直接收通道+双发射

图 6-21　回波强度测试结果（机内 4. 70μs）

根据接收系统前端输入信号功率，按照雷达气象方程计算回波强度的期望值，通过测量值与期望值的差值检验回波强度标定准确性，并记录最大偏差，如图 6-22 所示。

(a)水平接收通道+单发射　　　　(b)垂直接收通道+双发射

图 6-22　回波强度测试结果(机内 1.57μs)

6.6.3　机外信号源测试回波强度的方法与步骤

注意事项：机外信号与机内信号在接收系统前端的输入位置须相同。

使用机外信号源输出固定功率测试信号(功率衰减范围为-30dB 至-80dB，步进 10dB)，在距离 5~200km 范围内分别测试回波强度的测量值。根据接收系统前端输入信号功率，按照雷达气象方程计算回波强度的期望值，并通过测量值与期望值的差值检验回波强度标定准确性。

使用外接信号源及 RDASOT 软件测试机外回波强度的步骤如下：

(1)按照 5.4.3 小节测试步骤中的第(1)至(3)步顺序操作，连接并设置测试设备。

(2)按照 3.3.2 小节测试步骤中的第(1)步操作，进入 RDASOT 软件界面，选择反射率标定模块，如图 6-18 所示。

(3)在反射率标定参数子界面中，“脉冲宽度”依次选择 1.57μs 和 4.70μs。“接收通道”选择 Hori(水平)时，“发射通道”选择单发射或双发射；“接收通道”选择 Vert(垂直)时，“发射通道”选择双发射。以此分别测试水平接收通道、垂直接收通道的回波强度，如图 6-19 所示。

(4)在反射率标定反射率子界面中，测试方式选择“机外测试”，如图 6-23 所示。

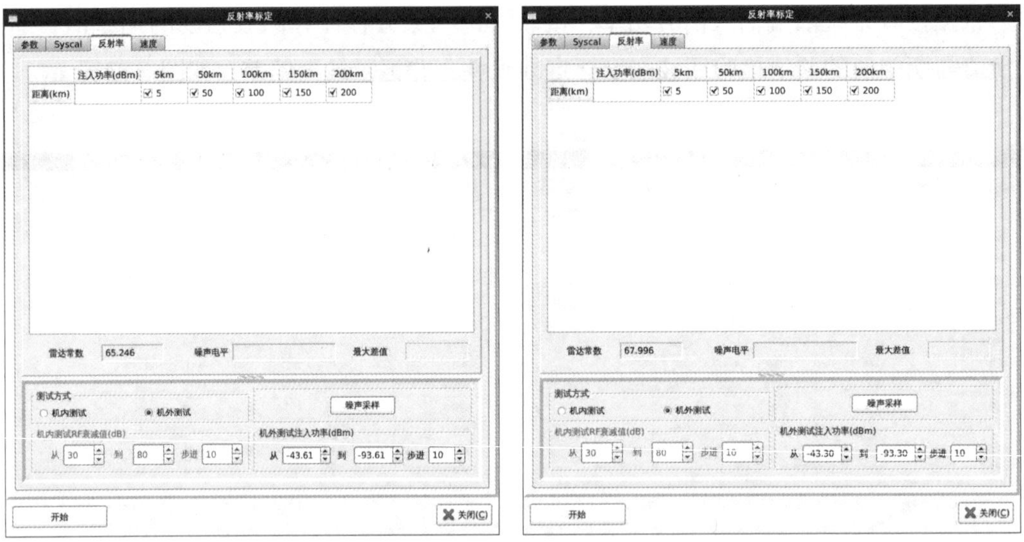

(a)4. 70μs+水平接收通道+单发射　　(b)4. 70μs+垂直接收通道+双发射

图 6-23　测试方式(机外)

测试方式选择完成后，点击“开始”按键。通过机外信号源输出连续波测试信号(功率衰减范围为-30dB 至-80dB，步进 10dB)，将测试信号通过功分器分配为两路幅度相等、相位相同的信号输入水平和垂直接收通道。从 RDASOT 软件中获取水平和垂直接收通道在不同脉冲宽度模式下 5km、50km、100km、150km 和 200km 距离处回波强度的测量值，如图 6-24 所示。

(a)水平接收通道+单发射　　(b)垂直接收通道+双发射

图 6-24　回波强度测试结果(机外 4. 70μs)

根据接收系统前端输入信号功率，按照雷达气象方程计算回波强度的期望值，通过测量值与期望值的差值检验回波强度标定准确性，并记录最大偏差，如图 6-25 所示。

(a) 水平接收通道+单发射

(b) 垂直接收通道+双发射

图 6-25　回波强度测试结果（机外 1.57μs）

6.6.4　标校方法

当雷达系统参数发生变化导致机内（机外）回波强度的测试结果不符合技术指标要求时，应进行回波强度标校，使雷达系统保持探测精度。

使用功率计及 RDASOT 软件（RCW 软件）标校回波强度的步骤如下：

（1）按照 5.2.2 小节测试步骤中的第（1）至（5）步顺序操作，测试频率源 J3 输出的 RF TEST 信号功率。

（2）将 RCW 软件中的适配数据 R36（RDASOT 软件反射率标定参数子界面中的适配参数 R36）修改并保存为功率计实测值（J3 输出信号功率），检查 SP10 大气衰减值，如图 6-26 所示。通过修改“参数 1”中 R41 至 R44（不同脉宽的射频激励信号标定损耗）调整宽窄脉冲等 RFD 信号的标定结果。

（3）拆卸发射机机柜上方水平和垂直接收通道的无源限幅器与低噪声放大器连接，如图 6-27 所示。

图 6-26　反射率标定适配参数子界面(R36 以 23.24dBm 为例)

(a)水平接收通道　　(b)垂直接收通道

图 6-27　无源限幅器输出端连接

(4)将功率计探头分别连接至接收支路水平和垂直通道无源限幅器输出端，如图 6-28 所示。

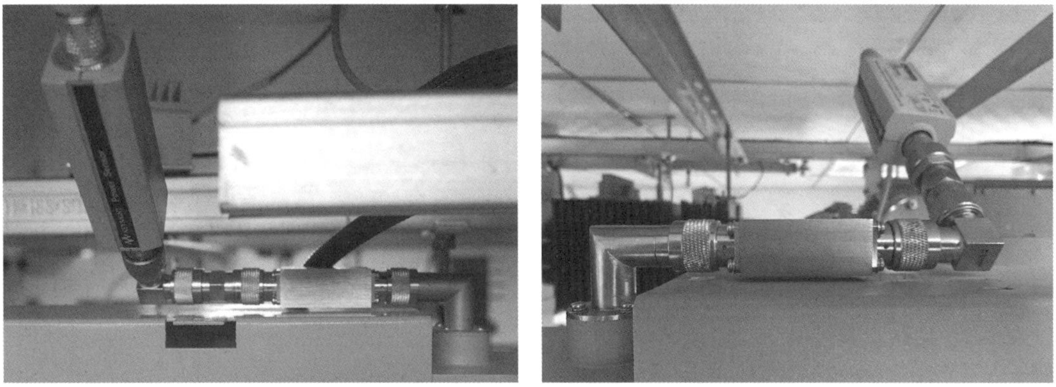

(a)水平通道连接　　　　　　　　　　(b)垂直通道连接

图 6-28　无源限幅器连接功率计探头

(5)按照 5.2.2 小节测试步骤中的第(3)至(4)步顺序操作，选择 RDASOT 软件的软件示波器模块，完成测试信号设置，发射测试信号。此时，功率计相应的测试结果分别为水平和垂直接收通道低噪声放大器输入端注入功率，如图 6-29 所示。

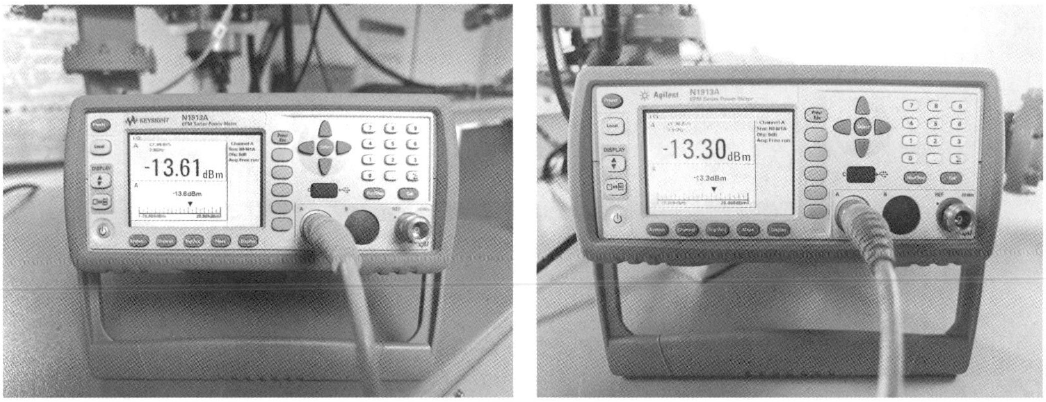

(a)水平通道　　　　　　　　　　(b)垂直通道

图 6-29　接收通道低噪声放大器输入端注入功率

(6)将 RCW 软件中的适配数据 R25 和 R29(RDASOT 软件反射率标定参数子界面中的适配参数 R25 和 R29)修改并保存为功率计实测水平与垂直通道测试信号损耗。其中，R25 为水平通道低噪声放大器输入端注入功率与 R36 的差值；R29 为垂直通道低噪声放大器输入端注入功率与 R36 的差值，如图 6-30 所示。检查 RDASOT 软件反射率标定参数子界面适配参数区域中的“参数 4”(宽窄脉冲等匹配滤波器损耗)。

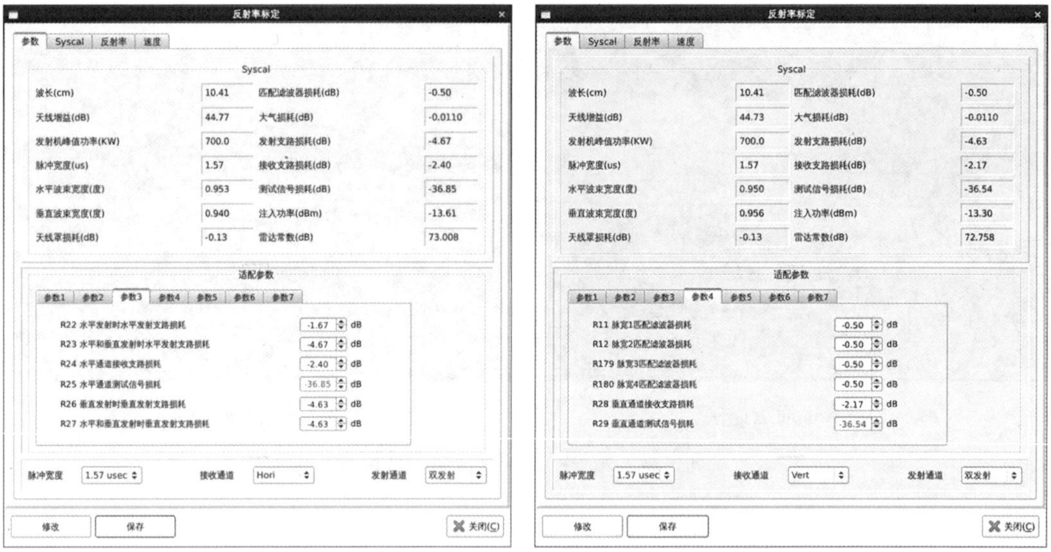

(a)水平通道测试信号损耗　　(b)垂直通道测试信号损耗

图 6-30　水平和垂直接收通道测试信号损耗标校

图 6-30 中，将 RDASOT 软件反射率标定参数子界面中的适配参数 R22、R23、R24、R27、R28 修改并保存为功率计实测水平和垂直通道收发支路损耗(测试步骤详见 6.9 节)。

(7)检查 RDASOT 软件反射率标定参数子界面适配参数区域中的“参数 5”(发射机工作频率、宽窄脉冲等发射机功率)，如图 6-31 所示。

图 6-31　反射率标定适配参数子界面(参数 5)

(8)检查 RDASOT 软件反射率标定参数子界面适配参数区域中的“参数 6”(天线水平极化方位与俯仰波束宽度)，如图 6-32 所示。通过修改“参数 6”中 R49 至 R52(不同脉宽的垂直通道系统雷达标定常数)调整垂直通道宽窄脉冲等 CW 信号的期望值与实测值。

图 6-32　反射率标定适配参数子界面(参数 6)

(9)检查 RDASOT 软件反射率标定参数子界面适配参数区域中的“参数 7”(天线水平与垂直方向增益、天线罩损耗、天线垂直极化方位与俯仰波束宽度)，如图 6-33 所示。

(10)修改并保存 RDASOT 软件反射率标定参数子界面中的适配参数 R38 和 R39。其中，R39 为功率计实测 RFD 信号在四位开关处的强度；R38 为水平通道低噪声放大器输入端注入功率与 R39 的差值，如图 6-34 所示。

在图 6-34 中，通过修改“参数 2”中 R53 至 R56(不同脉宽的水平通道系统雷达标定常数)调整水平通道宽窄脉冲等 CW 信号的期望值与实测值。

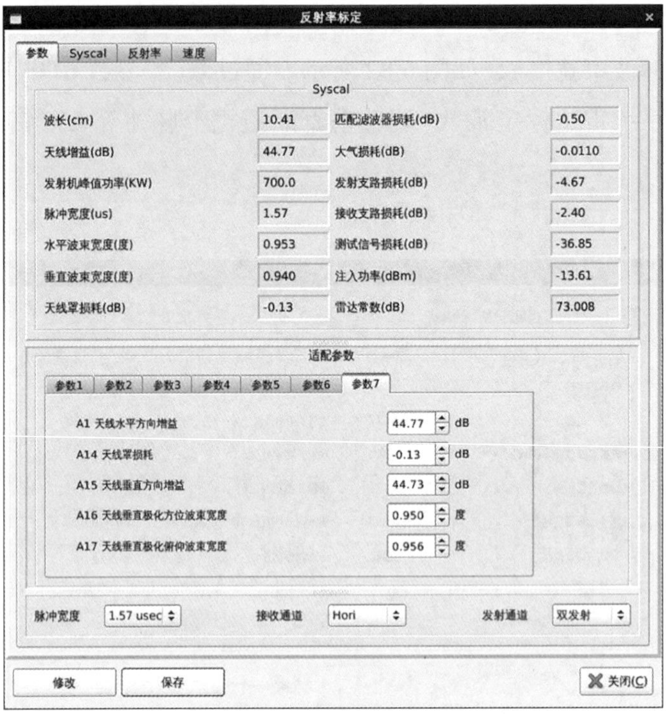

图 6-33　反射率标定适配参数子界面(参数 7)

图 6-34　反射率标定适配参数子界面(参数 2)

6.7　径向速度

6.7.1　指标描述

径向速度测量采用机内信号源和机外信号源两种测试方法。机内信号源测试使用移相或移频的方法，控制测试通道开关和信号源频率(相位)，将测试信号输入接收系统前端，从终端采集测试信号速度值，通过与理论值进行比较，检查速度测量误差；机外信号源测试使用移频的方法，将测试信号输入接收系统前端，从终端采集测试信号速度值，通过与理论值进行比较，检查速度测量误差。

6.7.2　机内信号源测试径向速度的方法与步骤

通过接收系统前端输入机内测试信号，从 RCW 软件中获取对应的机内径向速度测量值。计算测量值与期望值的差值，选取差值的最大值作为机内径向速度测试最大偏差。

使用 RCW 软件在线自动测试机内径向速度的步骤如下：

(1)按照 4.3.2 小节测试步骤中的第(1)至(4)步顺序操作，雷达第一个 0.5°仰角扫描完成后，进入 RCW 软件性能数据界面。

(2)选择“性能数据列表”栏中“标定 1”，检验速度 1 至速度 4 的期望值与测量值，如图 6-35 所示。

图 6-35　机内径向速度

(3)计算对应的测量值与期望值之差，选取差值的最大值作为机内径向速度测试最大偏差。

6.7.3 机外信号源测试径向速度的方法与步骤

机外径向速度测量通过外接信号源输出测试信号，将测试信号输入接收系统前端，通过步进频移方法模拟回波产生的多普勒频移。

使用外接信号源及 RDASOT 软件测试机外径向速度的步骤如下：

(1)按照 5.4.3 小节测试步骤中的第(1)至(3)步顺序操作，连接并设置测试设备。

(2)按照 3.3.2 小节测试步骤中的第(1)步操作，进入 RDASOT 软件界面，选择反射率标定模块，如图 6-18 所示。

(3)在反射率标定参数子界面中，“脉冲宽度”保持 1.57μs，“接收通道”分别修改并保存为 Hori(水平)和 Vert(垂直)，如图 6-36 所示。

(a)水平接收通道　　(b)垂直接收通道

图 6-36 接收通道设置(机外速度)

(4)在反射率标定速度子界面中，测试方式选择“机外测试”，选项区域内分别选择正速度测试和负速度测试，设置“PRF”为 1014Hz(信号源输出脉冲重复频率设置为高重复频率)，“频偏步进”为 100Hz，“次数”为 10(设置测试信号的频偏步进值、方向和数量)。“解模糊比率”选择 None，表示单脉冲重复频率模式；4∶3(3∶2)表示双脉冲重复频率模式。如图 6-37 所示。测试信号设置完成后，点击“调整”按键，RDASOT 软件自动寻找速度零点。

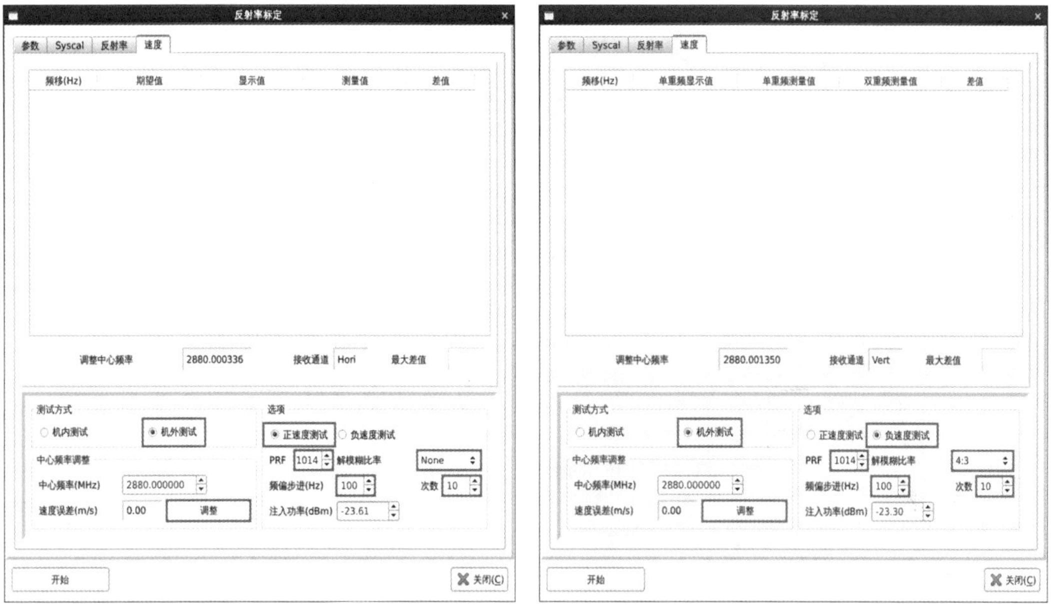

(a)单脉冲重复频率+正速度测试　　(b)双脉冲重复频率+负速度测试

图 6-37　机外速度测试参数设置

将输出信号分别输入水平和垂直接收通道前端，使用机外信号源向接收通道前端输入频率为 f_c+f_d(f_c 为雷达中心频率，f_d 为多普勒频移)的测试信号。

(5)设置信号处理器重复频率为单脉冲重复频率模式，如图 6-37(a)所示。找到速度零点后，点击“开始”按键。从 RDASOT 软件中获取单脉冲重复频率速度显示值 V_2 及 V_2 速度退模糊后的单脉冲重复频率测量值 V_3，通过测量值 V_3 与期望值 V_1 的差值检验速度测量准确性，并记录最大偏差，如图 6-38 所示。

(6)设置信号处理器重复频率为双脉冲重复频率模式，如图 6-37(b)所示。找到速度零点后，点击“开始”按键。从 RDASOT 软件中获取双脉冲重复频率速度测量值 V_4，通过测量值 V_4 与 V_3 的差值检验测速展宽能力，并记录最大偏差，如图 6-39 所示。

6.7.4　机内信号源测试速度谱宽的方法与步骤

通过接收系统前端输入机内测试信号，从 RCW 软件中获取对应的机内速度谱宽测量值。计算测量值与期望值的差值，选取差值的最大值作为机内速度谱宽测试最大

(a)水平接收通道+正速度测试

(b)垂直接收通道+负速度测试

图 6-38　机外速度测试结果(单脉冲重复频率)

(a)水平接收通道+正速度测试

(b)垂直接收通道+负速度测试

图 6-39　机外速度测试结果(双脉冲重复频率)

偏差。

使用 RCW 软件在线自动测试机内速度谱宽的步骤如下：

(1)按照 4. 3. 2 小节测试步骤中的第(1)至(4)步顺序操作，雷达第一个 0. 5°仰角扫描完成后，进入 RCW 软件性能数据界面。

(2)选择“性能数据列表”栏中的“标定 1”，检验谱宽 1 至谱宽 4 的期望值与测量值，如图 6-40 所示。

图 6-40　机内速度谱宽

(3)计算对应的测量值与期望值之差，选取差值的最大值作为机内速度谱宽测试最大偏差。

6.8　双通道一致性

6.8.1　指标描述

双通道一致性用水平与垂直接收通道信号幅度和相位的一致性来表示。通过对比双线偏振差分反射率（Z_{dr}）、差分传播相移（ϕ_{dp}）等参数，分析降水粒子的扁平特性与偏振响应关系，验证数据逻辑一致性。

6.8.2　机内信号源测试双通道一致性的方法与步骤

注意事项：

(1)在 RDASOT 软件参数设置模块中，信号源界面内的“信号源控制”复选框须保持未选中状态。

(2)双通道一致性测试之前，需确保接收机测试通道已完成标校。

机内双通道一致性测试使用内置信号源输出连续波测试信号，将该测试信号输入接收系统前端，从 RDASOT 软件中获取信号处理器输出数据(双通道差分反射率和差分传播相移)。通过 RDA 计算差分反射率及差分传播相移的标准差来检验信号幅度一致性和相位一致性。

使用 RDASOT 软件测试机内双通道一致性的步骤如下：

(1)按照图 6-41 所示连接测试设备。

图 6-41　机内双通道一致性测试框图

(2)按照 3.3.2 小节测试步骤中的第(1)步操作，进入 RDASOT 软件界面，选择动态范围模块，如图 5-65 所示。

(3)在动态范围测试界面中，选项区域内选择“机内”，“脉冲宽度”分别选择 1.57μs 和 4.70μs，“极化方式”选择 Simu，“图表类型”分别选择 zdr 和 pdp，如图 6-42 所示。

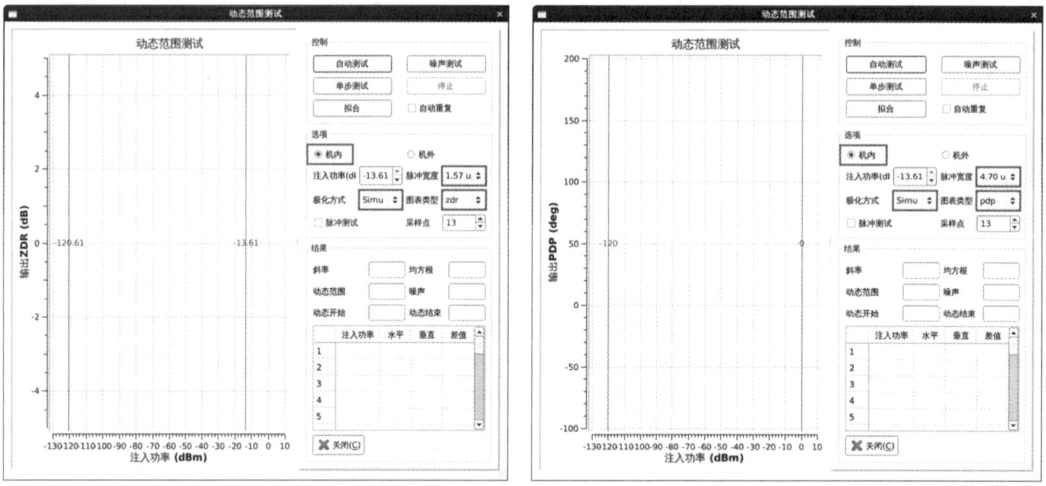

(a)差分反射率 1.57μs　　(b)差分传播相移 4.70μs

图 6-42　双通道一致性测试设置界面(机内)

测试选项设置完成后，点击控制区域的“自动测试”按键，如图 6-43 所示。

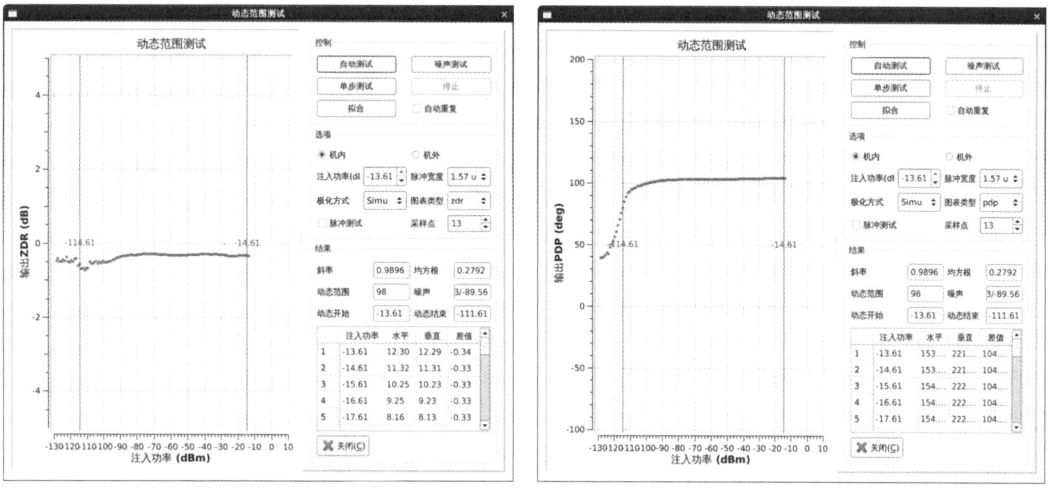

(a)差分反射率　　　　(b)差分传播相移

图 6-43　机内双通道一致性测试测试结果(1.57μs)

使用机内信号源输出连续波测试信号(步进 1dB)，将该信号通过功分器分配为两路幅度相等、相位相同的信号输入水平和垂直接收通道。从 RDASOT 软件中获取水平和垂直通道信号幅度的比值为差分反射率，信号相位的差值为差分传播相移，如图 6-44所示。

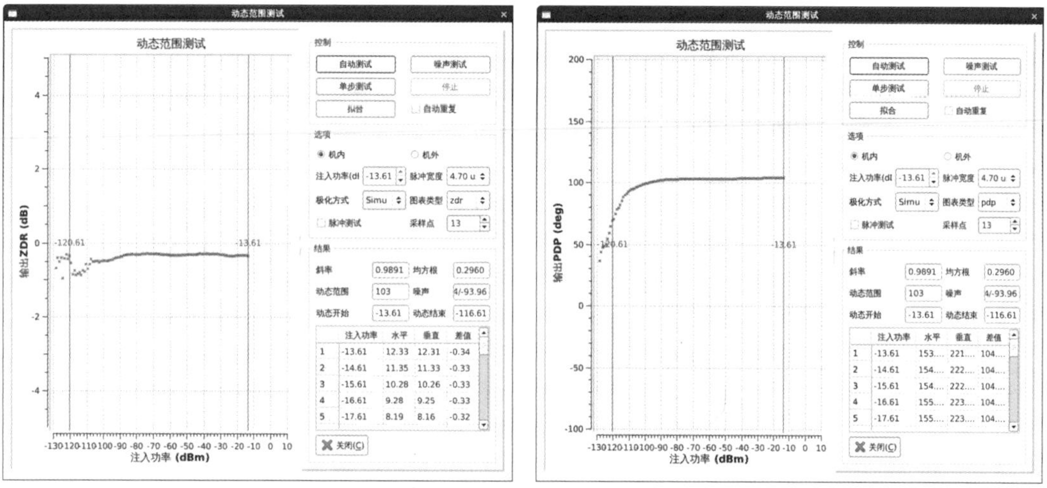

(a)差分反射率　　　　(b)差分传播相移

图 6-44　机内双通道一致性测试测试结果(4.70μs)

通过 RDA 计算差分反射率及差分传播相移的标准差来检验信号幅度一致性和相位

一致性。机内双通道一致性测试结果(zdr stdev、pdp stdev)以文本文件(雷达站号_DynTestResult_YYYYMMDDHHMMSS. txt)保存于日志文件夹中。

6. 8. 3 机外信号源测试双通道一致性的方法与步骤

注意事项：双通道一致性测试之前，需确保接收机测试通道已完成标校。

机外双通道一致性测试使用外接信号源输出连续波测试信号，将该测试信号输入接收系统前端，从 RDASOT 软件中获取信号处理器输出数据(双通道差分反射率和差分传播相移)。通过 RDA 计算差分反射率及差分传播相移的标准差来检验信号幅度一致性和相位一致性。

使用外接信号源及 RDASOT 软件测试机外双通道一致性的步骤如下：

(1)按照图 6-45 所示连接测试设备。

图 6-45　机外双通道一致性测试框图

通过射频测试电缆连接信号源 RF 输出端口与测试通道二路功分器输入端，如图 6-46 所示。使用网线连接信号源 LAN 端口与 RDA 计算机网络接口。

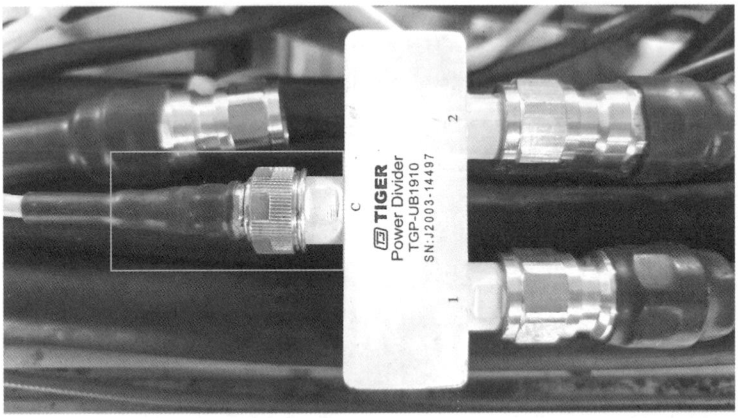

图 6-46　机外信号源连接二路功分器

(2)按照 5. 4. 3 小节测试步骤中的第(2)至(3)步顺序操作，设置信号源 IP 地址，调整"电缆损耗"。

(3)按照 3. 3. 2 小节测试步骤中的第(1)步操作，进入 RDASOT 软件界面，选择动态范围模块，如图 5-65 所示。

(4)在动态范围测试界面中，选项区域内选择“机外”，“脉冲宽度”分别选择 1.57μs 和 4.70μs，“极化方式”选择 Simu，“图表类型”选择 zdr 和 pdp，如图 6-47 所示。

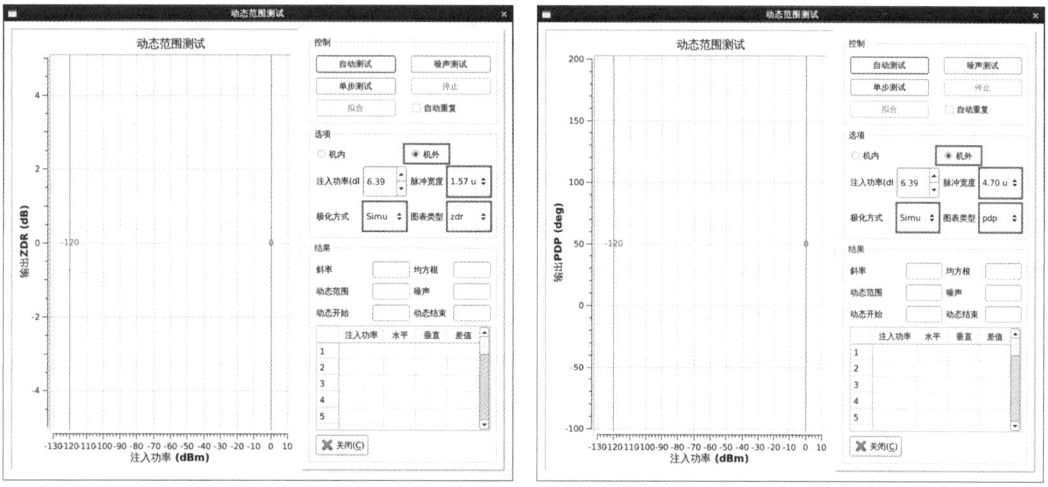

(a)差分反射率 1.57μs　　　　(b)差分传播相移 4.70μs

图 6-47　双通道一致性测试设置界面(机外)

测试选项设置完成后，点击控制区域的“自动测试”按键，如图 6-48 所示。

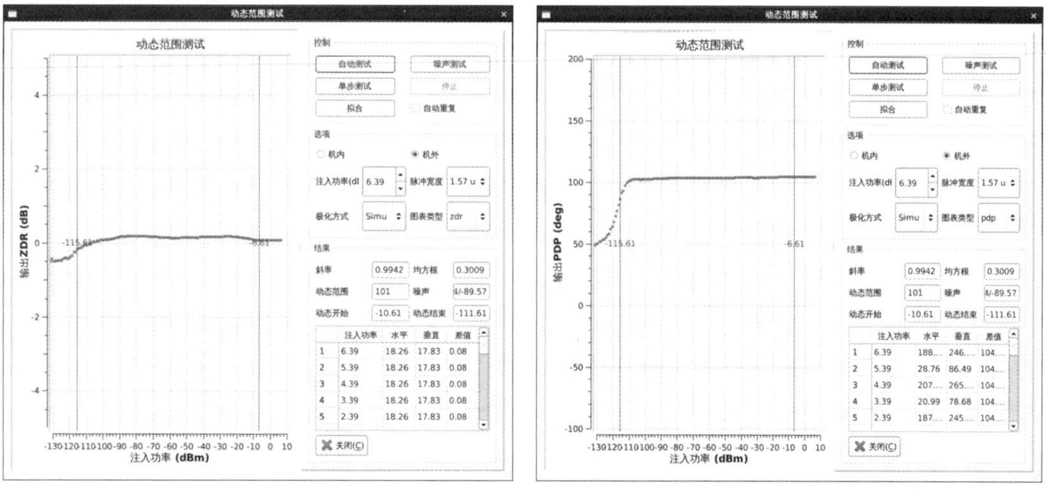

(a)差分反射率　　　　(b)差分传播相移

图 6-48　机外双通道一致性测试测试结果(1.57μs)

使用机外信号源输出连续波测试信号(步进 1dB)，将该信号通过功分器分配为两路幅度相等、相位相同的信号输入水平和垂直接收通道。从 RDASOT 软件中获取水平和垂直通道信号幅度的比值为差分反射率，信号相位的差值为差分传播相移，如图 6-49所示。

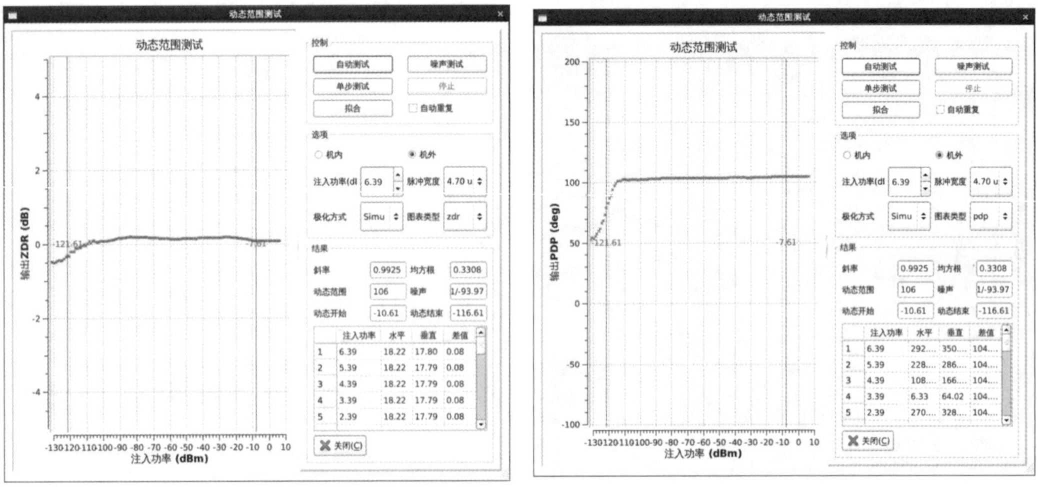

(a)差分反射率　　　　(b)差分传播相移

图 6-49　机外双通道一致性测试测试结果(4. 70μs)

通过 RDA 计算差分反射率及差分传播相移的标准差来检验信号幅度一致性和相位一致性。机外双通道一致性测试结果(zdr stdev、pdp stdev)以文本文件(雷达站号_DynTestResult_YYYYMMDDHHMMSS. txt)保存于日志文件夹中。

6.9　收发支路损耗

6.9.1　指标描述

系统馈线(直波导、弯波导、谐波滤波器、环行器、旋转关节、波导开关、软波导等)损耗 L_{Σ} 是气象雷达方程的重要参数，精确测量发射支路馈线损耗 L_t 和接收支路馈线损耗 L_r 对于准确计算降水粒子反射率至关重要。

6.9.2　发射支路损耗测试方法与标校步骤

注意事项：

(1)馈线损耗测试前，需要校准功率计，标定射频测试电缆损耗值。

(2)馈线损耗测试前，关闭天线座安全开关，锁定俯仰舱。

(3)馈线损耗测试前，停止雷达运行，关闭发射机所有开关，及配电机柜中的发射机和伺服供电开关。

(4)馈线损耗测试前，关闭空压机供电开关，使空压机停止运行。

(5)馈线损耗测试结束后，恢复全部波导连接，解除天线锁定。

(6)本节所测馈线损耗不包含天线反射体内的波导、极化双工器与馈源损耗。

(7)进入天线罩内测试时，需关闭天线罩门，确保波导开关能正常切换。

S 波段双线偏振多普勒天气雷达馈线系统分为主机房内部(发射机机柜内部和顶部)馈线部分(定向耦合器、谐波滤波器、波导开关、软波导、四端口环行器、接收机保护器、连接波导等)、天线座馈线部分(方位旋转关节、俯仰旋转关节、软波导和连接波导等)及其余连接波导。CINRAD/SAD 型天气雷达馈线系统组成如图 6-50 所示。

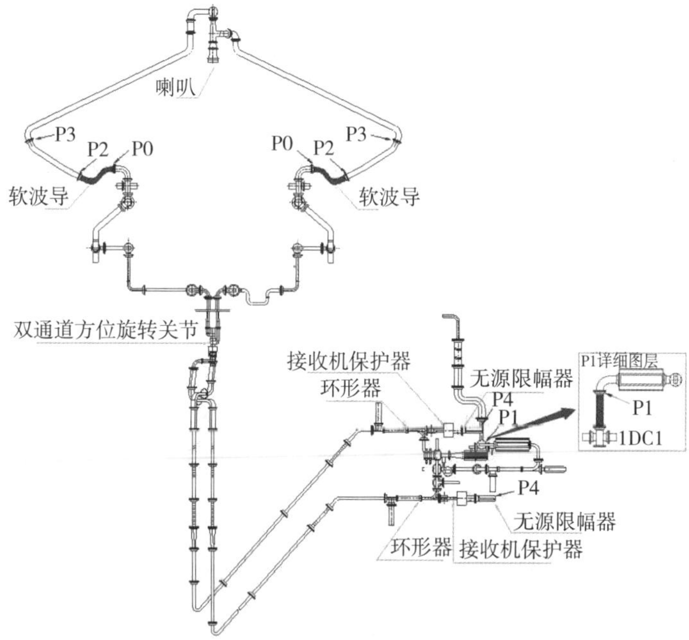

图 6-50　CINRAD/SAD 型雷达馈线系统示意图

图 6-50 中，发射支路损耗为 P1 至 P3 的馈线损耗。其中，P1 至 P2 的馈线损耗采用实测方式，测试信号输入端口为发射机机柜顶端定向耦合器 1DC1 上方直波导和弯波导连接处(P1)，测试信号输出端口为天线座俯仰关节上方软波导靠近馈源(喇叭)连接处(P2)。P2 至 P3 的馈线损耗按照 0. 1dB 估算，如图 6-51 所示。

图 6-51 中，从天线增益测试端口至发射支路损耗测试软波导端口间有一段直波导(三节)，此段直波导损耗特性稳定，且不易拆卸和安装，通过波导出厂测试值估算三

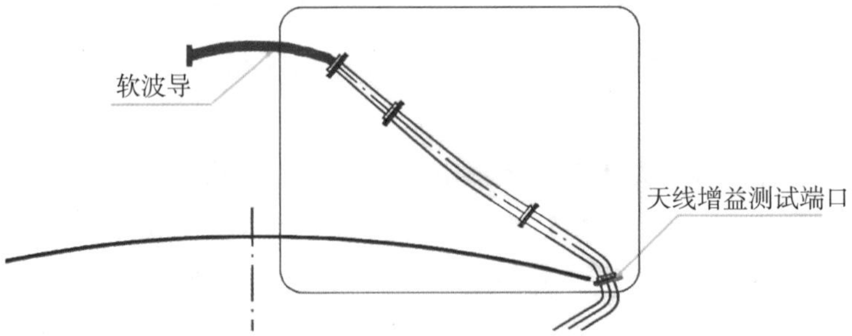

图 6-51　三节直波导损耗估算

节直波导的馈线损耗约为 0.1dB。发射支路损耗计算方法如式(6.3)所示。

$$L_t = |P_{T\text{-in}} - P_{T\text{-out}}| + 0.1 \tag{6.3}$$

式中：L_t 为发射支路馈线损耗；$P_{T\text{-in}}$ 是测试信号输入功率；$P_{T\text{-out}}$ 为测试信号输出功率。

使用信号源、功率计与 RDASOT 软件标校发射支路馈线损耗 L_t 的步骤如下：

(1)按照 4.3.4 小节操作步骤标定测试电缆损耗。使用 N 型接头测试电缆连接信号源与功率计，设置信号源和功率计的频率为待测雷达中心频率，设置信号源输出射频信号(连续波)功率为 0dBm，读取并记录功率计的测量值。待测雷达中心频率下测试电缆损耗为信号源输出射频信号功率减去功率计的测量值。

(2)拆卸图 6-50 中 P1、P2 处波导连接。P1 处指发射机机柜顶端定向耦合器 1DC1 上方直波导和弯波导的连接位置，如图 6-52 所示。

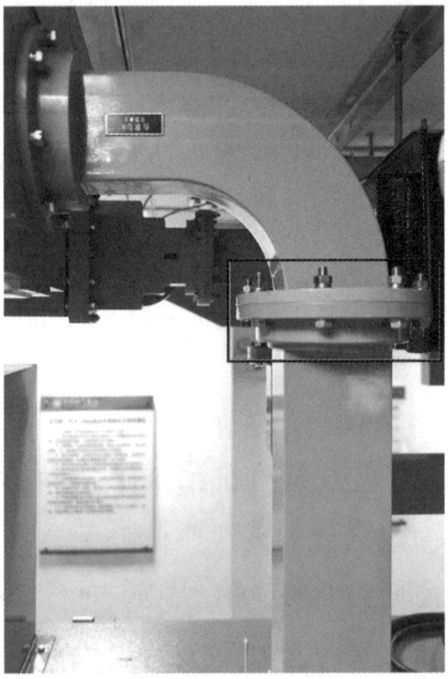

图 6-52　P1 处波导连接实物图

P2 处指天线座俯仰关节上方软波导靠近馈源(喇叭)的连接端口，如图 6-53 所示。

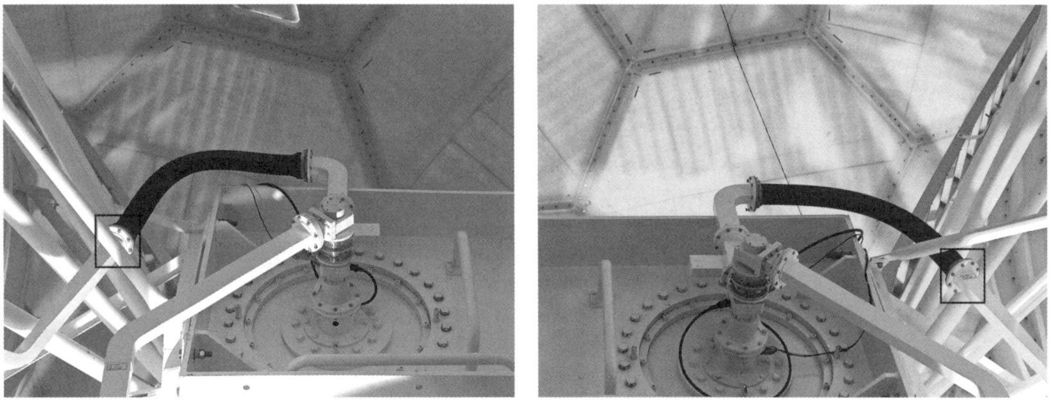

(a)水平通道　　(b)垂直通道

图 6-53　P2 处软波导连接实物图

(3)连接波导同轴转换与图 6-50 中 P1 处波导，如图 6-54 所示。

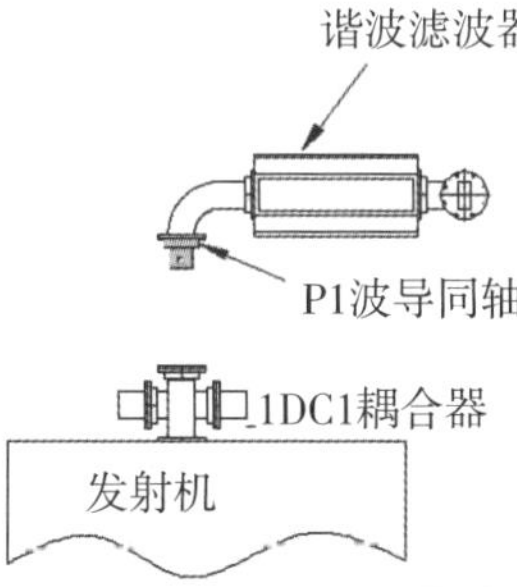

图 6-54　P1 处波导同轴转换连接示意图

通过射频测试电缆连接信号源 RF 输出端口与 P1 处波导同轴转换 N 型接口，如图 6-55 所示。

连接波导同轴转换与图 6-50 中 P2 处软波导，如图 6-56 所示。

设置功率计频率为待测雷达中心频率，将功率计探头连接至 P2 处波导同轴转换 N 型接口。

将信号源输出射频信号(连续波)功率设置为测试电缆损耗值(保证 P1 处波导同轴转换 N 型接口输入功率为 0dBm)，设置信号源频率为待测雷达中心频率，开启信号源 RF 输出功能。

(4)按照 3. 3. 2 小节测试步骤中的第(1)步操作，进入 RDASOT 软件界面，选择 DAU 控制模块，如图 6-57 所示。

图 6-55　P1 处波导同轴转换连接测试电缆

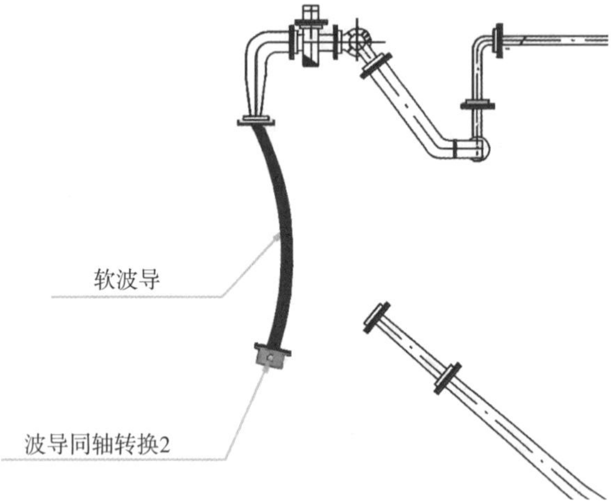

图 6-56　P2 处波导同轴转换连接示意图

图 6-57　RDASOT 软件主界面(DAU 控制模块)

(5)在 DAU 控制界面中，将波导开关状态切换为 Hori(水平)模式，如图 6-58 所示。

图 6-58　DAU 控制界面(Hori)

连接功率计探头至发射支路水平通道 P2 处波导同轴转换 N 型接口，如图 6-59 所示。

图 6-59　水平发射支路 P2 端口

此时，功率计测试结果即为水平发射时水平发射支路损耗，如图 6-60 所示。

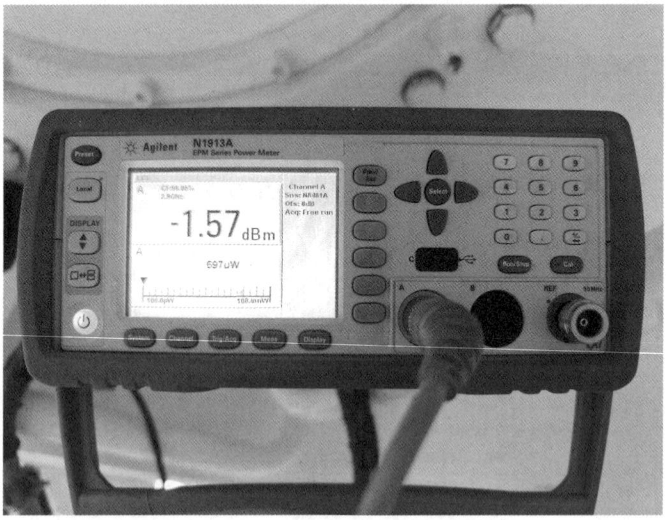

图 6-60　水平发射时水平发射支路损耗

将 RCW 软件中的适配数据 R22(RDASOT 软件反射率标定参数子界面中的适配参数 R22)修改并保存为功率计实测值，如图 6-61 所示。

图 6-61　反射率标定适配参数子界面(R22)

(6)在 DAU 控制界面中，将波导开关状态切换为 H+V(水平+垂直)模式，如图 6-62所示。连接功率计至发射支路水平通道 P2 端口，如图 6-59 所示。

图 6-62　DAU 控制界面(H+V)

此时，功率计测试结果即为水平和垂直发射时水平发射支路损耗，如图 6-63 所示。

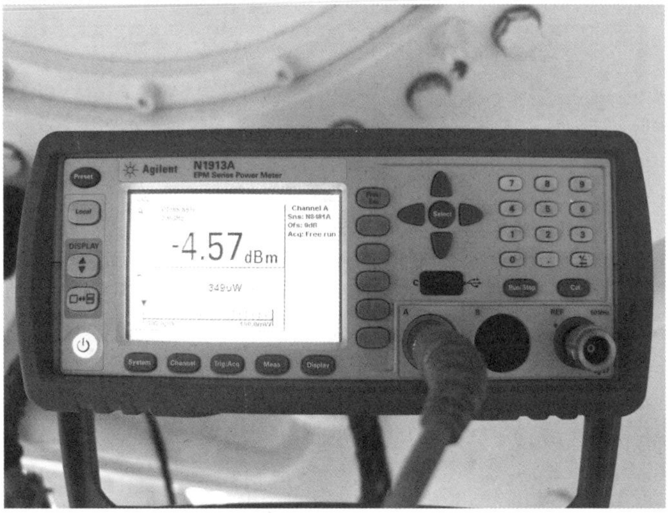

图 6-63　水平和垂直发射时水平发射支路损耗

将 RCW 软件中的适配数据 R23(RDASOT 软件反射率标定参数子界面中的适配参数 R23)修改并保存为功率计实测值，如图 6-64 所示。

图 6-64　反射率标定适配参数子界面(R23)

(7)在 DAU 控制界面中，将波导开关状态切换为 H+V(水平+垂直)模式，如图 6-62 所示。连接功率计探头至发射支路垂直通道 P2 处波导同轴转换 N 型接口，如图 6-65 所示。

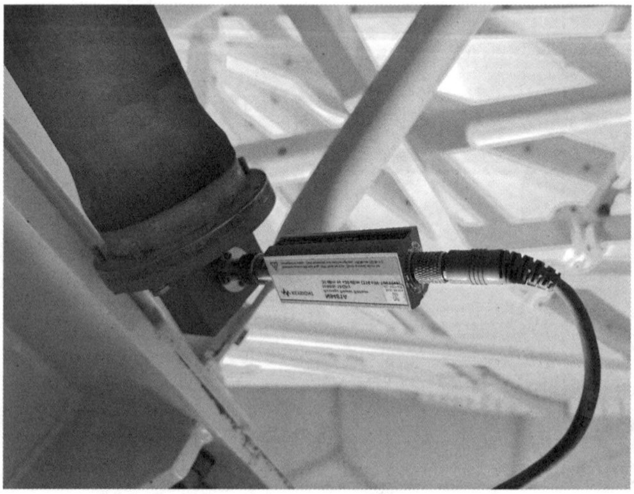

图 6-65　垂直发射支路 P2 端口

此时，功率计测试结果即为水平和垂直发射时垂直发射支路损耗，如图 6-66 所示。

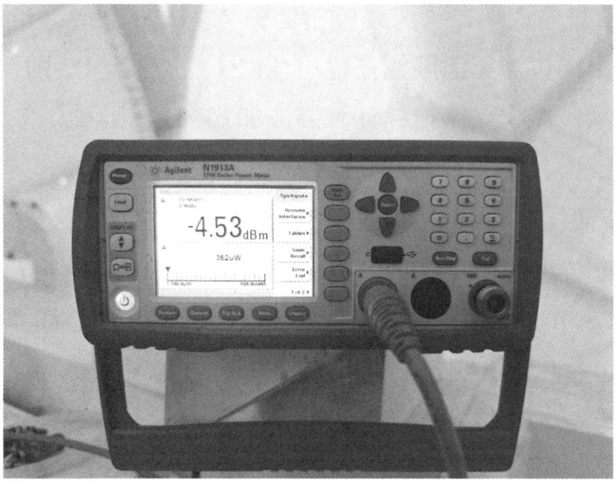

图 6-66　水平和垂直发射时垂直发射支路损耗

将 RCW 软件中的适配数据 R27(RDASOT 软件反射率标定参数子界面中的适配参数 R27)修改并保存为功率计实测值，如图 6-67 所示。

图 6-67　反射率标定适配参数子界面(R27)

6.9.3 接收支路损耗测试方法与标校步骤

图 6-50 中，接收支路损耗为 P3 至 P4 的馈线损耗。其中，P2 至 P4 的馈线损耗采用实测方式，测试信号输入端口为天线座俯仰关节上方软波导靠近馈源(喇叭)连接处(P2)，测试信号输出端口为无源限幅器输出端(P4)。P3 至 P2 的馈线损耗按照 0.1dB 估算，如图 6-51 所示。接收支路损耗计算方法如式(6.4)所示。

$$L_r = |P_{R\text{-}in} - P_{R\text{-}out}| + 0.1 \quad (6.4)$$

式中：L_r 为接收支路馈线损耗；$P_{R\text{-}in}$ 是测试信号输入功率；$P_{R\text{-}out}$ 为测试信号输出功率。

使用信号源、功率计与 RDASOT 软件标校接收支路馈线损耗 L_r 的步骤如下：

(1)按照 6.8.2 小节中的第(1)步操作，标定待测雷达中心频率下测试电缆损耗。

(2)拆卸图 6-50 中 P2、P4 处波导连接。P4 处指发射机机柜上方水平及垂直接收通道无源限幅器与低噪声放大器连接处，如图 6-27 所示。

(3)连接波导同轴转换与图 6-50 中 P2 处软波导，如图 6-56 所示。通过射频测试电缆连接信号源 RF 输出端口与水平(垂直)接收支路 P2 处波导同轴转换 N 型接口，如图 6-68 所示。

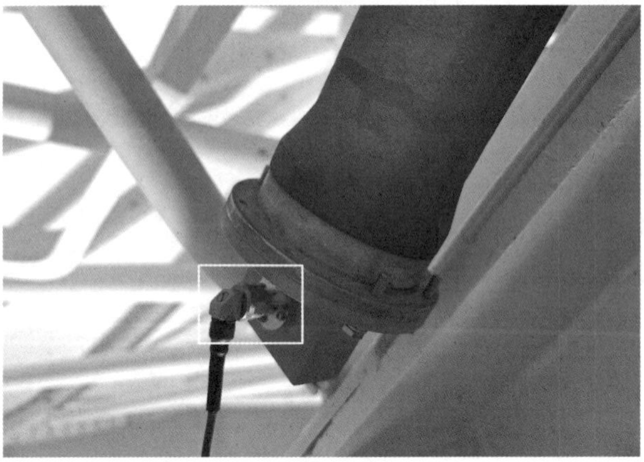

图 6-68　P2 处波导同轴转换连接测试电缆

设置功率计频率为待测雷达中心频率，将功率计探头分别连接至 P4 处水平(垂直)接收通道无源限幅器输出端(对应 P2 处测试信号)。

将信号源输出射频信号(连续波)功率设置为测试电缆损耗值(保证 P2 处波导同轴转换 N 型接口输入功率为 0dBm)，设置信号源频率为待测雷达中心频率，开启信号源 RF 输出功能。

(4)按照 3.3.2 小节测试步骤中的第(1)步操作，进入 RDASOT 软件界面，选择

DAU 控制模块，如图 6-57 所示。

(5)在DAU控制界面中，将波导开关状态切换为H+V(水平+垂直)模式，如图 6-62 所示。连接功率计探头至接收支路水平通道P4处无源限幅器输出端，如图 6-28(a)所示。

此时，功率计测试结果即为水平通道接收支路损耗，如图 6-69 所示。

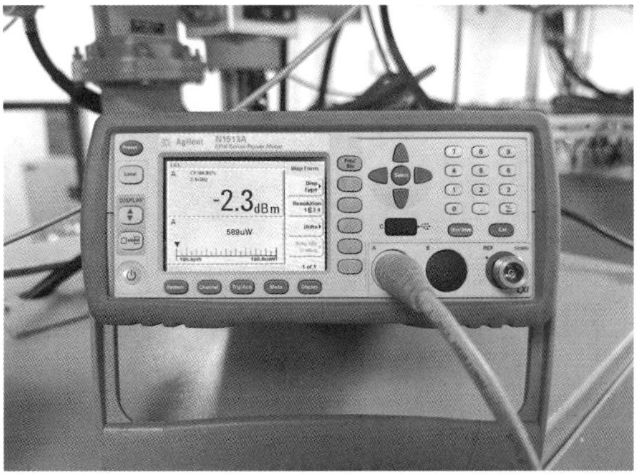

图 6-69　水平通道接收支路损耗

将 RCW 软件中的适配数据 R24(RDASOT 软件反射率标定参数子界面中的适配参数 R24)修改并保存为功率计实测值，如图 6-70 所示。

图 6-70　反射率标定适配参数子界面(R24)

(6)在 DAU 控制界面中，保持波导开关状态 H+V(水平+垂直)模式，如图 6-62 所示。连接功率计至接收支路垂直通道 P4 处无源限幅器输出端，如图 6-28(b)所示。

此时，功率计测试结果即为垂直通道接收支路损耗，如图 6-71 所示。

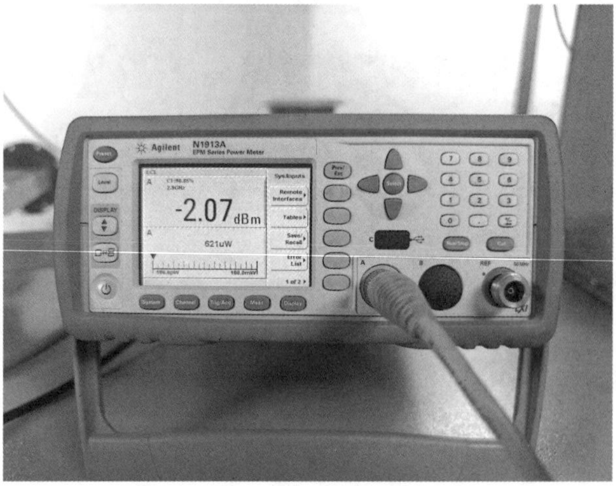

图 6-71　垂直通道接收支路损耗

将 RCW 软件中的适配数据 R28(RDASOT 软件反射率标定参数子界面中的适配参数 R28)修改并保存为功率计实测值，如图 6-72 所示。

图 6-72　反射率标定适配参数子界面(R28)

6.10 在线自动标校能力

6.10.1 指标描述

天气雷达在线自动标校能力是指雷达系统处于运行状态时，利用内置或者外部辅助设备，自动对关键性能参数(反射率因子、速度、波束指向等)进行检验和标定，确保观测数据的精度和稳定。

6.10.2 测试方法与步骤

改变接收系统增益检验回波强度，测试系统在线自动标校能力。

使用 RDASOT 软件测试接收系统在线自动标校能力的步骤如下：

(1)按照图 5-64(图 5-71)的方式连接测试设备。

(2)通过机内信号源(机外信号源)输出连续波测试信号(功率衰减范围为-40dB 至-80dB，步进 20dB)，将该测试信号通过功分器分配为两路幅度相等、相位相同的信号输入水平和垂直接收通道。

(3)从 RDASOT 软件中获取水平和垂直接收通道在不同脉冲宽度模式下 50km 距离处回波强度的测量值。

(4)接收通道(信号处理器水平和垂直接收通道信号输入端)串接一个固定衰减器(5dB)，模拟接收系统增益下降。

(5)在 RDASOT 软件中，标定并保存重新计算的 SYSCAL 值(Syscal 标定步骤详见 7.4.2 小节)。

(6)保存 SYSCAL 值后，从 RDASOT 软件中再次获取水平和垂直接收通道在不同脉冲宽度模式下 50km 距离处回波强度的测量值。

(7)通过计算测量值与期望值之差，比较接收系统串接固定衰减器前后回波强度的偏差变化，并记录最大偏差。

6.11 太阳法强度

6.11.1 指标描述

太阳射电强弱可以借助测量特定波长或频率的射电流量密度进行量化。太阳射电流量(F10.7)是太阳在波长 10.7cm 的辐射通量值，代表太阳的活动水平。太阳射电流量密度是指单位时间及频率内沿法线方向通过的单位面积能量。使用 SFU 表示太阳射电流量密度，单位为 $W/(m^2 \cdot Hz)$，$1SFU=10^{-22}W/(m^2 \cdot Hz)$。

太阳相当于一个宽带射电噪声源，由于能较准确地测定太阳射电流量密度，特选择太阳噪声作为实用的雷达标定信号源。

6.11.2 测试方法与步骤

注意事项：标校宜选择在晴空无云的天气条件下进行。

将太阳作为微波信号源，根据天文台发布的太阳射电流量值，结合雷达参数，算出雷达接收太阳射电功率的理论值；再控制天线对准太阳，测试雷达接收太阳射电功率的实测值，通过计算实测值与理论值的偏差，标定包含天线、天线罩等在内的雷达全接收链路反射率。雷达全接收链路反射率标定(太阳噪声法)流程如图 6-73 所示。

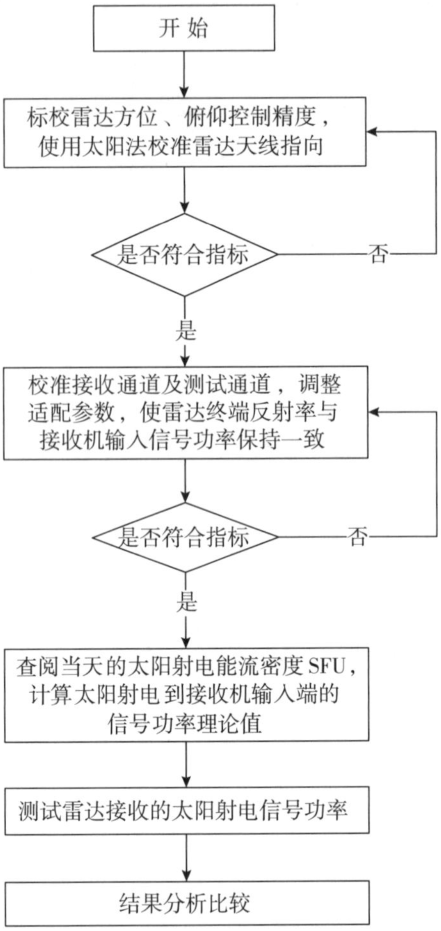

图 6-73　太阳法标定全接收链路反射率流程图

使用太阳噪声法标定雷达全接收链路反射率的步骤如下：

(1)按照 3.5.2 小节测试步骤中的第(1)至(4)步顺序操作，进入 RDASOT 软件的太阳法模块设置子界面。

(2)查询太阳射电流量密度。访问空间环境预报中心网页(http://www.sepc.ac.cn/dailyForecast_chn.php)，查询未来三天 F10.7 短期指数，其中，24HR 数值代表当日太阳射电流量密度，如图 6-74 所示。

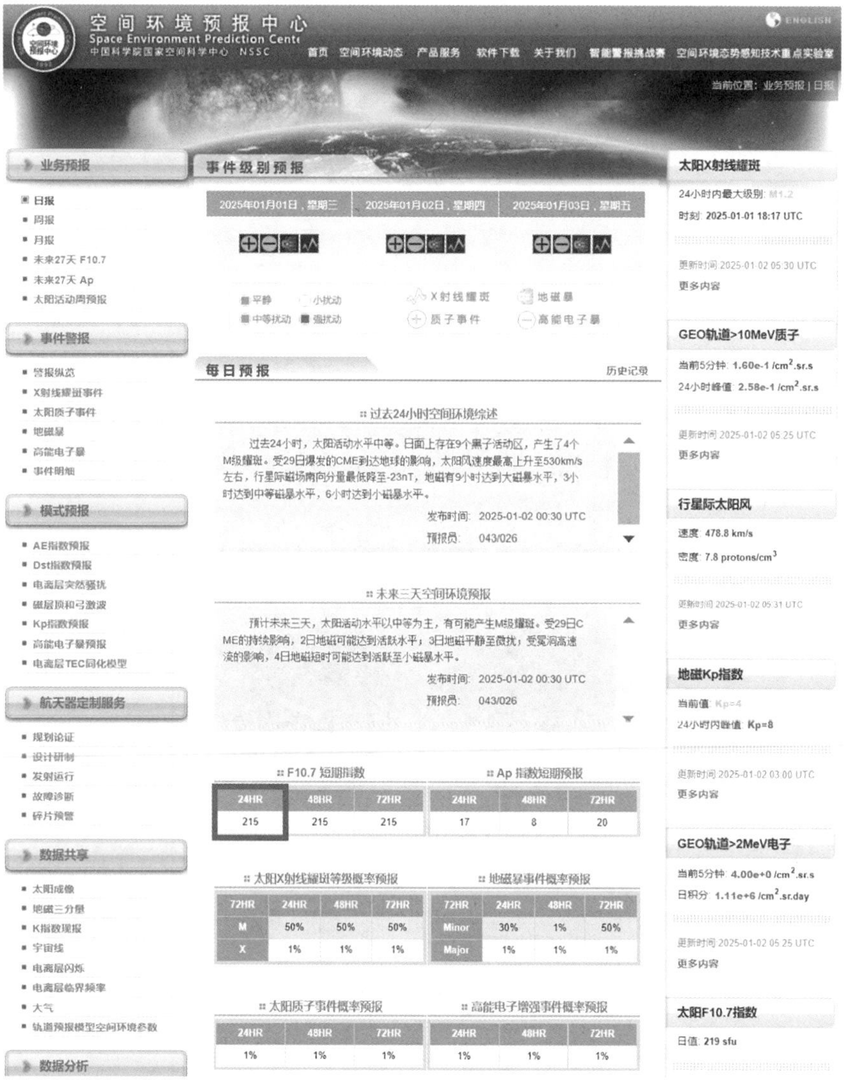

图 6-74　F10.7 射电流量预报查询页面

(3)在太阳法模块设置子界面中，点击“修改”按键，选中等待太阳，预留时间设置为 3 分钟，太阳辐射流(2800MHz)处输入当日太阳射电流量密度值，如图 6-75 所示。完成设置后，点击“保存”按键。

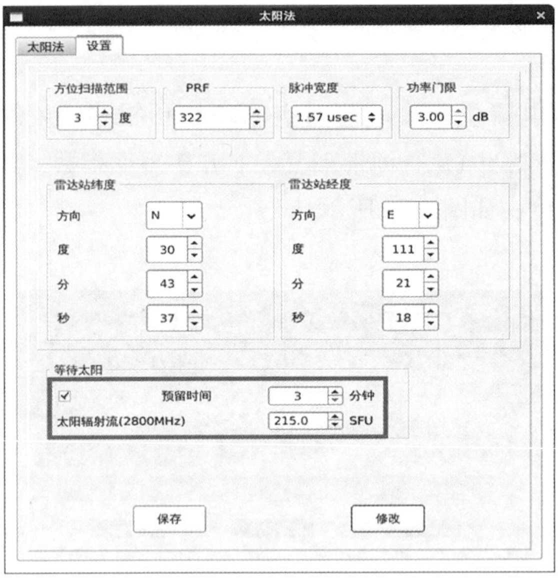

图 6-75 太阳辐射流设置

(4)在太阳法测试子界面中，点击“开始”按键进行测试。太阳法强度标定完成后，软件自动停止运行，并显示标定结果，如图 6-76 所示。

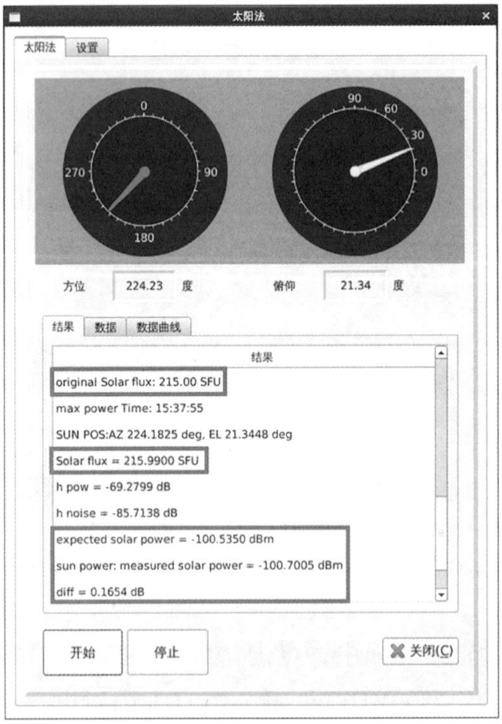

图 6-76 太阳法强度标定结果

图 6-76 中，太阳射电功率实测值(measured solar power)与理论值(expected solar power)的偏差(diff)为 0.1654dB，满足太阳法强度测试偏差≤2.7dB 的技术指标要求。标定结果数据以文本形式自动保存于日志文件(雷达站号_SunCalResult_YYYYMMDDHHMMSS.log)中。

6.12　无人机金属球反射率因子

6.12.1　指标描述

雷达发射电磁波照射已知截面积的标准反射体，可获取该标准反射体的回波信号，以此模拟雷达对云、雨等气象粒子的后向散射回波。使用金属球作为标准反射体时，金属球对电磁波的散射信号将向空间各个方向传播，通过无人机悬吊金属球作为标定物，可校准天气雷达的天线、系统链路等参数。

6.12.2　测试方法与步骤

注意事项：

(1)检查雷达性能指标和功能状态，满足技术要求后再开展金属球标校。

(2)须选取天气晴朗、无风或微风(5m/s 以内)的天气条件开展金属球标定，避免气象回波影响金属球反射率。

(3)分析无降水天气的待测雷达基数据，检查周边杂波干扰情况，筛选无环境噪声及地物杂波影响的方位作为金属球标定初筛区域。

(4)金属球被平面波照射时，雷达散射截面(Radar Cross Section，RCS)可通过简单模型估算。因此，需增加金属球与雷达间距至最小远场距离(电磁波传播过程中，接收点与发射点间距超过远场边界，将电磁波近似看作平面波进行计算)以外。S 波段天气雷达(中心频率 2.85GHz)，对应的远场距离为 1344m。

(5)无人机与金属球相距较近时，无人机和金属球的回波信号都被雷达接收，从而影响标定精度。为保证雷达探测金属球不受无人机干扰，金属球与无人机须保持一定距离，且满足雷达俯仰扫描要求，确保无人机不在雷达波束照射范围内。S 波段天气雷达远场距离为 1344m，绳长应选取 157m。

(6)结合无人机悬吊承载力，以及不同波段雷达的波长属性，用于 S 波段天气雷达的标定金属球直径应选择 40~60cm。

为保证天气雷达能有效识别金属球，获取精确的 RCS 特征，无人机应悬吊尺寸适宜的金属球飞至雷达天线远场范围以外。雷达波束中心对准金属球，分别计算标定物的等效反射率因子 (Z)、差分反射率 (Z_{dr})、相关系数(CC)。将金属球作为点目标时，其反射率因子计算方法如式(6.5)所示。

$$Z = \frac{2\ln 2 \times 8\lambda^4 r^2}{\theta\varphi hc\pi^5 \ |k|^2 R^2} \tag{6.5}$$

式中：Z 为等效反射率因子(单位：mm^6/m^3)；R 为雷达与目标之间的距离(单位：km)；λ 为雷达发射(接收)电磁波的波长(单位：cm)；r 为标准金属球的半径(单位：cm)；φ 和 θ 分别为天线波束的水平宽度与垂直宽度(单位：°)；τ 为脉冲宽度(单位：μs)；k 是复折射指数项，$|k|^2=0.93$；c 是光速，约 3×10^8m/s；2ln2 为雷达波束照射不均匀的修正值。无人机悬吊金属球标定示意如图 6-77 所示。

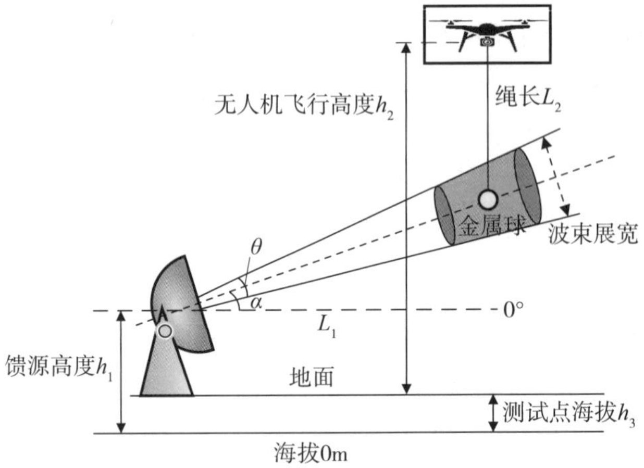

图 6-77　无人机悬吊金属球标定示意图

使用无人机、金属球与 RDASOT 软件标定雷达系统反射率因子的步骤如下：

(1)无人机悬吊金属球起飞，执行规划航线，直至抵达预设位置。

(2)参照 4.2.2 小节测试步骤中的第(4)步操作，在发射机预热完成后，将发射机切换成"遥控""自动"模式。

(3)按照 3.3.2 小节测试步骤中的第(1)步操作，进入 RDASOT 软件界面，选择金属球标定模块，如图 6-78 所示。

(4)在设置子界面中，核对雷达系统区域待测雷达基础信息设置是否正确，如图 6-79 所示。

图 6-79 中，根据测试计划配置扫描参数至扫描任务区域(S 波段天气雷达 1.57μs 脉冲宽度对应的分辨率为 250m)。无人机悬停后，在金属球目标区域内输入金属球的相关信息(无人机无激光测距功能，需输入无人机的经度、纬度和海拔，吊绳长度为实际绳长；无人机有激光测距功能，需输入金属球的经度、纬度和海拔，吊绳长度为 0m)。搜寻距离/存档区域内，设置俯仰搜索范围(RHI 扫描角度)、方位搜索范围

(PPI 扫描角度)、偏振方式(Simu)，选中基数据和 IQ 数据保存功能。参数设置完成后，点击“保存”按键。

图 6-78　RDASOT 软件主界面(选择金属球标定模块)

图 6-79　金属球标定设置

(5)在十字搜索子界面中，点击“更新目标”按键，RDASOT 软件自动按照设置子界面信息计算目标的 RCS、相对角度和距离，如图 6-80 所示。更新目标完成后，点击“开始”按键，等待十字搜索结果。

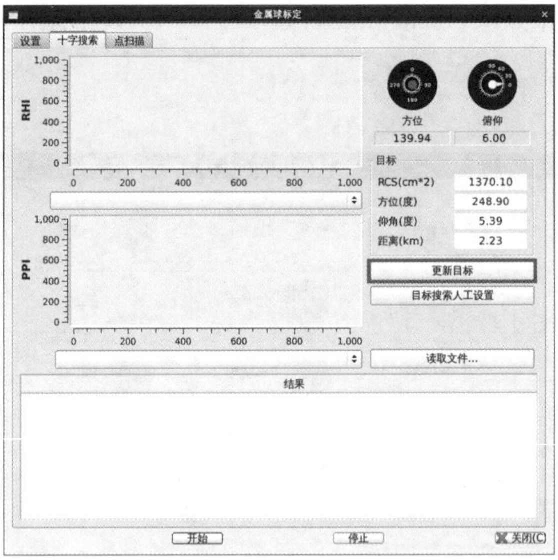

图 6-80　更新目标操作

RDASOT 软件按照目标更新后的相对角度分别进行 RHI 和 PPI 扫描，如图 6-81 所示。

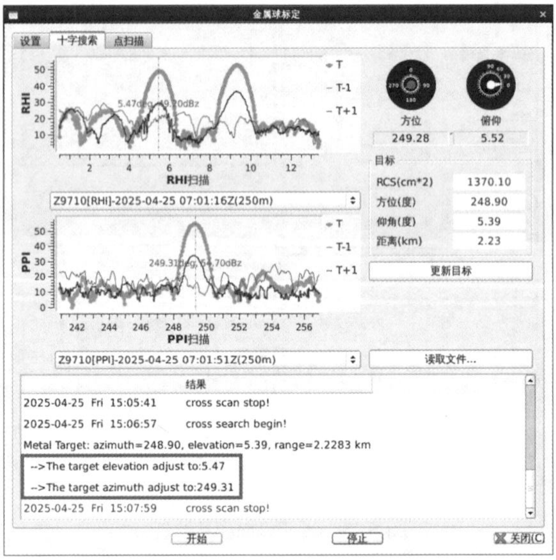

图 6-81　十字搜索结果

图 6-81 中，RHI 显示区域横坐标是俯仰角度，纵坐标是信号强度。T 表示当前距离库，T−1 表示前一个距离库，T+1 表示后一个距离库。低仰角的波峰(左)代表金属球，高仰角的波峰(右)代表无人机。PPI 显示区域横坐标是方位角度，纵坐标是信号

强度。结果区域显示金属球相对雷达站的方位、俯仰、距离等信息。

无人机起飞以后，雷达持续对金属球进行 RHI 扫描，直至金属球到达预定位置。通过 RHI 数据分析，调整无人机位置，使金属球位于 T−1 和 T+1 距离库中间，获取金属球回波的精确俯仰角度。在金属球俯仰位置进行 PPI 扫描，通过基数据分析，获取金属球回波的精确方位角度。

(6)在点扫描子界面中，将十字搜索获取的金属球精确方位和俯仰角度输入目标区域中，如图 6-82 所示。信息设置完成后，点击“开始”按键。

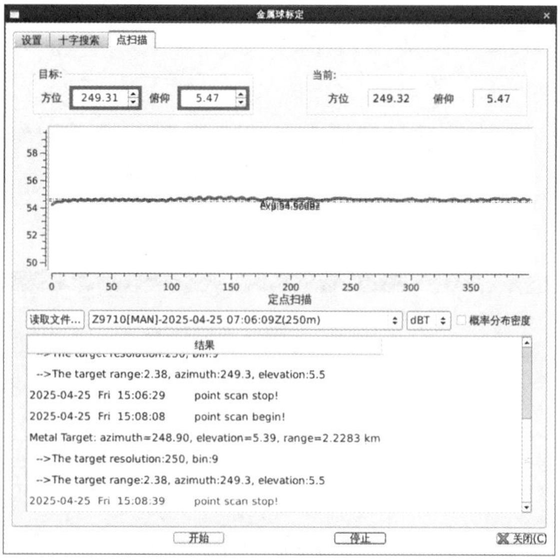

图 6-82　点扫描结果

图 6-82 中，定点扫描结果显示区域的 Exp 代表期望值，Avg 表示实测平均值。

(7)使用定点扫描数据分析金属球标定结果。基数据保存于 opt/rda/archive2 文件夹中，IQ 数据保存于 opt/rda/iq 文件夹中。

(8)标定结束后，保存测试数据，无人机返航，雷达恢复成常规观测模式。

第 7 章　雷达系统参数调整

7.1　接收系统测试通道损耗标校

修改并保存 RDASOT 软件反射率标定参数子界面中的适配参数 R36(RCW 软件中的适配数据 R36)为功率计实测值(频率源 J3 输出信号功率)，如图 7-1 所示。

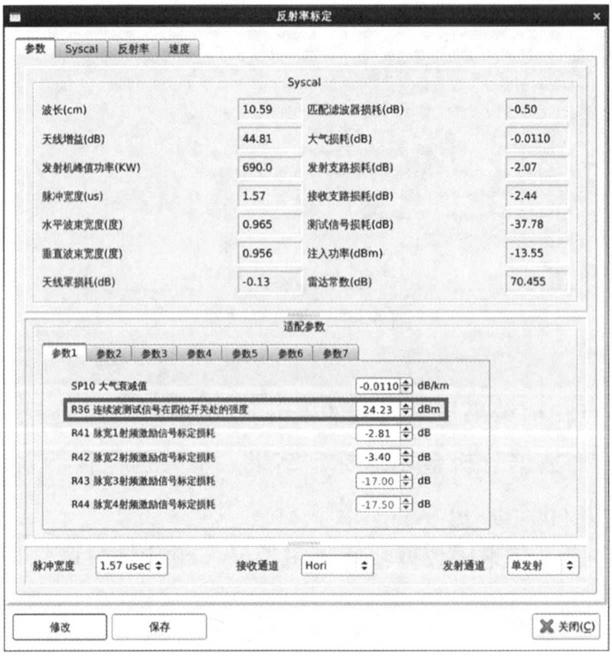

图 7-1　反射率标定适配参数 1(R36)

修改并保存 RDASOT 软件反射率标定参数子界面中的适配参数 R25 和 R29(RCW 软件中的适配数据 R25 和 R29)为功率计实测水平与垂直通道测试信号损耗(R25 为水平通道低噪声放大器输入端注入功率与 R36 的差值；R29 为垂直通道低噪声放大器输入端注入功率与 R36 的差值)，如图 7-2 所示。

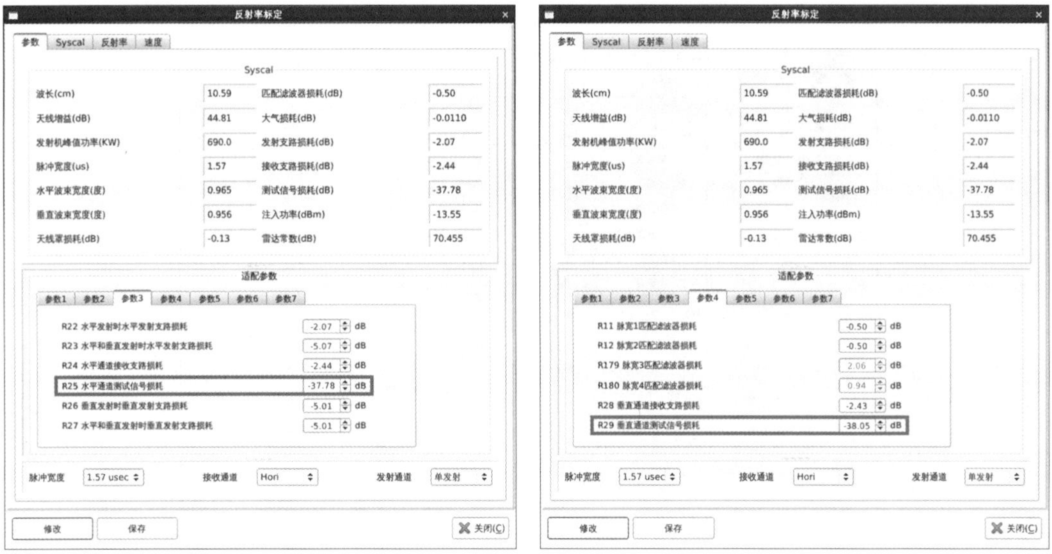

(a)参数 3(R25)　　　　(b)参数 4(R29)

图 7-2　反射率标定适配参数设置

7.2　CW、RFD、KD 标定误差调整

雷达实际运行过程中，需要对 CW、RFD、KD 标定误差进行调整，使系统标校的测量值与期望值接近一致。

7.2.1　CW 标校

使用3 个不同强度的 RF 测试信号和1 个 CW 测试信号，标校接收系统线性通道反射率。将信号处理器实测反射率与 RDA 计算的目标期望反射率进行比较，如果标校结果满足要求，系统实时修正 SYSCAL 值，并送往信号处理器，用于计算下一个体扫的反射率。

CW 是来自频率源的射频测试信号。CW 标校含义如下：

(1)检查接收通道增益或衰减变化量。

(2)CW 标校结果超出阈值，RFD3 标校结果正常，应检查频率源 J3 的输出信号(RF TEST)幅度是否发生变化。

使用 RCW 软件调整 CW 标定误差的步骤如下：

(1)按照 4.3.2 小节测试步骤中的第(1)至(5)步顺序操作，在 RCW 软件的“性能数据列表”的“标定 1”中，查看反射率区域内的 CW 标校结果，如图 7-3 所示。

CW 期望值与测量值的差值超出阈值(1dBZ)，需要关闭性能数据界面，修改适配数据界面中的水平通道系统雷达标定常数(R53 或 R54)。

图 7-3　CW 和 RFD 标校结果

(2)按照 5.3.6 小节标校步骤中的第(1)至(2)步顺序操作，在 RCW 软件“适配数据列表”的“接收机 3”中，查看/修改脉宽 1(窄脉冲)水平通道系统雷达标定常数(R53)、脉宽 2(宽脉冲)水平通道系统雷达标定常数(R54)，如图 7-4 所示。

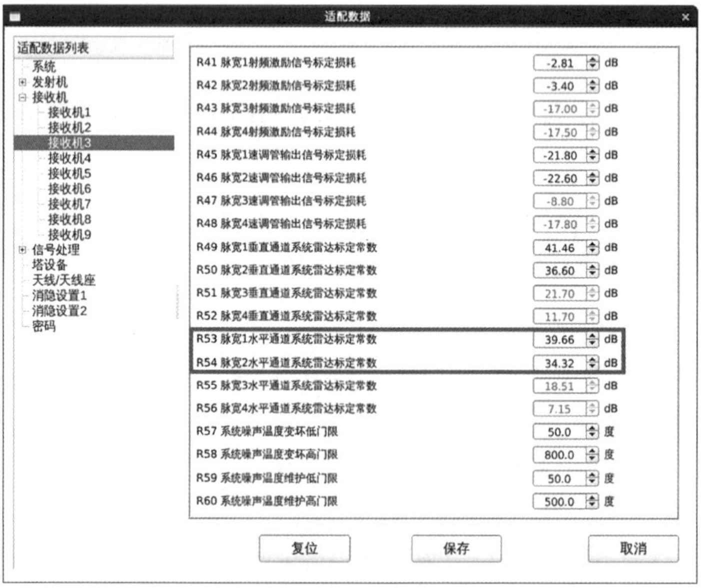

图 7-4　接收机适配数据(水平通道系统雷达标定常数)

更改水平通道系统雷达标定常数 R53 或 R54，可以相应改变窄脉冲或宽脉冲模式 Syscal 标定 CW 期望值与测量值的差值。窄脉冲水平通道 Syscal 标定 CW 期望值与测量值如图 7-5 所示。

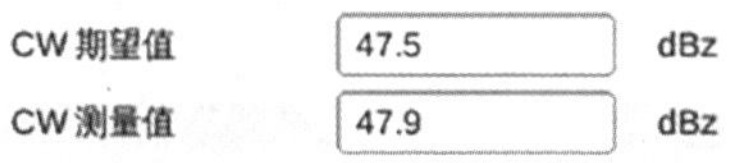

图 7-5　Syscal 标定(CW 期望值与测量值)

从图 7-5 可知，CW 测量值与期望值的差值为 0. 4dBZ(测量值较大)。为使 CW 测量值和期望值保持一致，需要将 R53 标定常数减 0. 4dB(39. 66−0. 4＝39. 26)，R53 由 39. 66dB 修改为 39. 26dB。宽脉冲标校应修改 R54 标定常数。

CW 标校改变 Syscal 标定 CW 测量值。如果测量值比期望值大，应使用 R53(R54)标定常数减去相应差值；如果测量值比期望值小，应使用 R53(R54)标定常数加上相应差值。

7. 2. 2　RFD 标校

RFD 是来自发射机脉冲驱动形成器的射频激励信号。通过射频数控衰减器设置不同的衰减值，分为 3 种信号幅度。RFD 标校含义如下：

(1)检查接收系统脉冲信号不同幅度的一致性，可以间接反映接收系统线性动态范围。

(2)如果中高强度信号偏差较小，仅小信号偏差较大，问题可能是接收系统低端动态不佳或存在微波泄漏。

(3)RFD 采集 44km 处的脉冲信号，可以检查系统的距离定位精度。

(4)RFD3 是高信噪比饱和放大信号，可用于接收系统状态检测。

R53(R54)用于调整 CW 和 RFD 测量值。R53(R54)调大，则 CW 和 RFD 测量值变大；R53(R54)调小，则 CW 和 RFD 测量值变小。只有 CW 和 RFD3 参与 SYSCAL 值计算。

CW 标校完成后，使用 RCW 软件调整 RFD 标定误差的步骤如下：

(1)按照 4. 3. 2 小节测试步骤中的第(1)至(5)步顺序操作，在 RCW 软件“性能数据列表”的“标定 1”中，查看反射率区域内的 RFD 标校结果，如图 7-3 所示。

更改水平通道系统雷达标定常数(R53 或 R54)，保证 CW 测量值与期望值接近的前提下，如果 RFD 期望值与测量值的差值超出阈值(1dBZ)，需要关闭性能数据界面，修改适配数据界面中的射频激励信号标定损耗(R41 或 R42)。

(2)按照 5.3.6 小节标校步骤中的第(1)至(2)步顺序操作，在 RCW 软件“适配数据列表”的“接收机 3”中，查看/修改脉宽 1(窄脉冲)射频激励信号标定损耗(R41)、脉宽 2(宽脉冲)射频激励信号标定损耗(R42)，如图 7-6 所示。

图 7-6　接收机适配数据(射频激励信号标定损耗)

更改射频激励信号标定损耗 R41 或 R42，可以相应改变窄脉冲或宽脉冲模式 Syscal 标定 RFD 期望值与测量值的差值。窄脉冲水平通道 Syscal 标定 RFD1 至 RFD3 期望值与测量值如图 7-7 所示。

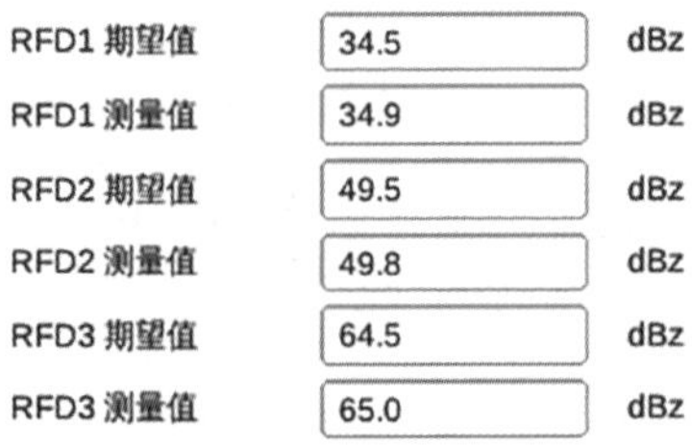

图 7-7　Syscal 标定(RFD 期望值与测量值)

图 7-7 中，RFD3 期望值与测量值的差值为 0.5dBZ(期望值较小)。为使 RFD3 期望值和测量值保持一致，需要将 R41 标定损耗加 0.5dB(−2.81+0.5=−2.31)，R41

由-2.81dB 修改为-2.31dB。宽脉冲标校应修改 R42 标定损耗。

RFD 标校改变 Syscal 标定 RFD 期望值。如果期望值比测量值大，应使用 R41(R42)标定损耗减去相应差值；如果期望值比测量值小，应使用 R41(R42)标定损耗加上相应差值。

7.2.3　KD 标校

KD 是来自微波延迟线(延迟约 10μs)的发射机输出射频测试信号。通过射频数控衰减器设置不同的衰减值，分为 3 种信号幅度。KD 标校含义如下：

(1)检查接收系统脉冲信号不同幅度的一致性，可以间接反映接收系统线性动态范围。

(2)KD 采集 1.5km 处的脉冲信号，可以检查系统的距离定位精度。

(3)KD3 是高信噪比信号，可以辅助检查接收系统和发射系统的状态。

使用 RCW 软件调整 KD 标定误差的步骤如下：

(1)按照 4.3.2 小节测试步骤中的第(1)至(5)步顺序操作，在 RCW 软件“性能数据列表”的“标定检查”中，查看反射率区域内的 KD 标校结果，如图 7-8 所示。

图 7-8　KD 标校结果

KD 期望值与测量值的差值超出阈值(1dBZ)，需要关闭性能数据界面，修改适配数据界面中的速调管输出信号标定损耗(R45 或 R46)。

(2)按照 5.3.6 小节标校步骤中的第(1)至(2)步顺序操作，在 RCW 软件“适配数据列表”的“接收机 3”中，查看/修改脉宽 1(窄脉冲)速调管输出信号标定损耗(R45)、脉宽 2(宽脉冲)速调管输出信号标定损耗(R46)，如图 7-9 所示。

图 7-9　接收机适配数据(速调管输出信号标定损耗)

更改速调管输出信号标定损耗 R45(R46)，可以相应改变窄脉冲(宽脉冲)模式 KD 标定期望值与测量值的差值。

从图 7-8 可知，KD3 期望值与测量值的差值为 1.3dBZ(期望值较大)。为使 KD3 测量值和期望值保持一致，需要将 R45 标定损耗减 1.3dB(−21.8−1.3=−23.1)，R45 由−21.8dB 修改为−23.1dB。宽脉冲标校应修改 R46 标定损耗。

KD 标校改变反射率标定 KD 期望值。如果期望值比测量值大，应使用 R45(R46)标定损耗减去相应差值；如果期望值比测量值小，应使用 R45(R46)标定损耗加上相应差值。

7.3　发射机机内输出功率和天线功率调整

注意事项：

(1)天线功率取样需经过汇流环，其变化幅度比发射机输出功率变化幅度大，仅用作雷达状态检查，不用于回波强度计算。

(2)机内功率探头为平均功率探头，探头输出电平的变化幅度随探头温度小幅变化(温度越低，输出电平越高；温度越高，输出电平越低)，但很快趋于稳定。

发射功率分为发射机输出功率和天线功率。雷达运行过程中，需要将发射机机内输出功率和天线功率调整至合适范围以内。

使用 RCW 软件调整发射机机内输出功率和天线功率的步骤如下：

(1)按照 4.3.2 小节测试步骤中的第(1)至(5)步顺序操作，在 RCW 软件“性能数据列表”的“发射机 1”中，查看发射机峰值功率(机内)和天线峰值功率，如图 7-10 所示。

图 7-10　发射机性能数据(峰值功率)

(2)按照 5.3.6 小节标校步骤中的第(1)至(2)步顺序操作，在 RCW 软件“适配数据列表”的“发射机 1”中，查看/修改窄脉冲发射机功率(TR13)和天线功率(TR17)转换因子，宽脉冲发射机功率(TR14)和天线功率(TR18)转换因子，如图 7-11 所示。

图 7-10 中，读取发射机机内峰值功率为 684kW。假设在发射机定向耦合器 1DC1 的耦合输出端测得机外实际输出峰值功率为 710kW。为使机内和机外输出功率保持一致，需要将机内功率显示值从 684kW 调整成 710kW。

从图 7-11 可知，发射机机内峰值功率 684kW 对应的 TR13 功率转换因子为 0.00005322。发射机机内峰值功率显示值要调整为 710kW，需要更改 TR13 功率转换

图 7-11　发射机适配数据(发射机功率和天线功率转换因子)

因子的数值。根据比例公式 $A/B=C/D$(684/710=0.00005322/修改值)，计算修改值为 0.00005524，并将 TR13 的数值由 0.00005322 修改成 0.00005524。

(3)天线功率调整需修改天线功率转换因子(TR17 和 TR18)，其步骤参照发射机机内输出功率调整方法。

7.4　反射率标定恢复正常回波

7.4.1　机内发射功率降低

雷达实际运行过程中，发射机机内功率如果出现明显降低的情况，可以通过反射率标定使回波接收状态恢复正常。

使用 RDASOT 软件调整发射机峰值功率的步骤如下：

(1)按照 3.3.2 小节测试步骤中的第(1)步操作，进入 RDASOT 软件界面，选择反射率标定模块，如图 6-18 所示。

(2)在反射率标定 Syscal 子界面中，点击发射机功率区域内“1. 获取功率计零漂”按键，“零漂”显示结果约为 15LSB±5LSB，如图 7-12 所示。“零漂”数值若偏差较大，可调节下光纤板侧面电位器 R53，以调整发射机功率零点。

点击发射机功率区域内“2. 打开发射机高压开关”按键，使发射机处于遥控准加状态，如图 7-13 所示。

图 7-12　发射机功率调整(获取功率计零漂)

图 7-13　发射机功率调整(打开发射机高压开关)

点击发射机功率区域内“3. 获得发射机峰值功率”按键，获取“峰值功率”显示结果，如图 7-14 所示。

图 7-14　发射机功率调整(获得发射机峰值功率)

“峰值功率”显示结果须与发射机机内输出功率保持一致。若数值不一致，可适当调整发射机功率区域内“功率转换因子”，然后直接点击“3. 获得发射机峰值功率”按键，再次获取发射机功率。

点击发射机功率区域内“4. 保存结果”按键，保存发射机峰值功率，如图 7-15 所示。

7.4.2　接收通道增益变化

雷达实际运行过程中，接收通道增益如果发生明显变化时，可以通过反射率标定使回波接收状态恢复正常。

Syscal 标定结果与 CW 测量值、RFD3 测量值、发射机机内功率、发射射频信号脉冲宽度等参数相关。接收通道增益越大，SYSCAL 值越小；接收通道增益越小，SYSCAL 值越大。

使用 RDASOT 软件标校接收通道增益的步骤如下：

(1)按照 3.3.2 小节测试步骤中的第(1)步操作，进入 RDASOT 软件界面，选择反射率标定模块，如图 6-18 所示。

图 7-15　发射机功率调整(保存结果)

(2)在反射率标定 Syscal 子界面中，点击“开始 syscal 标定”按键，系统将重新计算 SYSCAL 值，如图 7-16 所示。

图 7-16　Syscal 重新标定

（3）保存重新计算的 SYSCAL 值，如图 7-17 所示。保存 SYSCAL 值之后，无须再次修改 RCW 软件适配数据中相应的雷达标定常数（适配数据已同步修改完成），删除系统标定文件（config/RDACALIB. dat），再次进行机内标定。

图 7-17　SYSCAL 值保存

7.5　CW ZDR 标定

双线偏振天气雷达通过在线监测差分反射率（ZDR）偏差进行动态补偿，结合回波强度与差分相位参数建立偏差模型，实现在线自动校正。当 ZDR 偏差超出标定阈值时，可以离线校准差分反射率。

使用 RDASOT 软件标定 CW ZDR 的步骤如下：

（1）按照 3. 3. 2 小节测试步骤中的第（1）步操作，进入 RDASOT 软件界面，选择反射率标定模块，如图 6-18 所示。

（2）在反射率标定 Syscal 子界面 CW ZDR 标定区域中，点击“开始”按键，获得 CW ZDR 标定值，如图 7-18 所示。

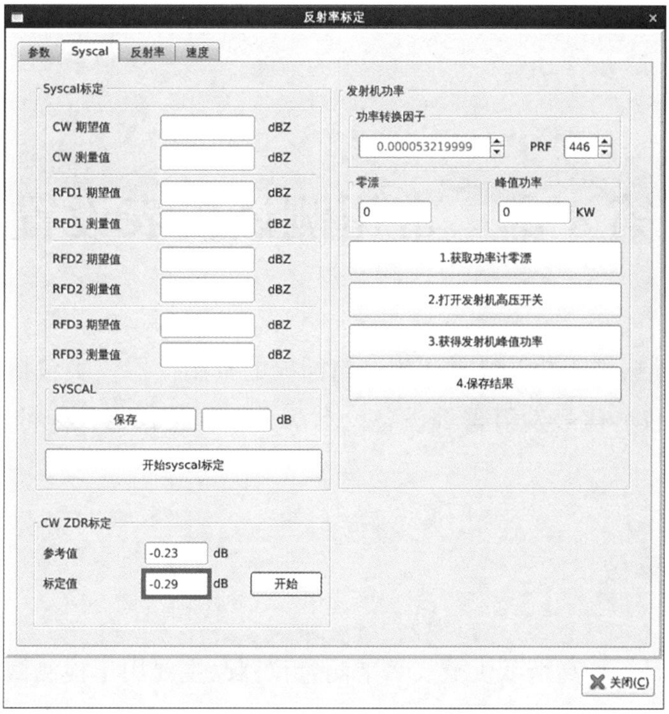

图 7-18　CW ZDR 标定结果

(3)根据 CW ZDR 标定值，修改 RCW 软件“适配数据列表”的“信号处理 1”内 CW ZDR 参考值(SP13)，如图 7-19 所示。

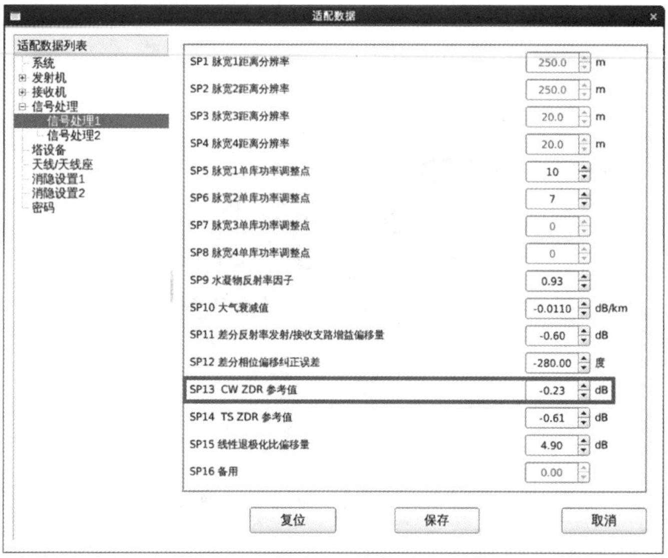

图 7-19　适配数据调整(CW ZDR 参考值)

第8章　常用测试仪表设置

S波段双线偏振多普勒天气雷达测试与标校的常用仪器仪表包括合像水平仪、示波器、频谱分析仪、信号发射器等设备。本章介绍相关仪器仪表的基本功能与通用设置。

8.1　合像水平仪

合像水平仪是一种高精度机械式水平测量仪器，主要用于检测微小角度倾斜、平台平面度、导轨平直度，以及安装、调整和校准精密机械设备等方面。

8.1.1　工作原理与使用方法

合像水平仪通过测量气泡在液体中的位置确定物体是否水平(垂直)。合相水平仪核心部件是水准器，通常由精密玻璃管(水准管)、两个气泡(一个气泡用于水平测量，另一个气泡用于垂直测量)、棱镜或反射镜系统组成，通过光学放大和合相原理实现高灵敏度测量。合像水平仪实物如图8-1所示。

图8-1　合像水平仪实物图

合像水平仪放置于倾斜物体表面时，目镜中的气泡将分裂成两半。旋转测微调节旋钮，驱动测微螺杆机构，精细调整水准器位置，使分裂的气泡精确重合为半个椭圆。通过观察气泡位置，可以确定物体倾斜方向和角度。合像水平仪放置于水平物体表面时，气泡将停留在玻璃管中心位置。合像水平仪的构造示意图如图 8-2 所示。

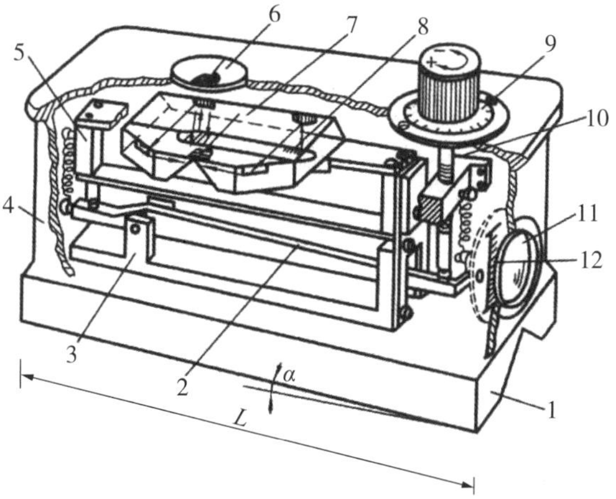

1—底板；2—杠杆；3—支承；4—壳体；5—支承架；6—放大镜；
7—棱镜；8—水准器；9—微分筒；10—测微螺杆；11—放大镜；12—刻线尺

图 8-2　合像水平仪构造示意图

使用合像水平仪测量物体水平度的步骤如下：

通过放大镜观察水准器气泡两端经过棱镜反射为两个半像。当桥板两端相对自然水平面无高度差时，水准器处于水平状态，气泡位于水准器中央(棱镜两侧对称)，从放大镜看到两个半像相合，如图 8-3(a)所示。当桥板两端相对自然水平面有高度差时，水平仪存在倾斜角度 α，气泡不位于水准器中央，从放大镜看到两个半像错开(产生偏移量 Δ)，如图 8-3(b)所示。合像水平仪气泡位置变化示意图如图 8-3 所示。

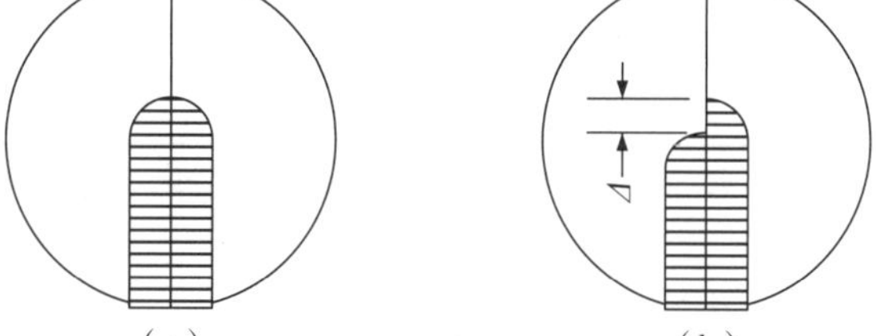

(a)　　　(b)

图 8-3　合像水平仪气泡位置变化示意图

8.1.2 天线水平误差计算

合像水平仪实际倾斜度计算方法见式(8.1)：

$$实际倾斜度=测量精度\times工件长度\times刻度盘读数 \tag{8.1}$$

式中：实际倾斜度计为 h，测量精度为 0.01mm/m；工件长度为 L；刻度盘读数为 m，故式(8.1)可转换为

$$h=\frac{0.01}{1000}\times L\times m=10^{-5}\times L\times m \tag{8.2}$$

由于实际倾斜度 h 远小于工件长度(天线座俯仰转动平台的对角线长度) L，所以 h (弦长)可近似看作其对应的弧长。弧长等于半径的弧，对应的圆心角为 1rad，根据弧度定义计算 h 对应的圆心角 rad(弧度)方法见式(8.3)：

$$\mathrm{rad}(弧度)=\frac{弧长}{半径}=\frac{h}{L}=\frac{10^{-5}\times L\times m}{L}=10^{-5}\times m \tag{8.3}$$

利用弧度和角度转换公式可将弧度转换成对应的角度 α，计算方法见式(8.4)：

$$\alpha=\mathrm{rad}\times\frac{180}{\pi}(^{\circ})=\mathrm{rad}\times\frac{180}{\pi}\times 3600('') \tag{8.4}$$

将式(8.3)代入式(8.4)，从而得出式(8.5)：

$$\alpha=10^{-5}\times m\times\frac{180}{3.14}\times 3600=\frac{6.48}{3.14}\times m\approx 2m \tag{8.5}$$

为便于计算，假设第一次测试在水平 0°方向，合像水平仪刻度盘读数为 m_0，误差角度为 α_0，天线水平第一次测量如图 8-4 所示。

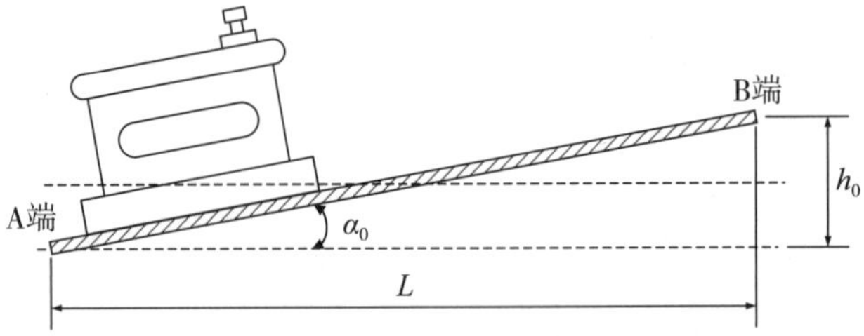

图 8-4　天线水平第一次测量示意图

将天线俯仰平台在第一次测量基础上水平旋转 180°，然后进行第二次测量，合像水平仪刻度盘读数为 m_{180}、误差角度为 α_{180}，天线水平第二次测量如图 8-5 所示。

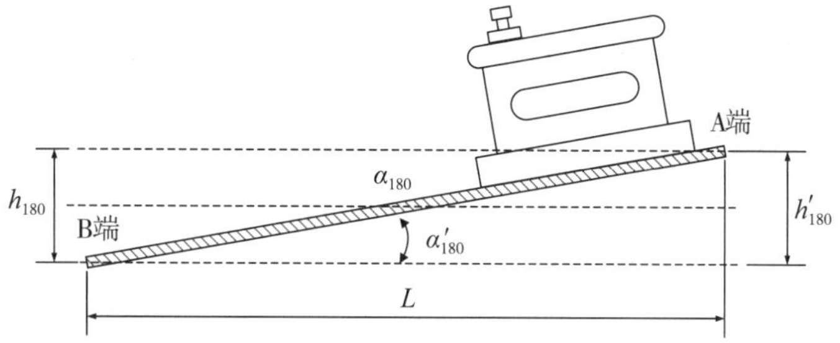

图 8-5　天线水平第二次测量示意图

由式(8.5)得出误差角度 α_0 与 α_{180} 的计算公式分别如下：

$$\alpha_0 = 2m_0 \tag{8.6}$$

$$\alpha_{180} = -2m_{180} \tag{8.7}$$

通过旋转 180°测量可以消除合像水平仪本身的仪器误差，故天线实际水平误差 $\Delta\alpha$ 计算方法见式(8.8)：

$$\Delta\alpha = \alpha_0 + \alpha_{180} = 2\left|m_0 - m_{180}\right| \tag{8.8}$$

因此，天线水平误差可近似看作同一直线上的两次合像水平仪测量结果之差。合像水平仪基本技术参数见表 8-1。

表 8-1　**合像水平仪技术参数**

序号	参数类型	指标要求
1	刻度分划值	0.01mm/m
2	最大刻度范围	0~10mm/m
3	示值误差	±0.01mm/m(±1mm/m 范围内)
		±0.02mm/m(全部测量范围内)
4	工作面平面性偏差	0.003mm
5	水准器格值	0.1mm/m

8.2　示波器

示波器是一种测量交流电或脉冲电流波形状的仪器，由电子管放大器、扫描振荡器、阴极射线管等部件组成。除用于观测电流波形外，还能测定频率、电压强度等电信号参数。

8.2.1 匹配阻抗设置

示波器通常提供 1MΩ 和 50Ω 两种输入阻抗选项。1MΩ 输入阻抗设计目标主要为最小化负载效应，适用于常规电压测量，高输入阻抗与被测电路并联时，对原电路电压分布影响较小，确保测量结果接近真实值。50Ω 输入阻抗需配合 50Ω 同轴电缆或有源探头使用，用于消除传输线信号反射，匹配 50Ω 特性阻抗系统。在高频信号测量时，50Ω 输入阻抗可扩展示波器带宽，减少信号衰减，通过终端匹配，避免高频信号因阻抗突变而导致波形失真。

示波器(Tektronix TDS 3012C 或同类型)输入阻抗设置的步骤如下：

(1)点击示波器操作面板的“Menu 菜单”按键，如图 8-6 所示。

图 8-6　示波器操作面板(Menu 菜单)

(2)点击屏幕右侧所示按键，选择示波器输入阻抗(1MΩ 或 50Ω)，如图 8-7 所示。

通过点击屏幕右侧所示按键，可切换输入阻抗选择区域 1MΩ 和 50Ω 两个软件按钮的状态。

图 8-7 中，示波器输入阻抗选择为 50Ω。经过检波器输入示波器的测试信号应选择 50Ω 匹配阻抗。

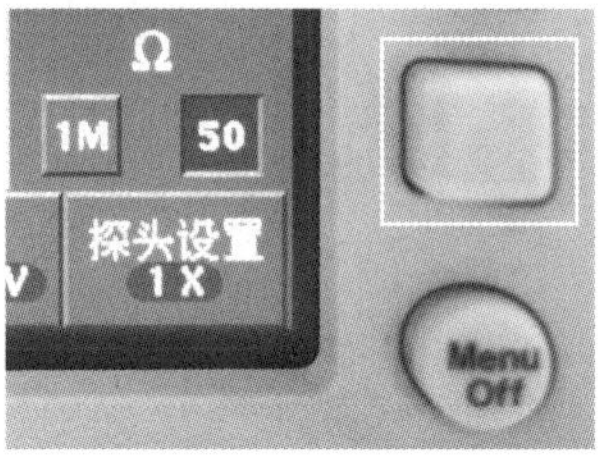

图 8-7　示波器输入阻抗选择(1MΩ 和 50Ω)

8.2.2　探头衰减系数

示波器探头是连接被测电路与示波器输入端的电子部件，对示波器测量结果准确性及正确性至关重要。最简单的探头是连接被测电路与电子示波器输入端的一根导线，复杂的探头由阻容元件和有源器件组成。

示波器探头有恒定的衰减系数(输出信号与输入信号的比值)，典型的衰减系数是×1 和×10。示波器探头设置说明如下：

(1)示波器探头选择×1 挡，表示信号未经过衰减进入示波器；示波器探头选择×10 档，信号衰减至原始幅度的 1/10 后进入示波器。

(2)示波器探头选择×10 挡，示波器内部对应通道也需要设置成 10×模式，直接读取的数值即为实际值；若示波器内部未设置成 10×模式，显示幅度仅为实际值的 0.1 倍(须将示波器读数放大 10 倍)。

8.2.3　测量参数选择

S 波段双线偏振多普勒天气雷达测试与标校过程中，需使用示波器测试发射机输出射频脉冲包络的脉冲宽度、上升时间、下降时间、重复频率等性能参数。

示波器(Tektronix TDS 3012C 或同类型)测量参数设置的步骤如下：

(1)点击示波器操作面板的“Meas”(测量)按键，如图 8-8 所示。

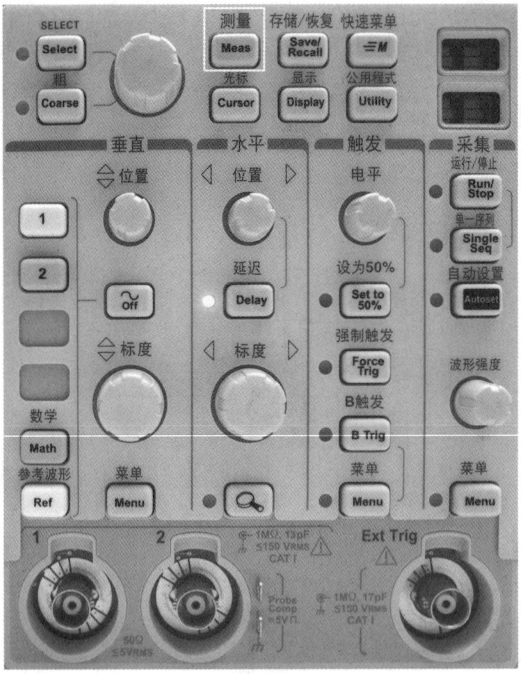

图 8-8　示波器操作面板(Meas 测量)

示波器显示屏进入“测量选择”界面，屏幕中的最右侧为测量参数选择区域(共 6 页)，如图 8-9 所示。点击屏幕右侧所示按键，选择每页内需要显示测量结果的脉冲包络参数。

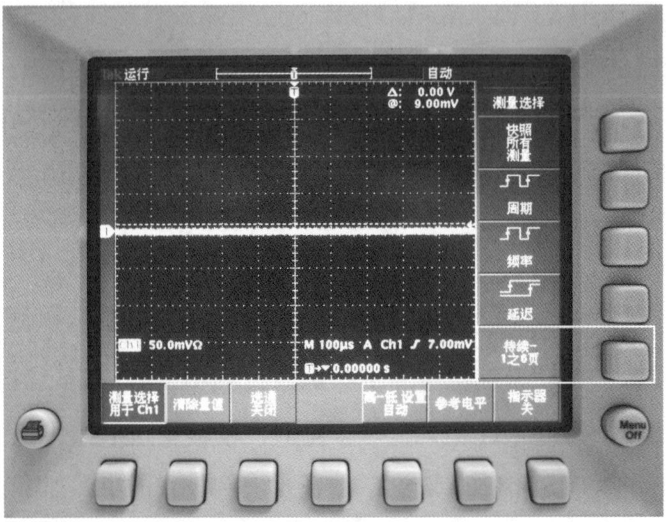

图 8-9　示波器操作面板(Meas 测量)

(2)在"测量选择"第 3 页内，点击屏幕右侧所示按键，选择测量"正脉冲宽度"，如图 8-10 所示。

在"测量选择"第 2 页内，点击屏幕右侧所示按键，选择测量"上升时间、下降时间"，如图 8-11 所示。

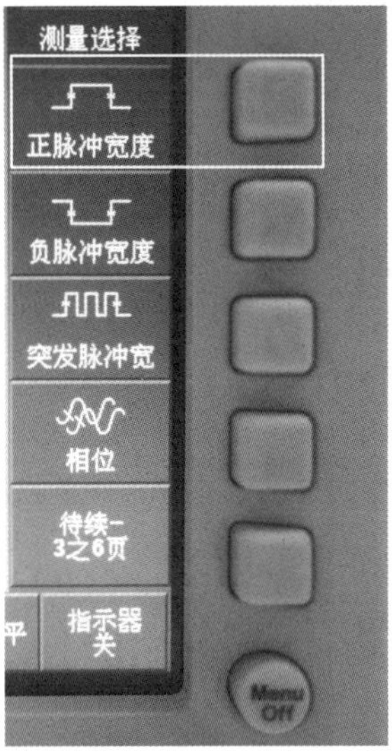

图 8-10　测量选择界面(脉冲宽度)

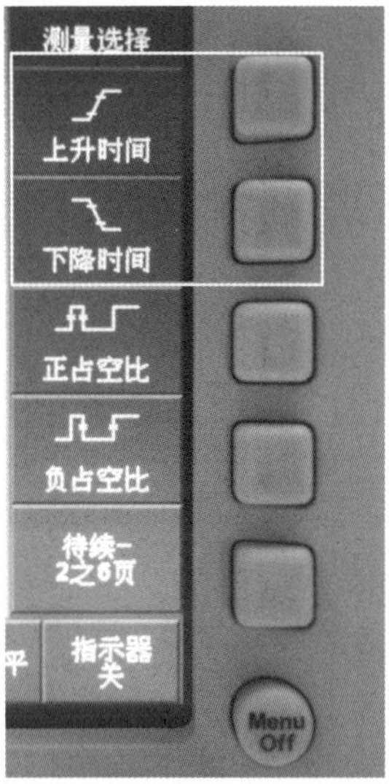

图 8-11　测量选择界面(上升时间、下降时间)

在"测量选择"第 1 页内，点击屏幕右侧所示按键，选择测量"频率"，如图 8-12 所示。

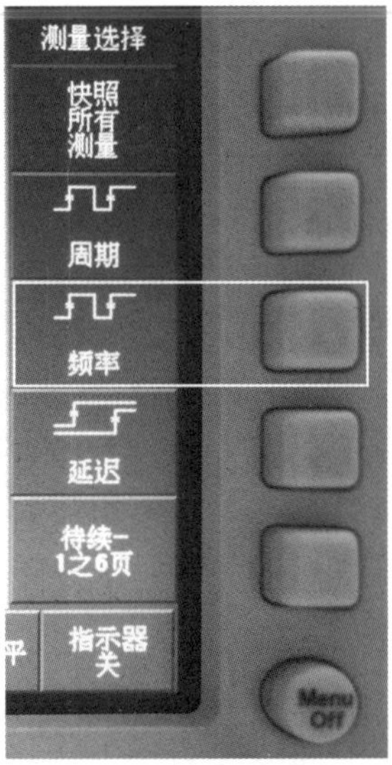

图 8-12　测量选择界面(脉冲重复频率)

需要显示测量结果的脉冲包络参数依次选择完成后，示波器显示界面如图 8-13 所示。

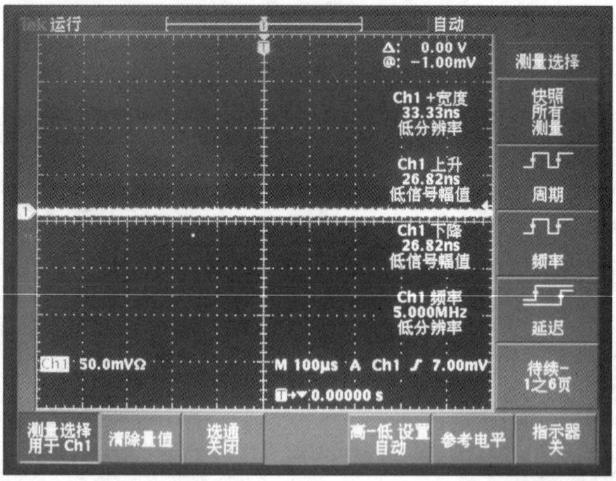

图 8-13　测量参数选择完成

8.2.4　探头补偿测试

注意事项：示波器探头补偿测试的匹配阻抗需设置为 1MΩ。

将标准信号输入示波器，输出特定频率/幅度的正弦波或方波，调整示波器水平轴的时间刻度和垂直灵敏度，以清晰显示波形。对比示波器显示波形与标准信号的幅度、频率等参数，通过示波器内置校准功能修正偏差。

示波器探头补偿连接器是设备内置的标准信号输出端口，用于验证示波器及探头的性能状态，校准波形显示、排查通道故障等功能。探头补偿连接器如图 8-14 所示。

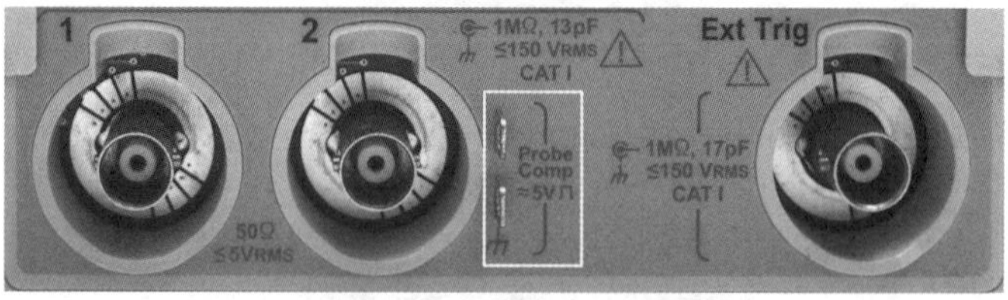

图 8-14　示波器探头补偿连接器

示波器(Tektronix TDS 3012C 或同类型)探头补偿测试的步骤如下：

(1)按照图 8-15 所示的方式连接测试探头。示波器探头补偿测试时，内置的标准信号从探头补偿连接器(测试探头挂钩连接探头补偿的 5V 端，测试探头接地夹连接探头补偿的地线)输出，通过测试探头输入 Ch1 通道。

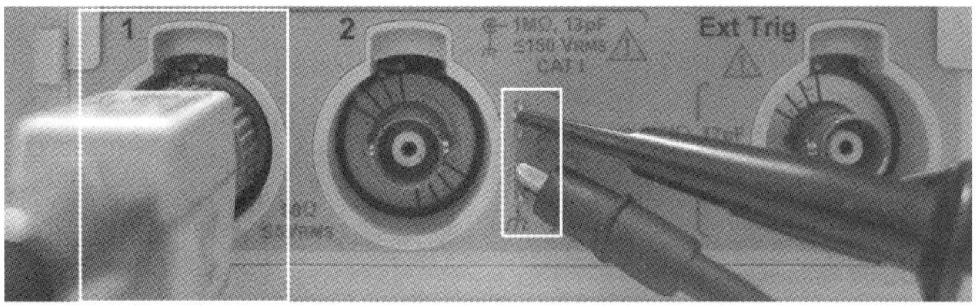

图 8-15　自检测试示波器探头连接

(2)点击操作面板采集区域的“Autoset”按键，检查显示波形的形状，如图 8-15 所示。示波器正确的补偿测试波形为幅值 5V、频率 1kHz 的方波。

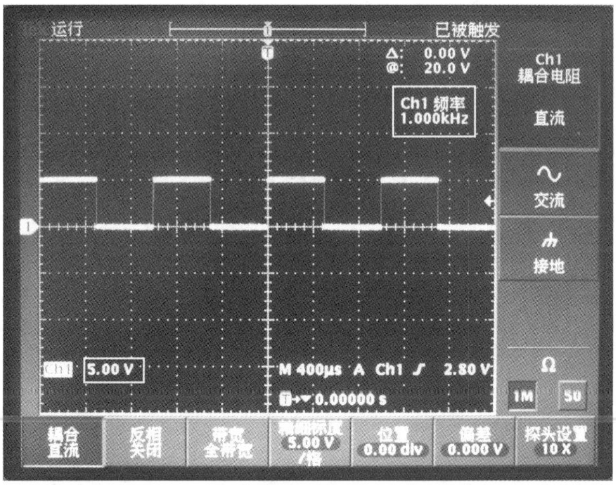

图 8-16　示波器补偿测试波形

图 8-16 中，匹配阻抗设置为 1MΩ，背景网格线每格电压值代表 5V，Ch1 通道中的方波信号频率为 1kHz。

8.2.5　信号路径补偿

注意事项：

(1)当环境温度变化达到 10℃及以上时，示波器须执行信号路径补偿。

(2)信号路径补偿不包括校准测试探头。

示波器信号路径补偿是确保测量精度的关键校准流程，主要用于修正示波器内部信号路径因温度漂移或器件老化引起的直流误差。

示波器(Tektronix TDS 3012C 或同类型)执行信号路径补偿的步骤如下：

(1)从信号通道输入端断开探头及电缆连接。

(2)点击示波器操作面板的“Utility”(公用程式)按键，如图 8-17 所示。

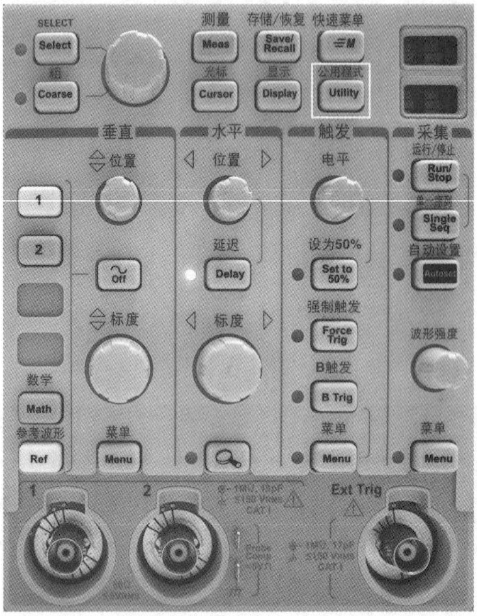

图 8-17　示波器操作面板(Utility 公用程式)

示波器显示屏进入“系统配置”界面，屏幕底部最左侧模块为“系统配置”功能菜单，如图 8-18 所示。

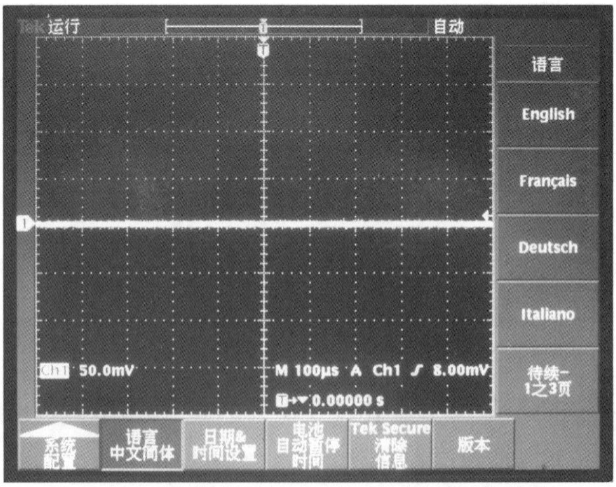

图 8-18　“系统配置”界面

(3)连续点击屏幕“系统配置”下方按键，直至选中弹出菜单“校准”功能为止，如图 8-19 所示。接着点击屏幕右侧所示按键，执行示波器信号路径补偿操作，修正由于温度变化或长期漂移引起的直流误差。

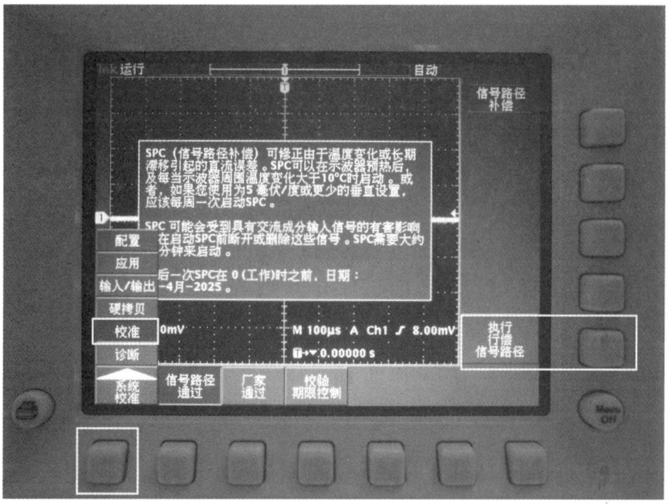

图 8-19　系统校准功能

等候信号路径补偿修正完成，点击“Menu Off”按键可清除屏幕提示信息，如图 8-20 所示。

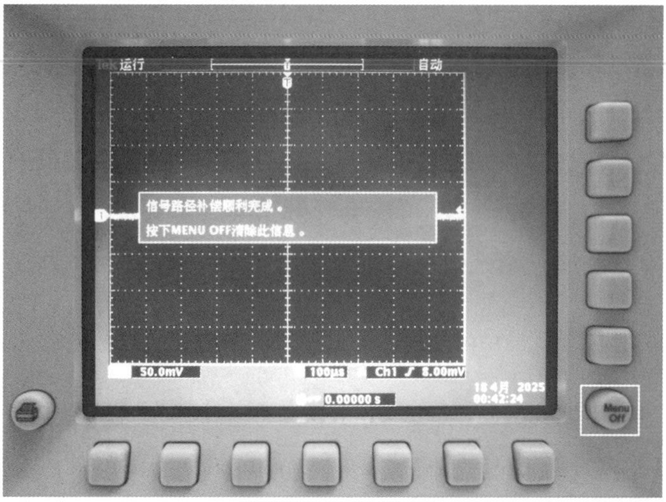

图 8-20　信号路径补偿完成

8.3 频谱分析仪

频谱分析仪是研究电信号频谱结构的仪器，用于测量信号失真度、调制度、谱纯度、频率稳定度和交调失真等信号参数。一般频谱分析仪最大接收电平为 30dBm，最小接收电平为-100dBm。

8.3.1 分辨率带宽(RBW)

分辨率带宽(Resolution Bandwidth，RBW)是频谱仪中频滤波器的 3dB 带宽，代表两个不同频率信号能够被清楚分辨的最低频宽差异，也称分析带宽或参考带宽。

两个不同频率的信号频宽如果低于频谱分析仪 RBW，两信号将重叠，难以分辨。如果 RBW 设定较低，虽有助于分辨和测量不同频率的信号，但也会滤除较高频率的信号成分，导致信号显示失真。如果 RBW 设定较高，虽有助于测量宽频带信号，但同时增加噪声基底，限制接收机处理最小信号的能力，降低测量灵敏度。

RBW 是正确使用频谱仪需要设置的重要参数。只有 RBW 不小于工作带宽，频谱仪测量结果才准确。但是被测信号如果太弱，频谱仪无法分辨该信号，即使设置 RBW 大于工作带宽，显示结果也不准确。

8.3.2 视频带宽(VBW)

视频带宽(Video Bandwidth，VBW)是频谱仪在显示频谱图时采用的滤波器带宽，用于控制频谱图的平滑度和稳定性，提高信号显示的质量和可读性，也称显示带宽。

VBW 是频谱仪中优化显示质量和测量精度的关键参数，需要根据信号类型(脉冲、噪声)和测试需求(精度、速度)动态调整。VBW 越小，视频滤波器对高频噪声抑制越强，信号曲线越平滑，但 VBW 过小可能会导致信号细节丢失。合理设置 VBW 与 RBW 的比值，可显著提升频谱仪测试效率与准确性。

8.3.3 幅度 Y 轴比例(Amplitude Y Scale)

幅度 Y 轴比例(Amplitude Y Scale)用于调节频谱仪中垂直(Y 轴)幅度的显示范围，直接影响信号幅度的可视化和测量精度。Amplitude Y Scale 设置参数主要包含 Ref Level(参考电平)、Scale/Div(每格刻度)、Attenuation(输入衰减)。

通过 Ref Level(参考电平)设定 Y 轴的最大显示幅度值(单位：dBm)，用于匹配被测信号强度，避免信号超出屏幕范围。

通过 Scale/Div(每格刻度)定义 Y 轴上每格代表的幅度差值(如 10dB/div)，用于调整幅度分辨率。

通过 Attenuation(输入衰减)控制输入信号的衰减量，防止信号过载或损坏前端电路。

8.4　信号发生器

信号发生器(信号源或振荡器)可以生成频率、波形、幅度可控的电信号，核心功能是提供测试、校准或通信所需的标准信号。信号源实物如图 8-21 所示。

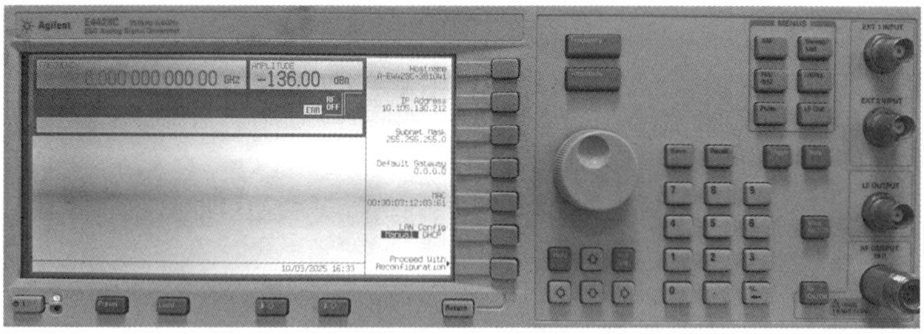

图 8-21　信号源实物图(Agilent E4428C)

以 Agilent E4428C 型信号源为例，说明信号源的常用按键及其功能。

(1)“Frequency”(频率设置)：设置输出信号的频率(直接输入数值或通过旋钮微调)。

(2)“Amplitude”(幅度设置)：设置射频输出的功率电平或电压幅值。

(3)“Mod On/Off”(开启或关闭调制功能)：切换信号输出模式，包括脉冲调制和连续波(CW)输出模式。“Mod On”：进入调制类型(幅度调制、频率调制、相位调制及脉冲调制)选择菜单。使用方向按键选择调制类型(可以同时启用多种调制类型)，根据需求设置调制参数(调制深度、频偏、速率等)。“Mod Off”：退出当前调制模式，返回连续波(CW)输出状态。

(4)“RF On/Off”(射频输出开关)：控制 RF(射频)输出信号开启或关闭。

(5)旋钮：微调频率、幅度等参数，配合方向按键选择调整的位数。

(6)方向按键：浏览菜单选项、切换功能模块(Modulation、Frequency、Amplitude 等)、切换调整的位数或直接增减数值等功能。

参考文献

[1]邵楠，秦建峰，李力，等．新一代天气雷达定标技术规范[M]．北京：气象出版社，2018.
[2]中国气象局．S波段双线偏振多普勒天气雷达：QX/T 464—2018[S]．北京：气象出版社，2018.
[3]雷卫延，敖振浪，胡伟峰，等．CINRAD/SA-D双偏振天气雷达运行维护技术[M]．北京：气象出版社，2019.
[4]张培昌，魏鸣，黄兴友，等．双线偏振多普勒天气雷达探测原理与应用[M]．北京：气象出版社，2018.
[5]中国气象局综合观测司．S波段双线偏振多普勒天气雷达测试大纲(技术升级)[Z]．北京：中国气象局，2022.
[6]李力，陈宁，程昌玉，等．新型天气雷达发射脉冲包络检测集成系统设计与实现[J]．气象科技，2017，45(6)：1112-1115.
[7]丁鹭飞，耿富录，陈建春．雷达原理[M]．北京：电子工业出版社，2009.
[8]中国气象局综合观测司．S波段双线偏振多普勒天气雷达测试大纲(试行)[Z]．北京：中国气象局，2023.